冷冻冷藏技术领域中物理场量的研究及应用

刘　斌　陈爱强　著

U0218263

天津大学出版社
TIANJIN UNIVERSITY PRESS

图书在版编目（ＣＩＰ）数据

冷冻冷藏技术领域中物理场量的研究及应用 / 刘斌，
陈爱强著. -- 天津：天津大学出版社，2021.10
ISBN 978-7-5618-7049-5

Ⅰ.①冷… Ⅱ.①刘… ②陈… Ⅲ.①食品贮藏②食
品保鲜 Ⅳ.①TS205

中国版本图书馆CIP数据核字(2021)第192794号

出版发行	天津大学出版社
地　　址	天津市卫津路92号天津大学内(邮编:300072)
电　　话	发行部:022-27403647
网　　址	www.tjupress.com.cn
印　　刷	汇源印刷包装科技（天津）股份有限公司
经　　销	全国各地新华书店
开　　本	185mm×260mm
印　　张	15.25
字　　数	381千
版　　次	2021年10月第1版
印　　次	2021年10月第1次
定　　价	46.80元

序

"民以食为天,食以安为先",寻求高效的食品贮藏方法贯穿于人类的整个发展历程。我国人口众多,耕地面积有限,保障食品的安全供应是我国政府关注的战略性问题。多数食品具有"易腐"的特点,经过不懈努力,食品冷冻冷藏技术得到了快速发展和不断完善,初步满足了人们对食品数量的需求。随着生活水平的不断提高,消费者对食物的品质也提出了更高的要求。化学方法和物理方法是两类主要的食品保鲜方法,前者的残留问题会对食品质量造成一定的负面影响。相对而言,物理保鲜技术采用物理的措施或与其他先进技术相结合,是现代保鲜技术中较有前景的新发展方向。

刘斌教授在冷冻冷藏技术方面进行了长期研究,在物理冷冻冷藏技术方面取得了重要成就,为国际制冷学会 D2 委员会(冷藏运输委员会)委员、中国工程建设标准化委员会商贸分会理事会理事、中国制冷展专家委员会委员、天津市冷链物流学科群负责人。刘斌教授团队撰写的《冷冻冷藏技术领域中物理场量的研究及应用》是对冷冻冷藏领域物理场应用方面取得的新成果的一个较全面、系统的总结,内容丰富新颖,具有较高的学术水平。该书涉及磁场辅助技术、电场辅助技术、光照辅助技术、微波辅助技术、高压辅助技术、气调贮藏保鲜技术和玻璃冷冻空化技术等 7 个方面,详细阐述了各类技术的意义、技术原理与关键因素、涉及装备和应用场景。该书的出版对于促进我国冷冻冷藏行业的整体技术水平将起到重要作用。

刘斌教授团队长期从事食品冷冻冷藏技术的相关研究,发表的大量研究论文早已受到读者的广泛欢迎和重视,《冷冻冷藏技术领域中物理场量的研究及应用》的出版,是刘斌教授团队对食品冷冻冷藏技术和食品安全研究的又一个新贡献。基于在该领域内长期的实践经验和知识积累,著者对于核心问题的理解较为深刻,能够做到融会贯通,举一反三,在文字叙述上深入浅出,使读者容易看懂和领会。我深信,读者们一定会对该书的问世给予热烈欢迎,并从书中获益。

2021.10.1

前　言

　　我国是一个食品生产大国,食品的安全供应和质量安全一直是我国各级政府关注的战略性问题,这两个战略性的"安全"问题都与食品产后的贮藏技术存在着密切的关系。目前,我国易腐食品总量已经超过 12 亿 t,冷库容量为 6 000 万 t,易腐食品的腐烂率在 15%~20%,价值超过 6 000 亿元,这其中很大一部分原因是贮运的方法不得当。随着大众生活水平的不断提高以及人们生活和饮食习惯的改变,消费者对产品品质的要求也越来越高,尤其是更加重视食品的健康与安全问题,这促进了保鲜技术的发展。然而,化学保鲜中的食品添加剂对人体存在潜在的毒害作用,食品添加剂的过量使用能引起人类急性中毒,且两种以上化学物质组合之后会产生新的毒性,还有些食品添加剂可能引起过敏反应。相对而言,物理保鲜技术采用物理的或与其他先进技术相结合的方法,没有化学污染,同时具有很好的保鲜效果,是现代保鲜技术中比较有发展前景的新技术,物理保鲜凭借其安全、污染少、效率高、可靠的优势获得较大的市场空间。因此,在我国发展以物理贮运技术为主的冷链物流技术体系势在必行,主要包括传统的物理保鲜技术,如温度、气调、湿度和一些最新的技术发展,还有光照辅助、磁场辅助、电场辅助、微波辅助、高压辅助以及玻璃化冷冻辅助技术等。

　　本书主要内容共 7 章,分别从各物理场量的技术意义、技术原理、影响因素、装置及设备和应用场合及食品种类等几个方面进行介绍。第 1 章是磁场辅助技术,磁场辅助果蔬保鲜技术是指通过外加磁场作用于果蔬或果蔬速冻过程的一种技术,这种技术主要基于食品内部自身存在的磁场,通过外部磁场的作用,对果蔬内部磁场产生干扰,从而影响它们的生物特性。事实上,各种生物体内部均存在一定的磁场,因此通过外加磁场改变生物体自身磁场,由此达到某种目的的技术越来越成熟。第 2 章是电场辅助技术,高压静电场生物效应是高压静电场与生物相互作用、引起刺激或抑制生长发育或致死效应。高压静电场生物效应常以生物的宏观现象为研究观测指标,但其主要任务是揭示其微观机制,如高压静电场与生物体内自由基活动、各种酶活性、膜渗透、呼吸代谢和乙烯代谢等的关系。第 3 章是光照辅助技术,光质对植物的形态建成、生理代谢、光合特性、品质及衰老均有广泛的调节作用。在植物生长和离体贮运中,选择不同的光质和光强,相应的植物的生长发育和品质也会不同。第 4 章为微波辅助技术,微波在食品工业领域的应用还有萃取、杀菌以及干燥等,且技术已经发展得相对成熟。其中,微波干燥技术得到了广泛应用,并获得了显著的成果。本章在介绍微波技术在冷冻冷藏中的应用之余也会着重其在干燥方面的发展情况,希冀发现问题,并提出改善方向,为我国食品工业的发展贡献一份微薄之力。第 5 章为高压辅助技术,高压辅助技术又称为高静压处理技术,一般是指将密封于柔性容器内的食品置于以水或其他液体为传压介质的无菌压力系统中,在高压(一般为 100~1 000 MPa)下处理一段时间,以达到杀菌、灭酶和改善食品特性等目的。超高压处理过程是一个纯物理过程,压力作用均匀,能耗低,有利于环境保护和可持续发展。第 6 章为气调贮藏保鲜技术,气调冷藏是在冷藏的基础上设置气调设备,通过调节库内氧气、二氧化碳、氮气等气体的组分而抑制果蔬的新陈代谢,抑制微生物的呼吸作用,从而更好地保持果蔬的新鲜度及商品性的贮藏技术。本章将调研分析气调成分对不同果蔬贮藏器及其贮藏品质等的影响。第 7 章为玻璃冷冻空化技术,食品处于玻璃态,一切受扩散控制的松弛过程都将被抑制,反应速率极其缓慢甚至不会发生,所以玻璃化保存可以最大限度地保持食品的品质,玻璃态食品也常被认为是稳定的。玻璃冷冻空化技术作为一种食品果蔬冷冻保鲜的新型技术,对于提高冷冻食品的质量,保持果蔬原有的品质具有重大意义。

目　　录

绪　　论

0.1　磁场辅助技术

果蔬本身存在一定的内部磁场,施加外部磁场能够形成扰动,诱发其内部磁场发生变化,从而影响其生物特性。果蔬的磁场辅助冻结属于多领域交叉的研究范畴,需要研究者从各方面探讨分析其具体的作用机理,难度较大。大量的研究表明磁冻结能够在冻结产品过程中产生较小的冰晶从而抑制细胞损伤,解冻后最大限度地保持新鲜食品的品质,磁场可通过定位、振动或旋转直接作用于水从而促进过冷。然而,磁冻结的真正影响和潜在机制仍然存有很多疑虑,加上磁场涉及的范围之广使人们未能很好地把握其作用规律并进行深刻的剖析。但学者们通过大量研究发现磁场的生物效应是切实存在的,具有极大的研究前景和价值。

电磁生物学通过探究生物体本身的结构特性以及电磁波的作用机理,重点描述了生物个体与电磁场之间的相互作用规律,而研究的主要方面为其非热效应,现如今已在医学、生物学方面展现出广泛、良好的应用前景。磁场形式一般取决于电源,可分为稳恒磁场和交变磁场。从作用机制来讲,地球上各种生物个体均不同程度地带有微弱的电磁场,在外加磁场的干扰下便会产生洛伦兹力,打破现有的平衡状态,相应地引起细胞、质子等的变化,当然由于两种磁场不同(包括频率高低、作用时间长短等)所引起的变化也是有差异的。但在实际研究中往往会发现磁场效应是存在滞后现象的,究其原因是由于在磁场发生及作用过程中的慢慢累积而引起的。电磁生物学恰恰就是研究不同形式、不同磁场强度、不同分布的外加磁场对不同种类的生物组织的生物磁效应及其作用机制的科学。

高梦祥等[1]研究了草莓在不同强度的交流磁场中的品质特性,发现经过磁场处理的草莓,其腐烂率、脱果率、可溶性糖含量等大大降低了,相较于对照组效果显著。同时也在一定程度上降低了呼吸速率,有效延长了草莓的保藏时间。陈照章等[2]设计了三种不同形式的磁场发生装置(旋转磁场、方波叠加正弦波磁场、50 Hz交变磁场),其中交变磁场对溶液的结晶过程及溶液的性质影响最为显著,且利于盐溶液分布的均匀性,从而可避免造成细胞脱水死亡,有利于生物材料低温无损保存。邓波[3]通过一系列的试验发现:与石墨等的接触角相比,去离子水的接触角略减小,表明磁处理可以减小水的表面张力;能发生 X 射线衍射现象,表明水具有磁性,其红外吸收光谱及吸收峰与常规水不同,拉曼散射光谱也不相同,并且表明磁处理条件可影响小鼠的生理活动。黄利强[4]用不同强度的磁场对葡萄进行处理后发现:强度为 1 A 的磁场处理的葡萄失重率明显降低,同时维生素 C 含量、可滴定酸含量和呼吸强度明显提高,但与对照组相比,可溶性固形物含量变化不明显。

Kaku 等[5]为探究磁场对离体牙周膜细胞(PDLCs)和牙髓组织长期冷冻贮藏的影响,

将试验分为两部分,试验组为利用程序设定的冷冻机结合磁场(即细胞存活系统(CAS))冻藏了 5 年的牙齿,对照组为新鲜的牙齿,结果表明,使用 CAS 冻藏了 5 年的牙齿并没有影响牙周膜细胞的生长速率和细胞特性,来自低温保存牙齿的未成熟牙尖与对照组牙根部形成的血管内皮生长因子(VEGF)和神经生长因子(NGF)的蛋白浓度并无显著差异。这些结果表明,利用磁场冷冻牙床可用于未来自体移植中更换缺失牙齿的治疗方式。

Wowk[6] 综合分析了部分关于磁场对于食品冷冻过程的研究,认为其中一些试验忽略了太多的影响因素,而且理论依据并没有很强的说服力。 例如,文中认为 Tagami 等 [7] 所做试验中,仅对直径为 6 mm 的液滴进行了研究,缺少平行试验的对照,研究结果是有局限性的,并不能归纳总结出具有普遍意义的结论。蒋华伟等 [8] 对常规条件下小麦自身呼吸 CO_2 浓度与脉冲磁场中不同强度和脉冲数所对应的试验数据进行分析研究后发现:低水分储藏小麦的 CO_2 浓度呈线性恒稳变化,脉冲磁场能抑制小麦的后期呼吸,从而延缓小麦的陈化变质进程;而中、高水分的数据严重偏离线性关系,变化幅度较大,在高强度和大脉冲数的磁场中,出现曲线变化的拐点(阈值),其对小麦呼吸作用中 CO_2 浓度变化产生窗口效应,在小麦存储中发挥促进作用。

Shima 等 [9] 研究表明:高压电场作用能增强胡萝卜细胞的渗透性能,缩短冻结时间,显著保持胡萝卜的硬度和色度,并且解冻后能够保持一个比较好的结构质地。Artur 等 [10] 指出在对苹果组织冷冻过程中施加脉冲电场时可缩减 3.5%~17.2% 的冻结时间,与未做处理的对照组相比,解冻时间也大大降低,但是在冻结前经过电场预处理的苹果组织却显示出较大的失重率。宋健飞等 [11] 发现磁场辅助冻结洋葱细胞冰晶形成趋向于雾化、沙粒化,抑制冰晶生长,从而减小冰晶尺寸,有利于保持细胞原有形态,使细胞损害率降低;随着磁场强度的增强,洋葱细胞相变时间逐渐缩短,过冷度逐渐降低,但始终高于无磁场下的过冷度。王亚会等 [12] 探究辅助冻结的直流磁场强度对贮存的西兰花保鲜品质的影响,结果表明:直流磁场辅助冻结能够有效改善西兰花的贮存品质($p<0.05$),当磁场强度为 36 Gs 时,西兰花的贮藏品质较优。龙超等 [13] 为确定马铃薯块在冻结过程中施加不同强度直流磁场对其冻结特性以及后期贮藏品质的影响,在冻结试验中分别施加 0 Gs、4.6 Gs、9.2 Gs、18 Gs、36 Gs 的磁场强度,结果表明:磁场可增加马铃薯块过冷度,缩短冻结时间,减少细胞液流失,从而更好地保证马铃薯块品质;当磁场强度为 18 Gs 时,马铃薯块通过最大冰晶生成带的速率最大,在贮藏末期(第 70 d)时马铃薯块的各项品质指标均优于其他组,更利于马铃薯块的贮藏。

近些年来,研究者们的注意力越来越多地投放到这一研究领域,促使磁场生物效应的研究迅速发展,越来越多有用的试验数据为进一步深入研究提供了可靠资料,磁场辅助果蔬保鲜技术前景广阔。

0.2　电场辅助技术

静电保鲜技术具有设备简单、成本低廉、能耗低及保鲜效果好等优点,有着极好的发展前景。高压静电场保鲜正逐步得到专业人士的认可和重视。高压脉冲电场技术最早用于杀菌,美国从20世纪60年代就开始研究利用该技术进行食品杀菌,科学工作者首先研究这种技术对酵母菌等微生物的杀菌效果。自1980年开始,国外已广泛关注该技术,研究集中于作用机理、设备研发等方面。俄亥俄州立大学在杀菌设备研究和加工方面处于国际领先地位,并建立了高生产率的工业化生产线[14],目前国外在设备开发和一些产品的加工工艺上已经达到了准工业化标准。关于高压脉冲电场的作用机理,目前有很多种假说,最初提出的是电穿孔机制,后来又有细胞膜的电崩解效应、臭氧效应、电磁机制模型、电解产物效应等,其中被广大研究人员所认可的是细胞膜电穿孔模型和电崩解模型[15]。

0.2.1 研究意义

高压静电场生物效应是高压静电场与生物相互作用,而引起刺激或抑制生长发育或致死效应。高压静电场生物效应常以生物的宏观现象为研究观测指标,但其主要任务是揭示其微观机制,如高压静电场与生物体内自由基活动、各种酶活性、膜渗透、呼吸代谢和乙烯代谢等的关系。有学者通过大量试验研究了静电场对番茄贮藏期内呼吸速率、腐烂指数、好果率、可溶性固形物含量、相对电解质渗出率、还原糖、可滴定酸、维生素C含量、过氧化物酶、过氧化氢酶、丙二醛等的影响,为从理论上解释高压静电场的保鲜作用拓宽了范围。高压静电场与生物相互作用的宏观现象目前尚处于资料积累阶段。高压静电场作为一门新兴的边缘学科,其应用已经渗透到农业的各个领域,甚至作为改造传统农业生产的方式和手段之一,高压静电场技术可以促进农业现代化的实现,从而达到增产增收、改善农产品品质的目的。

目前,非热加工技术已成为农产品加工领域的研究热点,从而被广泛关注。非热加工技术包括超高压技术、振荡磁场技术、紫外线辐照技术、生物防腐剂杀菌技术、高压脉冲电场技术等[16]。高压脉冲电场技术因具有安全无害、能耗低、传递均匀、预处理时间短、能有效保持食品的营养和新鲜等显著特点,而具有广阔的应用前景。近几年,我们在国家各级政府项目支持下研究并发现,经过高压脉冲电场预处理后的干燥脱水技术不仅增大了果蔬的细胞孔隙,显著缩短果蔬的复水时间,提高果蔬的复水系数,尤其可以提高物料的干燥速率和渗透速率,降低果蔬脱水加工的干燥能耗,同时还可以有效提高果蔬脱水后的各项品质[17-18]。因此,研究高压脉冲电场预处理果蔬的影响,进一步了解高压脉冲电场作用于果蔬的机理,可为实际生产加工过程提供新的技术。

0.2.2 研究现状

高压脉冲电场技术具有许多优点,但同时也存在一些问题,如作用机理不明确,没有得到模型的验证;大多是在实验室内进行的,没有投入工业生产;缺少衡量杀菌效果的统一标准;很难抑制果蔬汁中一些酶的活性;装置的设计以及生产比较困难等。只有解决了这些问题,这种技术才能真正应用于工业生产。

电场强度是影响高压脉冲电场发生器作用效果的主要因素,如Ho等[19]研究高压脉冲电场预处理对溶菌酶活性的影响,发现溶菌酶的活性随着电场强度的增大而逐渐降低。当电场强度为 13.5 kV/cm 时,酶活性降低 40%;当电场强度增加到 50 kV/cm 时,酶活性降低 80%。方胜等[20] 研究发现速冻食品的解冻时间随着电场强度的增大而减少,采用电场强度预处理的冻豆腐,解冻时间减少。采用 5 kV/m 的电场强度预处理冻豆腐,解冻时间减少 1.3%;当电场强度增加到 22 kV/m 时,解冻时间减少 7.4%,在一定的电场参数范围内,电场强度越大,作用效果越好。脉冲个数也是影响作用效果的一个因素,徐娅莉等[21] 研究发现,木瓜蛋白酶的失活率与脉冲个数成正比,且脉冲个数对酶活性的影响比电场强度更显著;Giner 等[22] 研究发现苹果中多酚氧化酶的失活率随着脉冲个数或电场强度的增加而增大。脉冲宽度与脉冲个数的乘积为处理时间,曾新安等[23] 研究发现,猪肉中游离氨基酸、必需氨基酸等的浸出量随着处理时间的延长而增加,处理时间为 10 s 时,游离氨基酸、必需氨基酸的浸出量分别增加 14.89%、12.08%;处理时间延长至 20 min 时,游离氨基酸、必需氨基酸的浸出量分别增加 37.56%、38.17%。

高压电场脉冲技术还主要用于果蔬汁的杀菌钝酶、果蔬榨汁、果蔬中功能性物质提取、干燥预处理、果蔬保鲜等方面。刘振宇等研究高压脉冲电场预处理对果蔬干燥速率的影响,发现经高压脉冲电场预处理可明显提高果蔬的干燥速率,与对照组相比,干燥速度提高 13%。王颖[24] 研究发现,与对照组相比,高压脉冲预处理苹果可降低终点含水率,缩短干燥时间。Zimmermann[25] 发现,高压脉冲电场会引起细胞膜的可逆击穿,是缩短干燥时间的主要原因,但细胞膜击穿后又可以自我修复,对物料品质影响不大。刑茹等[26] 研究高压电场干燥果蔬,发现与热干燥相比,干燥时间缩短 30%~45%,并且抗坏血酸和胡萝卜素的含量也比热干燥高,说明高压电场用于果蔬干燥具有明显优势。王维琴等[27] 研究发现,高压脉冲电场预处理甘薯,与热风干燥相比,干燥速度提高 9.63%,终点含水率低,固形物含量高。

目前,国内关于高压脉冲电场预处理对果蔬咀嚼性、凝聚性等与感官品质相关的力学性质的影响的研究不多,大多数集中在高压静电场对果蔬物性的影响。吴亚丽等[28] 研究高压脉冲电场预处理对果蔬生物力学性质的影响,发现与对照组相比,胡萝卜、白萝卜、苹果的剪切强度、屈服极限均减小,胡萝卜的硬度减小,白萝卜和苹果的硬度增大,总的来说,果蔬的力学性质呈现下降的趋势。Xu 等[29] 研究高压静电场作用对蒜薹力学性质的影响,发现在高压静电场作用下所有的力学参数都呈现增大的趋势,对最大力、最大变形的影响最为明显。王愈等[30] 研究高压静电场作用对番茄品质的影响,与对照组相比,在高压静电场作用下果蔬硬度以及可溶性糖的下降速度均减小,延长了番茄的储藏保鲜时间。李里特等[31] 研究高压静电场预处理对苹果的保鲜效果,发现在 800 V/cm 的预处理条件下,三个月后,硬度比对照组高,呼吸强度减小。Matvienko[32] 研究高压脉冲电场预处理对甜菜力学性质的影响,发现弹性模量减小了 6.5~12.5 MPa。Bazhal 等[33] 通过压缩试验测定苹果的质地参数,选择一定的电场参数预处理苹果,发现苹果的脆度以及弹性模量均减小。Lebovka 等[34] 研究高压脉冲电场预处理对胡萝卜、苹果等果蔬的组织结构的影响,发现在高压静电场作用下细胞膜不同程度击穿,内溶物外渗,细胞膨压降低,从而引起果蔬硬度等力学性质的减小。

0.3　光照辅助技术

弱光照射保鲜是近几年兴起的果蔬保鲜方法,研究不同光照对果蔬生理活动的影响机理,为果蔬提供适当的贮藏光照条件,对于提高果蔬保鲜品质具有重要的意义。光照对于果蔬生长及品质的影响的相关研究始于 1982 年,日本三菱公司采用波长 650 nm 的红色发光二极管(Light-Emitting Diode,LED)光源对温室番茄进行补光,取得了良好的效果[35]。1991 年,Bula 等[36] 使用红光 LED 与蓝光荧光灯组合作为组培光源,成功培育了生菜和天竺葵。近年国内外学者对光照的关注度逐步提高,根据光的特性主要从短波辐射、光照波长、光配比、光强度及光均匀性方面进行了部分研究。

Anna 等[37] 以鲜切苹果和梨为试材,研究了 UV-A 辐射(波长 390 nm,辐射强度 2.43×10^{-3} W/m²)对鲜切水果酶促褐变的影响。结果显示,辐射持续时间、辐射强度及水果种类对果蔬抗褐变能力均有较大影响,证实 UV-A 辐射技术可以作为一种环保的抗果蔬褐变的方法。于刚等[38] 使用紫外灯对蓝莓分别进行了 0.5 min、1 min、2 min、4 min(距灯 15 cm 处)时长的 UV-C 辐射处理并于 4 ℃条件下贮藏。通过定期调查贮藏过程中发病率、测定分析主要理化性质的变化发现,1 min、2 min、4 min 辐射处理试验组蓝莓的发病率显著低于对照组和 4 min 辐射处理试验组,并提高了蓝莓硬度和各防御性酶活性,其中 1 min 辐射处理效果最为显著;UV-C 辐射处理对 SSC 含量、pH 值变化无显著影响,但可提高花青素含量。郑杨等[39] 研究了 1.7 kJ/m² 剂量 UV-C 辐射对韭菜相关活性氧代谢和叶绿素含量的影响。结果显示,1.7 kJ/m² 剂量 UV-C 辐射处理能够显著降低韭菜的黄变率和腐烂率。UV-C 辐射下的韭菜叶绿素降解了 19.47%,而对照组则降解了 30.53%,表明 UV-C 辐射处理有效延缓了贮藏过程中韭菜叶绿素的降解;同时,UV-C 辐射处理不同程度地减少了蛋白质、总酚等营养物质的损失,提高了过氧化氢酶(catalase,CAT)、过氧化物酶(peroxidase,POD)、超氧化物歧化酶(superoxide dismutase,SOD)等抗氧化酶的活性,显著提高了韭菜的保鲜品质。

Topcu 等[40] 研究 UV 辐射对西兰花贮藏过程中的抗氧化剂、抗氧化活性和采后品质的影响。使用 2.2 kJ/m²、8.8 kJ/m² 和 16.4 kJ/m² 三种不同剂量的紫外线辐射处理西兰花,UV 辐射显著降低了营养生长期内总类胡萝卜素、叶绿素 a 和叶绿素 b 含量,但增加了抗坏血酸、总酚和类黄酮含量。所有 UV 辐射均略微降低了西兰花的抗氧化活性,但是 2.2 kJ/m² 和 8.8 kJ/m² 的辐射水平没有显著的变化。在贮藏过程中可溶性固形物及固体含量和可滴定酸度均不断下降,但是可滴定酸度没有受到紫外线辐射剂量的影响,而可溶性固形物及固体含量(干物质)受紫外线辐射剂量影响较大。同时,UV 辐射增加了西兰花的亮度和色度的值,结果表明 UV 辐射处理有益于西兰花的营养成分。Pataro 等[41] 在 20 ± 2 ℃的环境中用不同剂量的 UV-C 辐射(1~8 J/cm²)处理未成熟的绿色西红柿,研究 UV-C 辐射对番茄果实的抗氧化剂化合物影响,并测定贮藏过程中的指标含量。结果表明,在能量剂量方面,所有样品的 pH 值和白利糖度没有受到辐射处理的影响,且检测处理组果皮色从绿色变为红色过程中也没有受到辐射处理的影响。处理后的样品番茄红素、总类胡萝卜素、酚类化合物和抗氧化活性在储存过程中增加,且分别是未处理组的 6.2 倍、2.5 倍、1.3 倍和 1.5 倍。这些结果表明,UV-C 辐射具有促进有益食品化合物积聚的潜力。余意等[42]研究了环境温度下 330~800 nm 的不同波长的 LED 光源照射对生菜品质的影响,测试光合色素的吸收高峰,结果发现光合色素的光吸收高峰集中在红光波段(640~690 nm)和蓝光波段(330~500 nm),而在可见光除红蓝光之外的波段(500~640 nm 和 690~800 nm)吸光度很小。同时,研究发现不同叶色的生菜存在不同的最佳波长。

杜爽等[43]以 400~700 nm 的白光 LED、650 nm 的红光 LED 和 470 nm 的蓝光 LED 为光处理方式,测试了茄子叶片的叶绿素的吸收量,同时分析了光响应特性,对比研究了不同光照下的光合速率,结果表明单色蓝光下茄子叶片净光合速率显著低于白光对照和红光处理。Mastropasqua 等[44]分析白光、红光、蓝光和黑暗条件下的不同光谱特性对绿芦笋生理生化过程的影响。结果表明,黑暗条件下不同光谱特性对相关生理生化参数无明显影响,在基底部分的糖含量降低,白光在心尖部分的木质素沉积是红光和蓝光对木质素合成的协同效应引起的。维生素 C、叶绿素 a 和 b、类胡萝卜素中的明暗处理在基底部分和心尖部分无太大变化。Ma 等[45]研究了红色和蓝色 LED 照射对采后花椰菜衰老过程的影响。结果表明,红色 LED 照射能有效延缓花椰菜的黄变过程,减少其乙烯生产量,并抑制抗坏血酸生成;而蓝色 LED 照射处理并未显著影响花椰菜的衰老过程。基于以上结果,作者设计了一种蓝色光比例下降、红色光比例增加的改性白色 LED,在此白色 LED 光照下花椰菜的抗坏血酸生物合成基因(bo-vtc2 和 bo-gldh)和 AsA 再生基因(bo-mdar1 和 bo-mdar2)转录水平升高,致使 AsA 含量较高,即采后花椰菜贮藏的第一天和第二天,抗坏血酸生物合成基因和抗坏血酸再生基因的上调促进了抗坏血酸合成,能明显改善花椰菜收获后的营养品质。

Wu 等[46]分别以红色(625~630 nm)和蓝色(465~470 nm)LED 为光源研究了光照辐射对豌豆苗的抗氧化活性的影响,试图确定和比较叶绿素和 β 胡萝卜素含量的变化以及 Trolox 的当量抗氧化能力。经过 96 h 照射后,和白光辐射苗相比,红光辐射苗的茎长度和叶面积显著增加,而蓝光辐射苗的茎长度和苗重显著增加。蓝光辐射苗叶片的叶绿素含量快速增加,但光辐射 96 h 后所有处理组中的叶绿素含量并未表现出明显差异,并且红光辐射苗叶片的 β 胡萝卜素含量最高。240 株幼苗经红光辐射 96 h 后,乙醇和丙酮提取物的 TEAC 值(50 mg/mL)分别达到 106.48 μm 和 81.68 μm,这相比其他处理组所得值较高。总之,红光辐射明显提高了 β 胡萝卜素的表达水平和植物的抗氧化活性,有利于植物营养品质的增加,同时蓝光辐射强调对苗重和叶绿素含量的作用。Xu 等[47]分别设定 450 nm 蓝光、660 nm 红光以及无光环境,将发光特性均控制为距离光源 10 cm 处,光强 45 μmol·m^2/s,输出电压 24 V,输出功率 0.48 W,研究不同光质对番茄的影响。结果表明,共质体在全膨压条件下的渗透势较低,且蓝光处理下的番茄叶细胞在全膨压下的膨胀潜力更高。番茄叶片的共质体水分要比蓝光照射下的水分少,且在初始质壁分离点的渗透势和相对含水量比蓝光处理下低。蓝光处理下的水分流失更多发生在气孔的蒸腾作用处,而表皮的蒸腾作用失水量较少。

Dhakal 等[48]为了提高成熟青西红柿的采后品质,将成熟绿色西红柿用蓝色 LED 发射的蓝光(440~450 nm)预处理 7 d,对照组在黑暗环境中或使用红光(650~660 nm)预处理。

预处理的西红柿在室温下黑暗的环境中贮藏,并测量贮存后第 7 d、14 d、21 d 的叶绿素 a、叶绿素 b、硬度和番茄红素含量。结果表明,在 21 d 的贮藏期内,蓝光预处理的西红柿推迟了软化,而黑暗环境中的西红柿完全成熟,且已产生了番茄红素的积累。说明简单的单蓝色波长的照射可以通过延缓果实软化和成熟来延长西红柿的货架寿命。常涛涛[49] 研究了不同红蓝光配比对番茄幼苗生长发育的影响,结果表明,红蓝光配比为 1∶3 时,番茄幼苗株高最大;红蓝光配比为 1∶1 时,番茄幼苗壮苗指数最高,而比叶面积最小,幼苗植株内可溶性糖、蔗糖和淀粉含量较高;蓝光比例较大或接近于红光的复合光下,叶片叶绿素和类胡萝卜素含量、可溶性蛋白含量、植株鲜重和干重均较高,但叶绿素含量都较低;单独蓝光照射下幼苗根系活力最强,随着红光比例的增加幼苗根系活力逐步减弱。

周华等[50] 分别研究了红蓝光配比为 8∶1、4∶1 及红蓝紫外光配比为 20∶5∶1 的三种光配方处理对生菜生长发育和品质的影响。结果表明,红光显著地提高了生菜地上生物量的积累,但降低了其维生素 C 和粗蛋白质的含量;而蓝光具有明显矮化生菜植株的效果,提高了生菜的维生素 C 和粗蛋白质含量;复合光配比为 20∶5∶1 的光强处理组可显著降低生菜的叶面积,提高维生素 C 含量、粗蛋白质含量和粗纤维含量。刘文科等[51] 研究了不同波段的红、蓝单色光及红蓝组合光对豌豆苗生长期的影响。结果表明,光处理对豌豆苗根系生长期的生物量无明显影响,红光条件下的叶绿素 a 含量最低,而蓝光条件下的叶绿素 b 含量最低。红、蓝单色光对维生素 C 含量变化影响不大,而红蓝组合光显著提高了豌豆苗产量及豌豆苗叶片中的维生素 C 含量。

谢晶等[52] 以芦笋为试验材料,在普通冷藏环境中引入发出光合量子通量密度为 2.0 μmol/(m²·s) 的红色 LED,分别测定了芦笋的失重率、维生素 C 含量、叶绿素含量和可溶性固形物。结果表明,虽然在贮藏期芦笋失水率较大,但维生素 C 含量和叶绿素含量未出现剧烈下降,2.0 μmol/(m²·s) 的红色 LED 照射能较好地改善芦笋的贮藏品质。李晶等[53] 分别以 400 μmol/(m²·s)、240 μmol/(m²·s)、50 μmol/(m²·s) 的光照强度处理菠菜,并分别测定贮藏期内菠菜中叶绿素、类胡萝卜素和叶黄素的变化。结果表明,在 400 μmol/(m²·s) 光照强度下,叶绿素含量增加,而在 240 μmol/(m²·s) 光照强度下叶绿素含量基本不变,50 μmol/(m²·s) 光照强度下叶绿素含量减少。类胡萝卜素含量随着光照强度的增加而减少;叶黄素含量由高到低依次为低光强、高光强、对照,20 d 和 30 d 时低光强处理植株含量显著高于高光强和对照植株。总体而言,高光强有利于菠菜叶绿素的合成,低光强有利于类胡萝卜素的形成。Braidot 等[54] 采用红色 LED 和蓝色 LED 获取不同且均匀的光照强度用以研究不同光强对番茄生长发育的影响。结果表明,当光强分别为 300 μmol/(m²·s)、450 μmol/(m²·s) 和 550 μmol/(m²·s) 时,植物的鲜重、干重、茎直径和健康指数是较高的,并且光强为 300 μmol/(m²·s) 时能源效率最高。当光强从 50 μmol/(m²·s) 增加到 550 μmol/(m²·s) 时,比叶面积减少了。当光强分别为 300 μmol/(m²·s) 和 450 μmol/(m²·s) 时,叶片厚度、栅栏组织和海绵组织变得更大,同时气孔频率和单位叶面积气孔面积也较高。光强为 300 μmol/(m²·s) 时,净光合速率获得最高值。相比其他光组处理,300 μmol/(m²·s) 的光强更适合番茄幼苗的生长发育,并且采用大于 300 μmol/(m·s) 的光强处理番茄幼苗未获得实质性的增益。Lin 等[55] 为了调查三种不同光质对生菜生物量和生菜叶片中叶绿素、类胡萝卜素、可溶性蛋白质、可溶性糖和硝酸盐含量积累的影响,同时试验也评估了新鲜植物的感官特性(脆度、甜度、形状和颜色)。用水栽培的生菜植株分为 3 组,分别用红蓝 LED、红蓝白 LED 和荧光灯(作为对照)照射 20 d(播种后 15 d),生长环境为每天 16 h 光照射周期,白天与夜间温度分别为 24℃和 20℃,相对湿度 75%,CO_2 含量 900 μmol/mol,光合量子通量密度 210 μmol/($m^2 \cdot s$)。结果表明,枝条和根的鲜重、干重以及脆度、甜度和形状在红蓝白 LED 照射处理组和荧光灯照射处理组中比在红蓝 LED 照射处理组中水平更高,同时和红蓝 LED 照射处理相比,红蓝白 LED 照射处理下可溶性糖含量明显升高,亚硝酸盐含量明显下降。然而,3 个处理组中生菜叶片的叶绿素、类胡萝卜素和可溶性蛋白质含量并无明显差异。这些结果表明,在生长期间合理补充使用红蓝白 LED 照射可以加快植物生长、增强植物的营养价值。

Johkan 等 [56] 为研究具有不同的峰值波长和光强的绿色 LED 对莴苣光合作用的影响,将绿色 LED 峰值波长分别设定为 510 nm、524 nm 和 532 nm,其对应的光强分别为 100 μmol/($m^2 \cdot s$)、200 μmol/($m^2 \cdot s$)和 300 μmol/($m^2 \cdot s$)。结果表明,100 μmol/($m^2 \cdot s$)光强下莴苣植物根系生长比白色荧光灯处理下有所下降,200 μmol/($m^2 \cdot s$)光强下莴苣植物根系生长有所增加,而 300 μmol/($m^2 \cdot s$)光强处理组是所有平行试验组中效果最好的一组。300 μmol/($m^2 \cdot s$)光强下莴苣叶片的光合速率高于 200 μmol/($m^2 \cdot s$)光强处理组,且 300 μmol/($m^2 \cdot s$)光强下的光合速率最高。刘晓英等 [57] 设计了 LED 光源系统的软件和硬件,并进行了不同 LED 光源组合下菠菜生长的研究。结果表明,所设计光源系统光配比可调、光强可调。试验发现,在红蓝黄光照处理下生长的菠菜品质指标显著优于对照组,且光照处理后的菠菜光合色素含量显著高于未处理组,这说明了黄色光添加到红蓝组合光后会进一步促进菠菜的生长,同时表明其设计的 LED 光源系统对于绿色植物生长保鲜应用具有一定实际意义。

刘彤等 [58] 提出一种可以连续调节红蓝光比例的配光方法,改革方法是以光子数为评价基准。其设计基于光学原理,利用红蓝光波段的光谱特性,以 LED 的光谱密度为基础计算数据,提出光配比设计算法,实现在红蓝光成分有效光子数维持在一定水平的前提下,红光与蓝光光子数比在指定区间(4∶1~9∶1)连续可调。陈凤等 [59] 提出了一种可以调节不同光谱分布的光源设计,该光源由不同波段的 LED 积分球组成,可在可见波段产生不同光谱曲线,并模拟多种不同光源的光谱分布。该设计通过仿真使光源的光谱分布模拟目标光源的光谱分布,并设计了电源控制箱精确地控制每个 LED 模块。光源的面非均匀性为 0.53%,最大偏差为 0.77%。

王亚会等 [60] 探究了 LED 红蓝光处理对西芹采后品质的影响,将西芹置于温度为 4 ℃,相对湿度为 90%,光照强度分别为 10 μmol/($m^2 \cdot s$)、20 μmol/($m^2 \cdot s$)、30 μmol/($m^2 \cdot s$)和避光条件下,分析每一种光强下和对应避光条件下西芹相关品质指标的变化规律。结果表明,20 μmol/($m^2 \cdot s$)光照强度显著增大西芹的失重率($p<0.05$);10 μmol/($m^2 \cdot s$)光照强度显著降低西芹的硬度损失率($p<0.05$);三种光照条件下西芹叶绿素和维生素 C 含量均高于同一批次的对照组,30 μmol/($m^2 \cdot s$)光照强度效果最佳;贮藏结束时三种光强下光照处理组色差均比同批次无光对照组大。王美霞等 [61] 探究了 LED 红蓝光照射强度对采后西兰花保鲜品

质的影响,重点探究温度为 4 ℃、相对湿度为 90% 时光强分别为 10 μmol/(m²·s)、20 μmol/ (m²·s)、30 μmol/(m²·s)的 LED 红蓝光照射对采后西兰花相关品质指标的影响,并以黑暗 处理为对照。结果表明,不同强度的光照处理对各指标的影响不同。随着光照强度增加,失 重率缓慢增大, 10 μmol/(m²·s)光强下失重率最小,为 23.75%;叶绿素含量损失则逐渐减 少,30 μmol/(m²·s)光强下的损失比仅为 10 μmol/(m²·s)光强下的 31%;维生素 C 含量损 失比也呈现整体下降趋势,其中 20 μmol/(m²·s)光强下最小,是 10 μmol/(m²·s)光强下的 62%;色差值则呈现先增加后降低的趋势, 10 μmol/(m²·s)光强下的色差损失比最小,为 2.18。选取(20~30)μmol/(m²·s)的 LED 红蓝光,由于光合作用保持的营养成分含量远大于 蒸腾作用导致的失水率,对采后西兰花可达到较好的保鲜效果。

0.4　微波辅助技术

0.4.1　研究背景

近年来,新兴食品加工技术例如微波加热技术的普及度日益提高,作为传统食品加工技 术的替代技术,微波加热技术适用于食品加工的各个领域[62]。微波辅助加工技术是可以与 传统的食品加工技术与新兴的食品加工技术相互配合的一种辅助性加工技术,它可以利用 微波能量的优势来克服传统食品加工技术以及一些新兴食品加工技术的不足。因此,微波 辅助加工技术作为一种辅助性食品加工措施,具有良好的应用前景。

0.4.2　研究现状

本书将结合微波辅助传统、新兴食品加工技术与冷冻冷藏技术两个领域,阐述微波辅助 食品加工技术及冷冻冷藏领域的研究与应用。

0.4.2.1　微波辅助冻结干燥

冻结干燥(FD)是一种从热敏性食物(西红柿、覆盆子等)中除湿的常用方法,冻结干燥 技术可以阻止化学腐烂并且促进复水。然而,冻结干燥时间较长会导致低生产率及高能源 成本[61-62]。为了改善冻结干燥技术,可将微波辐射与冻结干燥技术相结合,即微波辅助冻结 干燥技术(MFD)。与传统的冻结干燥产品相比,微波辅助冻结干燥技术的主要有如下优 点:①食品处理时间较短,②通过材料时能量快速耗散,③降速干燥期高效干燥,④节能, ⑤挥发性保留[63]。Zhou 等[64] 使用混合干燥技术——冻结干燥与微波真空干燥复合技术, 来对鸭蛋蛋清、蛋白进行脱水,结果表明,该复合技术增大了干燥速率,所得蛋白质粉具有很 好的颜色特性以及低松密度。类似地,这种技术也应用在富士苹果的脱水研究中,与只使用 冻结干燥技术相比,这种复合技术将总的冻结干燥时间减少至 40%,且对苹果的营养价值 不产生任何影响[65-66]。

脉冲喷射微波辅助冻结干燥技术能够更好地提升干燥的均匀性。例如,为了得到高质量的冻结干燥后的香蕉片,当增大喷射时间间隔时,减少微波能可以适当地改善香蕉片中的温度分布[67]。稳定微波辅助干燥技术所制成的产品具有很好的保色性,增加了成品的复水率和硬度值。此外,脉冲喷射微波辅助干燥技术所加工的产品内部组织致密,具有均匀的孔径和孔分布,能够更好地维持原有的形状和体积,这是由于干燥箱壁面与材料间的碰撞以及间歇性的压力变化,造成了干燥样品内部和外部的压力差,并且这种碰撞会导致样品的细胞与细胞之间相互挤压,从而产生更多均匀的蒸汽流动通道。

0.4.2.2　微波辅助真空干燥

微波辅助真空干燥技术结合了微波加热和真空干燥的优点[68-70],水分快速蒸发,从而减小了干燥产品的化学和物理变化[71]。Wray等[72]指出,微波真空干燥适用于蔬菜、水果等诸多产品。近来,有学者分别使用热风对流干燥(HACD)、微波辅助真空干燥和热风对流干燥与微波辅助真空干燥技术相结合的方法研究了冻结/解冻蓝莓经脱水处理后的质量指标。结果表明,在蓝莓干燥过程中,与其他方法相比,使用热风对流干燥与微波辅助真空干燥技术相结合的方法,在90 ℃工况下,蓝莓中的花青素被更好地保留下来,并且具有更高的DPPH(二苯基苦基苯肼)自由基清除活性以及抗氧化性[73]。同时,在脱水过程中,微波辅助真空干燥也是一项加强益生菌及发酵剂存活率和代谢活性的有效技术。例如, Ambros等[74]将副干酪乳杆菌ssp.F19用作模型菌株,并在最佳运行工况——微波功率3~4 W/g,压力7 mbar,产品温度30~35 ℃下对模型菌株进行观察,发现ssp.F19中的水活性被适当地调整到了细菌细胞存活率和新陈代谢功效均很高的水平。显然,考虑到益生菌和发酵剂微生物的性质,微波辅助真空干燥技术可以更好地延长食品保质期。此外,微波辅助干燥虽然减少了固相的热传递,但可以增强在干燥过程中的除湿效果。

Monteiro等[75]改造了一个包含真空条件的微波炉,用于干燥香蕉片、葡萄片、番茄片和胡萝卜片。结果表明,这种微波真空干燥技术用于干燥果蔬是可行的,其成品与冻结干燥的产品特性一致,微波真空干燥只需要20 min,而冻结干燥则需要14~16 h。这种微波干燥系统易于装配,成本低,具有灵活性,因此也可以在家里使用。

0.4.2.3　间歇性微波辅助对流干燥

对流干燥是用于食品脱水的一项常用的方法。然而,其缺点是干燥速率低,尤其是在降速干燥段,并且其热降解作用也会导致产品的质量下降[76]。而微波辐射与对流干燥相结合被认为是一项可行的复合技术,在微波辅助对流干燥过程中,微波能促进了产品中水分的蒸发,同时被加热的对流空气则从干燥室中带走水分[77]。

一般而言,微波加热可以以脉冲的方式成功融入对流干燥,因此也被称为间歇性微波辅助对流干燥。这种干燥过程需要微波以一定的脉冲,并伴随对流干燥过程进行。否则,若持续应用微波加热,生物制品会由于过热而导致产品质量恶化。因此,在使用间歇性微波辅助对流干燥时,可以利用适当的间歇性来控制加热速率,从而通过停止微波能输入来重新分配产品内的温度和湿度,以实现能量效率和产品质量的最大化。比较间歇性微波辅助对流干燥、对流微波干燥、传统的对流干燥以及商业带干燥四种技术在牛肉脱水过程中的应用,可以发现,间歇性微波辅助对流干燥技术具有 4.7~11.2 倍的节能效果,而单纯的对流干燥技术干燥过程所用时间是间歇性微波辅助对流干燥处理时间的 4.7~17.3 倍[78]。Esturk[79] 比较了间歇性微波辅助对流干燥、微波辅助对流干燥和对流干燥三种技术对撒尔维亚叶干燥过程的性能影响。结果发现,尽管微波辅助对流干燥具有最快的干燥速率,但是干燥后的产品质量最差。在间歇性微波辅助对流干燥过程中,微波功率、脉冲比和温度是获得低能耗和高质量干燥产品的关键性因素。因此,有必要认真选取上述参数以取得高质量的最终产品。

0.4.2.4　微波辅助渗透脱水

渗透脱水通过半透膜使低浓度溶液中的水分转移到高浓度溶液中,实现除去部分水分的目的,从而使两侧达到平衡[80]。然而,渗透脱水是耗时比较长的过程,在某些情况下,渗透脱水要耗费 24~48 h,水分活性有微小变化[81]。通常,水分活性若降低至 0.90 以下的水平,食物就含有相当高比例的盐或糖,将无法使用渗透脱水来干燥。渗透脱水的优点包括适中的工作温度以及没有蒸发潜热[82]。此外,渗透脱水还减少了产品后续完成干燥所需的时间,从而减轻了该阶段的质量劣化。微波能可与渗透脱水结合以提供更快速和均匀的加热,使干燥时间最小化,并通过改变介电特性来增强溶质吸收。

Patel 等[83] 对象脚山药切片进行了脉冲—微波—真空渗透干燥,获得了具有低水分含量的优质山药切片,其中微波功率密度为 4 W / g,脉动比为 1.625,显著影响干燥速率常数(p <0.01),该过程主要受内部传质控制。Lech 等[84] 研究了新鲜渗透预处理后的甜菜根切片在高浓度的北美沙果汁中的微波真空干燥动力学特性。结果表明,随着样品表面积的增加,微波真空干燥和渗透脱水的协同效应可以缩短干燥时间,提高产品质量。与此类似,Wray 等[85] 在连续流动介质喷雾(MWODS)条件下结合微波真空干燥(MWVD)作为二次干燥操作的微波渗透脱水过程,用于研究新鲜(冷冻的)浆果。与传统的空气干燥相比,该方法可以减少能量消耗和干燥时间。因此,渗透脱水和微波辅助空气干燥的结合为过程控制和产品质量提供了更高的灵活性。

0.4.2.5　微波辅助红外线干燥

红外(IR)辐射在食品加工中的应用主要是由于其具有即时加热,调节响应快,设备紧凑,产品质量变化少等优点[86]。然而,IR 加热主要被视为一种表面加热技术,因为它的穿透力很弱。此外,食物材料长时间暴露于红外辐射中会引起膨胀并最终导致材料破裂。将微波能与红外辐射加热相结合可以改善 IR 辐射的弊端,因为微波伴随着体积加热过程具有更大的穿透深度,并且可以使食品内部和外部的温差最小化[87]。

Öztürk 等[88] 研究了在香蕉、猕猴桃干燥过程中其介电性和微波—红外加热的相关性。在干燥过程中,上部和下部卤素灯均为 P_{IR} (红外功率)= 600 W, P_{MW} (微波功率)= 320W 或 420 W。结果发现,对于所有的样品,与常规干燥相比,这种复合干燥技术干燥速度更快(节省时间约98%),最终含水量更低(0.011~0.15 kg(水)/ kg(干物质))。Si 等[89] 报道的另一项研究中,讨论了微波真空红外干燥过程中,在不同微波功率和真空压力下树莓的干燥动力学特性和质量变化。相比于红外干燥,在最佳条件下,微波真空红外干燥过程产生优异的脆性值(2.4 倍),更好的复水特性(25.63%),更好的红青素保留率(17.55%)和更高的 DPPH

自由基清除活性(21.21%)。此外,这种复合干燥方法的处理时间仅为红外干燥的55.56%。

0.4.2.6　微波辅助超声波干燥

如今,许多食品加工工艺使用超声波主要是因为其产生的有益效果,如食品储藏、辅助热处理以及对食品质量参数的有益影响。其可以减少一些下游纯化处理技术步骤,还可以缩减加工成本。因此,超声波已经应用于许多食品加工过程,包括冷冻、干燥、灭菌和提取[90]。然而,应该指出,超声波的物理化学效应可能对产品的质量造成损伤,质量损伤表现为异味、物理参数的变化和产品组分的退化。基于理论和试验知识的微波辅助超声波复合食品加工技术可以消除各项技术的缺陷[91],因此这种复合技术在食品工业中得到了广泛的应用。微波辅助超声干燥可以将食品内部水分加热,产生蒸汽,进而促使食品内部压力梯度增加,最终使食品内部的水分流向食品外部并且防止产品收缩[92]。此外,相比传统的干燥技术,微波辅助超声波干燥技术可以在低温下进行,从而降低了氧化或降解的可能性。Szadziński等[93]使用微波和超声波复合技术增强草莓的对流干燥,结果表明:这种复合技术显著地减少了50%的能量消耗和94%的干燥时间。其中,微波产生了显著的加热效应,而超声波则产生了"振动效应"。除此之外,Szadziński等[94]还研究了在高功率超声波和微波辅助下进行对流干燥时青椒的干燥动力学特性及质量变化。研究表明:由于声空化和水分子的碰撞,能量消耗减少了近80%,干燥时间缩短了80 min,复水率提高,颜色和维生素C的保留率增加了70%。Kowalski等[95]使用超声波和微波辐射辅助对流干燥覆盆子,结果显示干燥时间缩减了79%,对产品感官和营养特征的影响微乎其微。

0.4.3　研究意义

在过去的几十年里,随着生活水平的不断提高,人们对新鲜、健康食品的需求也逐渐增多。为了保证新鲜食品的质量和安全,在食品工业中采用了许多技术,例如包装、干燥、冷藏和冷冻等[96-102],其中冷冻是一种非常流行的保存技术。

食品冻结时,其中的水分发生结晶并转化为冰晶,这个过程决定了冷冻产品的最终质量。冰晶的形成通常分为两个阶段:成核及冰核的生长。细胞在冷冻过程中因为受到渗透压、机械损伤、热应力等因素的影响会发生损伤甚至死亡。细胞损伤有两种形式[103]:一种是物理和化学损伤,包括结晶导致的体积膨胀、细胞破裂以及因膜系统损伤而发生的一系列不良生物化学反应;另一种是晶体分布不均匀导致细胞内部的渗透压脱水、收缩和某些细胞组成(如蛋白质和果胶)的变性。这些损伤与冰晶的大小、形状以及分布高度相关,而后者的形成又依赖冰核的数量和冰晶的生长[104]。

在食品冻结过程中,冰核的形成主要受两个因素的影响:冷冻速率和过冷度。一些研究表明,快速的结晶率和高过冷度可以促使更多冰核及小粒径冰晶的产生。无论是均匀还是不均匀的成核过程,成核率都会随着过冷度的增加而显著提高。众所周知,速冻因为形成小冰晶而改善了冻品质量,但其却是一个高能耗过程。因此,我们面临着挑战,即如何在不增加冰晶体积的情况下降低过程成本,或者在不显著增加成本的情况下减小冰晶的体积。为了使细胞损伤降到最低的同时又有较低的能耗,出现了一些新型的冷冻方法,如微波、超声、电磁场和机械振动等的辅助冻结[105-107]。其中,有关微波辅助冻结技术的研究虽然不多,但仍展现了它在控制冰核数量及冰晶大小方面的巨大潜力。

此外,微波在食品工业中还可以应用在萃取、杀菌以及干燥等方面[89,108-114],且技术已经相对成熟。其中,微波干燥技术得到了广泛应用,并获得了显著的成果。本书在介绍微波技术在冷冻冷藏中的应用之余也会着重介绍其在干燥方面的发展情况,以期发现问题,提出改善方向,为我国食品工业的发展贡献一份微薄之力。

0.5　高压辅助技术

0.5.1　技术原理

高压在处理食品时具有无热效应、能耗极小、食品温度上升幅度小、对食品本身品质基本无影响等特点,是一种应用较为广泛的物理保鲜法。超高压技术是一种非热加工的纯物理技术,它将物料密封于耐高压的铸铁容器里,以水或者油、乙醇、丙二醛的混合物为传递压力的介质,施加需要的压力,并保压一段时间以改变物料特性。此过程与传统的热处理工艺机制大相径庭。在此过程中,压力均匀、直接地传递给容器里面的物料,跟物料的大小、形状并没有很大的关系。与传统的热处理方法相比,超高压技术处理食品具有灭菌均匀、瞬时、高效的特点;能够导致酶失去活性,而形成酶蛋白的构造不发生变化;使原物质的维生素、色素、香味成分等低分子化合物不发生变化,蛋白质、淀粉类物质经超高压处理后具有新的特性;延长食品的保存时间。超高压处理过程是一个纯物理过程,压力作用均匀,能耗低,有利于环境保护和可持续发展。

超高压技术遵循两个原理:一是勒夏特列原理,即化学反应平衡、分子构象改变等都将朝着体积减小的方向进行;二是帕斯卡原理,即食品物料在超高压处理时都将受到均匀处理,速度快,且无压力梯度[115]。

0.5.2　研究现状

超高压食品处理技术是超高压技术应用的一个重要分支,是在超高压技术上发展起来的。超高压技术最初并非应用在食品工业中,而是应用于陶瓷、钢铁、合金以及新型合成材料等材料加工业,并已经在这些领域得到了广泛的应用。其与金属、陶瓷的冷等静压的不同之处在于超高压食品加工过程需要更高的压力、更多的循环次数以及更严格的卫生条件要求。19世纪末期超高压技术应用在食品加工,并能起到对食品的灭菌、杀菌作用。1895年,H.Royer进行了利用压力灭活细菌的研究。超高压处理技术初次被报道在食品领域中使用是在1900年左右,Hite[116]使用超高压处理牛奶时,发现可以显著降低牛奶中微生物的数量,明显延长牛奶的储藏期。1914年,Hite[117]又探索了超高压在水果和蔬菜保鲜中的作用,并首次提出超高压可作为食品加工方法的可能性。直到 1990 年时,日本才开始将超高压应用于商业生产。随后,研究人员和公司开始大规模研究这项技术在食品中的应用,特别是日本、美国和欧洲国家。根据相关研究报道,经过超高压处理的食品,具有优于热处理加工的许多特性,比如可以较大限度地保持食品的色泽、风味、营养成分等,杀灭或降低食品中微生物的含量,因此这种技术可以在食品加工的各个领域中应用。超高压技术能够在温度较低的情况下杀灭微生物,且不改变食品原有的感官风味和营养成分,故而被广泛应用于食品的保鲜与加工 [118-120]。超高压对于微生物的灭菌机理是由于压力作用于微生物的核糖体、细胞膜和酶,对其造成巨大影响,从而抑制酶的活性,进而杀死微生物。王国栋 [121] 用超高压处理虾,发现在压力作用下,可以避免虾在平时去外壳过程中的断尾现象,提高了虾仁的产率。微生物有很多种,在超高压作用下,其承受压力的能力不同,一些微生物在压力作用下依然可逆,并可以恢复到原来正常情况下的特性和形态 [122]。比如 400 MPa 的高压处理可以基本杀死酵母菌和革兰氏阴性细菌,而 600 MPa 的超高压处理才能杀死革兰氏阳性细菌。超高压技术还能够破坏细菌的细胞结构,抑制细胞内酶和胞外酶的活性,甚至还能够破坏核糖体结构,从而对微生物的生理功能产生一定的影响,进一步降低疾病的风险。超高压灭菌效果除了与微生物的种类和食品组分有关外,还与高压处理的时间和压力有关。在超高压作用下,微生物细胞的外形会发生变化,细胞壁变厚,细胞膜通透性增大,导致微生物代谢紊乱,从而抑制微生物的生长、繁殖。夏远景等 [123]、张晓敏等 [124] 也进行了超高压对牡蛎菌群的研究,试验表明,对牡蛎杀菌效果影响比较大的两个因素分别是压力点和保压时间,增加压力,增长时间,灭菌率提高。超高压通过疏水相互作用以及一些非共价键的变化造成蛋白质变性,但是不会对共价键有影响。Cruz-Romero 等 [125] 用超高压技术对牡蛎进行处理后发现:常温下, 100~800 MPa 的超高压处理可以改变牡蛎的蛋白质特性,使其收缩肌蛋白变性。总地来说,对压力较为敏感的酶包括胶原蛋白酶和组织蛋白酶,还有一些酶的活性在压力下明显下降,比如中性蛋白酶。杨华等 [126] 研究发现,增大压力,鱼肉组织蛋白酶活性下降,且压力越大,蛋白酶活性下降越快。Parniakov 等 [127] 利用高压脉冲电场处理反复冻融的苹果,发现果肉组织间渗透压分布均匀、质感更佳且果皮颜色持久。狄建兵等 [128] 研究高压静电场对草莓采后生理的影响时发现,电场明显抑制草莓的乙烯释放,使草莓果实的呼吸强度降低,保持了草莓果肉最大破断应力。Leong 等 [129] 在研究利用脉冲电场使酶失活,从而降低胡萝卜切削力的试验中发现,胡萝卜样品经磷酸盐缓冲溶液预处理后放置于 10 ℃ 的低温环境中,施加高压脉冲电场后样品温度升高。Tao 等 [130] 在研究高压电场对大肠杆菌和酿酒酵母的灭菌率时发现,电场对它们具有显著的灭活效果,可使细胞表面出现孔洞,且细胞内原生质体变形,细胞内蛋白质和核酸外渗,该结果也进一步支持了"膜穿孔"理论。Ko 等 [131] 发现罗非鱼在高压静电场中处理到第 8 d 时试验组菌落总数比对照组低一个数量级,杀菌效果明显。采用低温保鲜方法对肉品进行保鲜时辅以高压电场处理,可以抑制冰晶生长趋势,控制冰晶成核大小。Zhang 等 [132] 发现电场能促进冰核的形成且形成方向垂直于电场方向,说明单位时间和体积内能形成更多更细小的冰晶,从另一侧面说明外加电场能减小冰晶对肌肉微观结构的损伤。Mok 等 [133] 利用高压脉冲电场辅助冻结 0.9% 的氯化钠溶液,发现高频率的脉冲能显著减少其相变时间,冰晶尺寸更小更均匀。超高压技术温度低,耗能少,无污染,处理均匀,杀菌效果好,低分子物质破坏少。超高压技术被应用到很多食品的研究中,并已显现出了优越性。

超高压处理技术作为目前最新的保鲜技术,它是指将食品放入压媒(如水)中,使用 100~1 000 MPa 的压强,在常温或较低温度条件下对食品施加一定时长的作用,从而达到灭菌、物料改性和改变食品中成分的某些物理化学反应速度和效果的技术。发展超高压食品也存在一些制约因素。超高压处理食品过程中需要的压力一般超过 100 MPa,杀灭细菌的孢子更是需要 500 MPa 以上的高压,随着处理压力的升高,对设备的要求也不断提高。国内研制生产超高压食品处理装置的单位很少,并且大型的超高压设备价格不菲,因此要进行食品的超高压试验研究和研制小型超高压处理装置是有必要的。近 20 年,国内外对超高压杀菌、灭酶和改变蛋白质特性的研究屡见不鲜,这些研究主要集中在对超高压处理效果的影响因素上,但实际加工工艺路线的研究并不多,因此完善超高压处理食品的作用机理和确定工艺路线是超高压食品加工工业化的前提。

超高压食品加工技术的研究是食品加工中一个崭新的领域。发达国家在该领域的研究不断推向深入并已取得一定成果。我国由于起步较晚,与国际水平相比,在这方面还存在较大的差距。发达国家在该领域的研究范围受西方饮食文化的影响,对东方一些特有的传统食品的超高压加工则鲜有涉及。我国有着丰富的农产品资源,然而许多研究还集中于超高压的杀菌作用,对于超高压对食品中的主要营养组分,如蛋白质、淀粉、多糖等的影响机理还缺乏系统深入的研究。而且,对超高压食品质构调整的机理方面的基础研究还不够充分。这也阻碍了这一新技术在工业生产中的应用。

目前,另一阻碍食品高压加工技术研究和发展的原因是高压设备的投资巨大。对于起步研究阶段,存在一次性投资高的问题,而且学术界和工业界缺乏及时的交流和合作,研究成果转化为工业化产品的进程缓慢。因此,研究适宜的超高压设备,寻找提高超高压食品加工设备生产效率的方法,降低生产成本,也是当前的一个研究重点。

0.6　气调贮藏保鲜技术

0.6.1　研究背景

气调贮藏在国际上被认为是比较有效的果蔬贮藏方法。采收后的果蔬是有生命的活体,在贮藏过程中仍然进行着以呼吸作用为主的新陈代谢活动,消耗氧气释放二氧化碳和一定热量[134]。结合冷藏技术,在维持果蔬正常生理状态的情况下,控制环境中的气体成分,适当降低贮藏环境中氧气的浓度和提高二氧化碳的浓度,可以抑制新鲜果蔬的呼吸作用,降低呼吸强度,延缓新陈代谢速度,减少养分和其他物质的消耗。低氧气、高二氧化碳还能抑制乙烯的生物合成,削弱乙烯的生理作用。

近年来,气调贮藏的良好效果得到了大众的肯定,众多气调贮藏经营和建设企业对我国的气调贮藏也起到了巨大的推动作用。随着我国出口农产品品种的更新换代和对国外市场的拓展,市场对气调贮藏技术的需求必然会越来越多,现代化气调库的建设将更加迫切。21世纪中国的冷库建设将由一般高温库转向气调库,这就要求对气调贮藏工艺有更深入、更全面的研究,气调贮藏条件也将更加成熟。所以,气调贮藏技术在我国有广阔的发展前景和巨大的市场潜力[135]。

0.6.2　研究意义

气调贮藏保鲜是指通过调整、控制贮藏空间的气体成分及比例(主要成分是氧气和二氧化碳),以此来抑制食品劣变的生理生化过程,达到延长水果保质期的目的,气调贮藏一直是果蔬比较常用的贮藏方式,相较于普通贮藏,气调贮藏的技术设备更先进,贮藏果蔬的保鲜时间长,损耗低,保鲜效果好且对贮藏品无污染[136]。

气调保鲜贮藏库属于高温库的范畴,被保鲜的食品不会结冰,保留食品原有的新鲜度和风味不变,营养也不会丢失,且安全环保、无污染。在相同的保鲜品质和温度条件下,气调保鲜贮藏库的保鲜时间是冷库的3~5倍,有些食品甚至可达数十倍,是冷库所无法比拟的。气调保鲜贮藏库运行温度在1~4 ℃,比普通低温冷库(运行温度 -25~-18 ℃)高,在相同的保鲜时间内,气调保鲜贮藏库的耗电量远远小于普通低温冷库。气调保鲜贮藏库采用惰性气体隔离空气,可以有效抑制食品细胞的呼吸而延后成熟,不仅延长了保鲜时间,而且增加了食品出库后的货架期,使食品出库后在较长时间内保鲜成为可能。

气调保鲜贮藏库采用了气体成分和浓度调节控制技术,不仅可以有效抑制 C_2H_4 等催熟成分的生成和作用,而且具有降氧、调碳、抑菌、消除农药毒副作用的功能。气调保鲜贮藏库采用的加湿技术,不仅可以保证食品自身的水分不失,而且使食品的色泽、质地都不改变,既减少了食品的储存损失,又保留了食品原有的品质。气调保鲜贮藏库采用了现代化机电控制技术,将先进的自动化控制设备及网络传输技术与传统机电产品相结合,使系统具有可靠性、经济性、合理性、先进性及远程控制性的特征,必将成为现代食品保鲜贮藏的主流技术[137]。

0.6.3　研究现状

目前,气调贮藏主要包括人工气调(Controlled Atmosphere,CA)贮藏和自发气调(Modified Atmosphere, MA)贮藏。人工气调贮藏是通过人工调节进行的;自发气调贮藏又称自发气调或限气贮藏,一般根据果蔬自身的呼吸特性采用不同透气性的包装材料达到调节气体成分的目的,如薄膜气调贮藏、塑料大帐气调贮藏等。目前,气调贮藏已广泛应用于多种果蔬的保鲜,多项研究表明,气调贮藏可有效抑制果蔬的呼吸强度,延缓果实硬度的下降,维持果实的抗氧化能力等。但不同种类和不同品种的果蔬之间气调参数存在较大差异。目前,学者报道较多的是气调处理对果实呼吸、果实品质(糖酸、叶绿素)、果实软化机制、抗氧化水平等方面的研究。

气调贮藏通过低浓度 O_2 和高浓度 CO_2 来影响果实的生理代谢,目前大量研究表明,适宜浓度的气调成分可抑制果实的呼吸作用,但是不同种类或品种的果实适宜贮藏的气调成分及比例有所差异。Oms 等[138]的研究表明,在 4 ℃贮藏条件下,气调包装(2.5% O_2+7% CO_2)处理可抑制鲜切哈密瓜的呼吸强度,鲜切哈密瓜可贮藏至 40 d;赵迎丽等[139]的研究表明,在 1 ℃贮藏环境下,适宜大久保桃贮藏的气调组分为 5% O_2 + 10% CO_2,可贮藏 70 d 以上;薛云东等[140]的研究表明在 -1~2 ℃贮藏环境下,红灯樱桃在适宜的气调(3% O_2+5% CO_2)贮藏条件下,可贮藏 55 d,可有效抑制果实呼吸强度。

气调贮藏通过抑制果蔬的呼吸强度可影响果实的生理代谢,影响其内溶物的变化。有报道表明果实的糖酸比与其成熟度有关,糖酸比可判定果实的成熟度,果实的成熟伴随着糖酸比的不断增大[141]。李萍等[142]曾报道,气调处理可延缓哈密瓜可溶性总糖的增加和总酸的降低,张景娥等[143]在气调处理苹果的研究中也得出相似的结果,气调延缓了果实的后熟过程。

大量试验表明,气调贮藏可延缓果蔬叶绿素的降解,有效保持果实更好的感官品质。林永艳等[144]对青菜的研究表明,充气包装可有效延缓青菜中叶绿素的降解,延长青菜货架期,并保持其营养成分。杨玉群等[145]也表明,自发气调可延缓西兰花中叶绿素含量的下降。王利斌等[146]对豇豆的研究表明,气调可维持豇豆中较高的叶绿素含量,保持豇豆品质,延长其贮藏期。王亮等[147]对冬枣的研究也表明,气调贮藏可降低冬枣果实的呼吸作用,延缓果实叶绿素的降解,保持冬枣较高的品质,延长贮藏期。以上研究均表明气调可以延缓果实中叶绿素的降解。

大量研究表明,适宜的气调贮藏可有效延缓果实可溶性固形物的增多及硬度下降。Amaro 等[148]对鲜切哈密瓜的保鲜研究表明,低温贮藏条件下,气调包装处理可有效延缓果实硬度的下降和可溶性固形物的增加。Hertog 等[149]对海沃德猕猴桃的气调保鲜研究也表明,低温贮藏条件下,气调贮藏可有效延缓果实硬度下降。吴萍[150]对壶瓶枣的研究也表明,气调贮藏可通过延缓果实细胞壁物质的降解等来延缓果实的软化进程,从而延长果实保鲜期。王愈等[151]对山楂的研究表明,气调贮藏可延缓果实硬度的下降,并且抑制山楂的果胶酶活。此外,气调包装处理草莓的试验表明,气调包装可显著抑制果胶甲酯酶(PE)活性,并有效延缓果实的软化进程。

气调贮藏可提高果实的抗氧化能力。大量研究表明,总酚、维生素 C、黄酮类等是果实中重要的抗氧化物质,其含量高低直接影响了果实的抗氧化水平[152]。高书亚等[153]的研究表明,气调贮藏可延缓果实中维生素 C 含量的降低,维生素 C 是很好的抗氧化物质,因此气调同时减缓了果实抗氧化能力的下降[154]。POD, PPO, SOD 和 LOX 等酶的活性对植物的成熟和衰老有较大影响,SOD 和 POD 可清除自由基,有助于延缓果蔬的衰老,而 PPO 和 LOX 的活性一般是在组织趋向衰老时上升,常被作为植物衰老程度的重要指标。魏文毅等的研究表明,在 0~1 ℃贮藏环境下,10% O_2 + 10% CO_2 处理可显著提高桃子 PPO 和 POD 的活性;Wang 等在气调处理桃子的研究中也得出相似的结果;姜爱丽等的研究表明,气调处理可以抑制富士苹果果实总酚和维生素 C 含量的降低,并且可减缓果实中 POD, CAT, SOD 等酶活性的降低,增强果实的抗氧化能力。Odriozola-Serran 等用 2.5%O_2+7.0%CO_2 充气包装处理草莓,于 4 ℃环境下贮藏,结果表明,与空气相比,气调处理可有效减缓果实中总酚和维生素 C 含量的下降,从而提高果实的抗氧化能力;Fernandez-Trujillo 等 [155] 用 20% CO_2 + 16.8% O_2 气调处理 Jewel 草莓,于 2 ℃环境下贮藏,结果表明,气调处理可有效提高果实的抗氧化水平,维持果实更好的品质。此外,孟宪军等 [156] 的研究表明,气调可有效提高蓝莓的 POD,CAT,SOD 等酶的活性,且减缓了蓝莓中还原型谷胱甘肽含量的下降,有效提高了蓝莓果实的抗氧化水平。而气调在抗坏血酸—谷胱甘肽循环方面的研究鲜有报道,需要进一步研究探讨。

0.7　玻璃冷冻空化技术

0.7.1　研究背景

玻璃化的概念来自高分子领域,当非晶高聚物的温度低于玻璃化转变温度的时候,高分子链段运动既缺乏足够的能量来克服越过内旋转的能垒,又没有足够的自由体积,链段运动被冻结,高分子材料失去本身的柔性,变成玻璃样的无定形的固体,这样的状态称为玻璃态 [157]。食品中含有丰富的蛋白质、糖类、脂肪等营养物质,这些营养物质是高分子物质,而且有研究表明这些生物上的有机大分子与这些合成高分子之间存在着一些共性。要想实现食品的玻璃化保存必须将食品在玻璃化转变温度之下贮藏。

我国的水果蔬菜的年产量巨大,据统计,2019 年我国水果产量约 2.7 亿 t、蔬菜产量约 7.2 亿 t,可用于速冻加工的果蔬资源非常丰富。目前,国内的速冻食品市场仍以水饺、汤圆等米面制品为主。速冻果蔬近 10 多年来发展较快,主要品种有速冻玉米粒、毛豆、薯类、菠菜、青豆、板栗、西兰花、菠萝、苹果、草莓等 [158]。果蔬在速冻过程中,首先是细胞外的水分结晶,使细胞外溶液浓度增大,细胞内的水分向外渗透并且逐渐凝固,这样就会在细胞外形成冰晶。冰晶会挤压或者刺破细胞,使细胞变形或者破裂,从而影响果蔬的品质。

0.7.2　研究意义

当食品处于玻璃态的时候,一切受扩散控制的松弛过程都将被抑制,反应速率极其缓慢甚至不会发生,所以玻璃化保存可以最大限度地保持食品的品质。玻璃态食品也常被认为是稳定的 [159],但经过玻璃化转变后,食品处于橡胶态,此时食品的流动性和机械性都会发生变化,导致食品加工的可行性和稳定性也随之发生变化 [160]。基于以上观点,玻璃冷冻空化技术作为一种食品果蔬冷冻保鲜的新型技术,对于提高冷冻食品的质量,保持果蔬原有的品质具有重大意义。

0.7.3　国内外研究现状

国内外关于高分子的玻璃化研究主要集中在玻璃化转变温度以及影响玻璃化转变温度

的因素,同时将玻璃化研究从高分子领域逐渐扩展到了生物工程以及食品领域。玻璃化转变温度是非晶态高分子在由高弹态转变为玻璃态或者由玻璃态转变为高弹态时的温度,通常用 T_g 表示。

李莹等[161]采用了热失重分析、差热分析和动态力学分析等方法对含硅芳炔树脂和改性含硅芳炔树脂进行了氮气环境下的 800 ℃热失重率、空气环境下的热失重率达到 5% 时的温度和玻璃化转变温度的研究,研究结果表明,两种树脂的玻璃化转变温度均高于 500 ℃。Gao 等[162]对分子量在 3 300~13 400 的一系列高纯度循环聚苯乙烯样品的玻璃化转变温度进行研究,发现与线性样品相比较,高纯度循环聚苯乙烯样品的玻璃化转变温度要高,而且其温度对分子量的依赖性比较弱。吴红枚等[163]采用基团贡献法和分子动力学法模拟了聚间苯二甲酰间苯二胺纤维和聚对苯二甲酰对苯二胺的玻璃化转变温度,并与试验值进行了对比,发现使用基因贡献法和分子动力学法,测得的聚间苯二甲酰间苯二胺纤维和聚对苯二甲酰对苯二胺的玻璃化转变温度与试验值接近。董欢等[164]利用差式扫描量热法(DSC)测量出牛肉的玻璃化转化温度为 -14 ℃。赵凯等[165]采用差式扫描量热法研究不同温度及不同储藏时间下小麦总淀粉、小麦 A 淀粉、小麦 B 淀粉的最大冷冻浓缩状态下玻璃化转变温度。研究发现,小麦 B 淀粉的转化温度比小麦 A 淀粉的转化温度高,而且非冻结水的含量对不同组分小麦淀粉的转化温度有很大的影响。饶小勇等[166]设计 32 全因子试验分析进风温度与辅料用量对五味子喷雾干燥粉末的影响,采用差热分析仪测定喷干粉的玻璃化转化温度,发现 T_g 随着送风温度与辅料用量的增大而增大。

高分子物质在结构上比较复杂,影响玻璃化转变温度的因素也是多样的,为了研究影响玻璃化转化温度的影响因素,国内外学者进行了多方面的研究。胡红梅等[167]以环氧树脂胶黏剂作为试验对象,采用差式扫描量热法测定环氧树脂胶黏剂样品的玻璃化转变温度,并研究了样品在固化过程中的升温速率、固化时间、固化温度以及固化热机械性对转变温度的影响,得到低升温速率更能使 EP 胶黏剂样品固化完全,而且样品长时间受热会降低它的转化温度。蒙根[168]采用差式扫描量热法进行测定,发现当苯乙烯 - 马来酸苷共聚物试样量在 10 mg 左右,氮气的流速在 40 mL/min,升温速度在 20 ℃ /min 的条件下测定的结果良好。石启龙等[169]发现含冻结水的南美白对虾肉冰晶体出现始、末温度范围为 -53~-22 ℃,在此温度范围内退火 30 min,焓变 ΔH 先降低后增加,当 ΔH 达到最小值 171.1 J/g 时,与之对应的温度为 -35 ℃,即为虾肉适宜的退火温度。虾肉 T_g 随退火时间的延长而降低,且在超过 30 min 后逐渐趋于稳定,因此适宜退火时间为 30 min。虾肉 T_g 随升温速率的降低而降低,并在速率低于 5 ℃ /min 后逐渐趋于恒定,适宜升温速率 5 ℃ /min。T_g 随虾肉含水率的增加而降低,当含水率 <25.88% 时, T_g 降低趋势明显;而当含水率 >25.88% 时, T_g 降低幅度很小并逐渐趋于恒定。

参考文献

[1] 高梦祥, 王春萍. 交变磁场对草莓保鲜效果的影响 [J]. 食品研究与开发, 2010, 31（1）: 155-158.

[2] 陈照章, 王恒海, 黄永红, 等. 交变磁场对含盐溶液冰晶生成的影响 [J]. 应用科学学报, 2008, 26（2）: 145-149.

[3] 邓波. 磁处理水的物理特性及其生物效应的研究 [D]. 成都: 电子科技大学, 2009.

[4] 黄利强. 磁场结合气调包装对葡萄保鲜效果的研究 [J]. 包装工程, 2010（11）: 23-26.

[5] KAKU M, KAWATA T, ABEDINI S, et al. Electric and magnetic fields in cryopreservation: a response[J]. Cryobiology, 2012, 64（3）: 304-305.

[6] WOWK B. Electric and magnetic fields in cryopreservation[J]. Cryobiology, 2012, 64（3）: 301-303.

[7] TAGAMI M, HAMAI M, MOGI I, et al. Solidification of levitating water in a gradient strong magnetic field[J]. Journal of Crystal Growth, 1999, 203（4）: 594-598.

[8] 蒋华伟, 李战升. 脉冲磁场下储藏小麦自身呼吸 CO_2 变化分析研究 [J]. 河南工业大学学报（自然科学版）, 2013, 34（3）: 79-82.

[9] SHIMA S, OP CHAUHAN, STEFAN T, et al. Pulsed electric field treatment prior to freezing carrot discs significantly maintains their initial quality parameters after thawing[J]. International Journal of Food Science and Technology, 2014（4）: 1224-1230.

[10] ARTUR W, MATTHIAS S, ERIK V, et al. The effect of pulsed electric field treatment on immersion freezing, thawing and selected properties of apple tissue[J]. Journal of Food Engineering, 2015, 146: 8-16.

[11] 宋健飞, 刘斌, 关文强, 等. 直流磁场对洋葱细胞冻结过程的影响 [J]. 制冷学报, 2016, 37（2）.

[12] 王亚会, 邸倩倩, 刘斌, 等. 直流磁场辅助冻结对西兰花品质的影响 [J]. 食品研究与开发, 2017（21）: 195-199.

[13] 龙超, 吴子健, 宋健飞. 磁场辅助冻结对马铃薯块冻结及贮藏特性影响 [J]. 食品工业科技, 2018, 39（16）: 278-280, 311.

[14] 赵伟, 杨瑞金, 张文斌, 等. 高压脉冲电场对食品中微生物、酶及组分影响的研究进展 [J]. 食品与机械, 2010, 26（3）: 153-156.

[15] GULSUN A E. Inactivation kinetics of pathogenic microorganisms by pulsed electric fields[D]. Columbus: The Ohio State University, 2001.

[16] 马飞宇. 高压脉冲电场预处理果蔬对其介电特性的影响及机理分析 [D]. 晋中: 山西农业大学, 2014.

[17] 刘振宁, 郭玉明, 崔清亮. 高压矩形脉冲电场对果蔬干燥速率的影响 [J]. 农机化研究, 2010, 32（5）: 146-150.

[18]　崔清亮,郭玉明,郑德聪. 冷冻干燥物料水分在线测量系统设计与试验 [J]. 农业机械学报,2008, 39(4):1-96.

[19]　HO S Y, MITTAL G S, CROSS J D.Effect of high field electric pulses on the activity of selected enzymes[J].Journal of Food Engineering,2010,26(3):153-156.

[20]　方胜,孙学兵,张涛,等. 利用高压脉冲电场加速食物解冻的研究及其装置的研究 [J]. 食品科学,2003,24(11):45-51.

[21]　徐娅莉,曾新安,于淑娟. 高强脉冲电场处理对木瓜蛋白酶的影响 [J]. 高电压技术, 2005,31(12):39-41.

[22]　GINER J, GIMENO V, ORTEGA M, et al. Inhibition of peach polyphenoloxidase by pulsed electric fields[J]. In Proceeding of European Conference on Emerging Food Science and Nutrition,1999,109(9):22-24.

[23]　曾新安,高大维,于淑娟,等. 高压电场肉类增鲜效果研究 [J]. 食品科学, 1997, 17(4): 37-40.

[24]　王颖. 高压脉冲电场预处理果蔬介电特性与脱水特性相关性 [D]. 晋中:山西农业大学,2011.

[25]　ZIMMERMANN U. Electrical breakdown, electropermeabilization and electrofusion[J]. Reviews of Physiology, Biochemistry and Pharmacology,1986,105:176-256.

[26]　刑茹,梁运章,丁昌江,等. 高压电场干燥蔬菜的实验研究 [J]. 食品工业科技, 2004, 25 (6):68-70.

[27]　王维琴,盖玲,王剑平. 高压脉冲电场预处理对甘薯干燥的影响 [J]. 农业机械学报, 2005,36(8):154-156.

[28]　吴亚丽,郭玉明. 高压脉冲电场对果蔬生物力学性质的影响 [J]. 农业工程学报, 2009, 25(11):336-340.

[29]　XU S L, ZHANG S Q. Mechanical characteristics of garlic-stem after high pressure processing[J]. Transactions of the CSAE,2002,18(5):202-205.

[30]　王愈,王宝刚,李里特. 两种高压电场处理形式对绿熟番茄贮藏品质的影响 [J]. 农业机械学报,2010,41(7):123-127.

[31]　李里特,方胜. 对静电场下果蔬保鲜机理的初步分析 [J]. 中国农业大学学报, 1996, 4: 62-65.

[32]　MATVIENKO A B. Intensification of the extraction of soluble substances by electrical treatment of plant materials and water[J]. Thesis, Ukrainian State University of Food Technologies,2011,12(5):312-315.

[33]　BAZHAL M I, NGADI M O, RAGHAVAN G S V, et al. Textural changes in apple tissue during pulsed electric field treatment[J]. Journal of Food Science,2006,68(1):249-253.

[34]　LEBOVKA N I, PRAPORSCIC I, VOROBIEV E I. Enhanced expression of juice from soft vegetable tissues by pulsed electric fields[J].Journal of Food Engineering, 2003, 59 (3):309-317.

[35] 杨其长,张成波. 植物工厂概论 [M]. 北京:中国农业科学技术出版社,2005.

[36] BULA R J, MORROW R C, TIBBITTS T W, et al.Light-emitting diodes as a radiation source for plants[J].Hortscience A Publication of the American Society for Horticultural Science,1991,26(2):203-205.

[37] ANNA L, FEDERICA T, MARINO N.UV-A light treatment for controlling enzymatic browning of fresh-cut fruits[J].Innovative Food Science & Emerging Technologies, 2016, 34(6):141-147.

[38] 于刚,栾雨时,安利佳.UV-C 处理对蓝莓贮藏保鲜及品质的影响 [J]. 食品研究与开发, 2013(2):92-95.

[39] 郑杨,曹敏,申琳,等. 短波紫外线照射对韭菜采后贮藏品质及活性氧代谢相关酶的影响 [J]. 食品科学,2011(20):307-311.

[40] TOPCU Y, DOGAN A, KASIMOGLU Z, et al.The effects of UV radiation during the vegetative period on antioxidant compounds and postharvest quality of broccoli (Brassica oleracea L.)[J].Plant Physiology & Biochemistry,2015,93:56-65.

[41] PATARO G, SINIK M, CAPITOLI M M, et al.The influence of post-harvest UV-C and pulsed light treatments on quality and antioxidant properties of tomato fruits during storage[J].Innovative Food Science & Emerging Technologies,2015,30(1):103-111.

[42] 余意,杨其长,赵姣姣,等.LED 光质对三种叶色生菜光谱吸收特性、生长及品质的影响 [J]. 照明工程学报,2013(S1):139-145.

[43] 杜爽,高志奎,薛占军,等. 红蓝单色光质下茄子叶片的光吸收与光合光响应特性 [J]. 河北农业大学学报,2009,32(1):19-22.

[44] MASTROPASQUA L, TANZARELLA P, PACIOLLA C.Effects of postharvest light spectra on quality and health-related parameters in green Asparagus officinalis L.[J].Postharvest Biology & Technology,2016,112:143-151.

[45] MA G, ZHANG L, SETIAWAN C K, et al.Effect of red and blue LED light irradiation on ascorbate content and expression of genes related to ascorbate metabolism in postharvest broccoli[J].Postharvest Biology & Technology,2014,94(7):97-103.

[46] WU M C, HOU C Y, JIANG C M, et al.A novel approach of LED light radiation improves the antioxidant activity of pea seedlings[J].Food Chemistry,2007,101(4):1753-1758.

[47] XU H L, XU Q, LI F, et al.Applications of xerophytophysiology in plant production:LED blue light as a stimulus improved the tomato crop[J].Scientia Horticulturae,2012,148(1): 190-196.

[48] DHAKAL R, BAEK K H.Short period irradiation of single blue wavelength light extends the storage period of mature green tomatoes[J].Postharvest Biology & Technology, 2014, 90:73-77.

[49] 常涛涛. 不同光谱能量分布对番茄生长发育及其果实品质的影响 [D]. 南京:南京农业大学,2010.

[50] 周华,刘淑娟,王碧琴,等.不同波长 LED 光源对生菜生长和品质的影响 [J]. 江苏农业学报,2015,31(2):429-433.

[51] 刘文科,杨其长,邱志平,等.LED 光质对豌豆苗生长、光合色素和营养品质的影响 [J]. 中国农业气象,2012,33(4):500-504.

[52] 谢晶,蔡楠,韩志. 弱光照射对果蔬冷藏品质的影响 [J]. 食品科学, 2008, 29(3): 471-474.

[53] 李晶,李娟,郭世荣,等. 光照强度对菠菜光合色素的影响 [J]. 上海交通大学学报(农业科学版),2008,26(5):386-389.

[54] BRAIDOT E, PETRUSSA E, PERESSON C, et al.Low-intensity light cycles improve the quality of lamb's lettuce (Valerianella olitoria L. Pollich) during storage at low temperature[J].Postharvest Biology & Technology,2014,90:15-23.

[55] LIN K H, HUANG M Y, HUANG W D, et al. The effects of red, blue, and white light-emitting diodes on the growth, development, and edible quality of hydroponically grown lettuce (Lactuca sativa L. var. capitata)[J].Scientia Horticulturae, 2013, 150(2): 86-91.

[56] JOHKAN M, SHOJI K, GOTO F, et al.Effect of green light wavelength and intensity on photomorphogenesis and photosynthesis in Lactuca sativa[J].Environmental & Experimental Botany,2012,75(75):128-133.

[57] 刘晓英,徐志刚,焦学磊,等. 可调 LED 光源系统设计及其对菠菜生长的影响 [J]. 农业工程学报,2012,28(1):208-212.

[58] 刘彤,刘雯,马建设. 可调红蓝光子比例的 LED 植物光源配光设计方法 [J]. 农业工程学报,2014(1):154-159.

[59] 陈凤,袁银麟,郑小兵,等.LED 的光谱分布可调光源的设计 [J]. 光学精密工程, 2008, 16(11):2060-2064.

[60] 王亚会, 邸倩倩, 刘斌, 等. LED 红蓝光处理对西芹采后品质的影响 [J]. 食品工业科技, 2017(12):316-319,324.

[61] 王美霞, 刘斌, 关文强, 等. LED 红蓝光照射强度对采后西兰花保鲜品质的影响 [J]. 食品科技,2017(6):42-46.

[62] CHIZOBA EKEZIE F G, SUN D W, HAN Z, et al. Microwave-assisted food processing technologies for enhancing product quality and process efficiency: a review of recent developments[J]. Trends in Food Science & Technology, 2017:S0924224417300535.

[63] DUAN X, LIU W C, REN G Y, et al. Browning behavior of button mushrooms during microwave freeze-drying[J]. Drying Technology, 2016,34(11): 1373-1379.

[64] ZHOU B, ZHANG M, FANG Z, et al. A combination of freeze drying and microwave vacuum drying of duck egg white protein powders[J]. Drying Technology, 2014, 32(15): 1840-1847.

[65] LI R, HUANG L, ZHANG M, et al. Freeze drying of apple slices with and without appli-

cation of microwaves[J]. Drying Technology, 2014,32(15): 1769-1776.

[66] LI Y, ZENG R J, LU Q, et al. Ultrasound/microwave-assisted extraction and comparative analysis of bioactive/toxic indole alkaloids in different medicinal parts of Gelsemium elegans Benth by ultra-high performance liquid chromatography with MS/MS[J]. Journal of Separation Science, 2014,37(3): 308-313.

[67] JIANG H, ZHANG M, MUJUMDAR A S, et al. Drying uniformity analysis of pulse-spouted microwave-freeze drying of banana cubes[J]. Drying Technology, 2015, 34 (5): 539-546.

[68] PU Y Y, SUN D W. Vis-NIR hyperspectral imaging in visualizing moisture distribution of mango slices during microwave-vacuum drying[J]. Food Chemistry,2015, 188:271-278.

[69] PU Y Y, SUN D W. Prediction of moisture content uniformity of microwave-vacuum dried mangoes as affected by different shapes using NIR hyperspectral imaging[J]. Innovative Food Science and Emerging Technologies, 2016,34:348-356.

[70] PU Y Y, SUN D W. Combined hot-air and microwave-vacuum drying for improving drying uniformity of mango slices based on hyperspectral imaging visualization of moisture content distribution[J]. Biosystems Engineering,2017, 156: 108-119.

[71] BÓRQUEZ R, MELO D, SAAVEDRA C. Microwave vacuum drying of strawberries with automatic temperature control[J]. Food and Bioprocess Technology, 2015, 8(2): 266-276.

[72] WRAY D, RAMASWAMY H S. Novel concepts in microwave drying of foods[J]. Drying Technology,2015, 33(7):769-783.

[73] ZIELINSKA M, MICHALSKA A. Microwave-assisted drying of blueberry (Vaccinium corymbosum L.) fruits: drying kinetics, polyphenols, anthocyanins, antioxidant capacity, color and texture[J]. Food Chemistry,2016,212: 671-680.

[74] AMBROS S, BAUER S A W, SHYLKINA L, et al. Microwave vacuum drying of lactic acid bacteria: influence of process parameters on survival and acidification activity[J]. Food and Bioprocess Technology,2016,9(11):1901-1911.

[75] MONTEIRO R L, CARCIOFI B A M, MARSAIOLI A, et al. How to make a microwave vacuum dryer with turntable[J]. Journal of Food Engineering, 2015,166:276-284.

[76] ONWUDE D I, HASHIM N, CHEN G. Recent advances of novel thermal combined hot air drying of agricultural crops[J]. Trends in Food Science & Technology, 2016, 57: 132-145.

[77] WANG Y, LI X, CHEN X T, et al. Effects of hot air and microwave-assisted drying on drying kinetics, physicochemical properties, and energy consumption of chrysanthemum[J]. Chemical Engineering and Processing-Process Intensification,2018,129:84-94.

[78] KUMAR C, JOARDDER M U, FARRELL T W, et al. Mathematical model for intermittent microwave convective drying of food materials[J]. Drying Technology, 34(8): 962-

973.

[79] ESTURK O. Intermittent and continuous microwave-convective air-drying characteristics of sage（Salvia officinalis）leaves[J]. Food and Bioprocess Technology，2010，5（5）：1664-1673.

[80] AHMED I，QAZI I M，JAMAL S. Developments in osmotic dehydration technique for the preservation of fruits and vegetables[J]. Innovative Food Science & Emerging Technologies，2016，34：29-43.

[81] YADAV A K，SINGH S V. Osmotic dehydration of fruits and vegetables：a review[J]. Journal of Food Science and Technology，2014，51（9）：1654-1673.

[82] AKBARIAN M，GHASEMKHANI N，MOAYEDI F. Osmotic dehydration of fruits in food industrial：a review[J]. International Journal of Biosciences（IJB），2014，4（1）：42-57.

[83] PATEL J H，SUTAR P P.Acceleration of mass transfer rates in osmotic dehydration of elephant foot yam（Amorphophallus paeoniifolius）applying pulsed-microwave-vacuum[J]. Innovative Food Science & Emerging Technologies，2016，36：201-211.

[84] LECH K，FIGIEL A，WOJDYŁO A，et al. Drying kinetics and bioactivity of beetroot slices pretreated in concentrated chokeberry juice and dried with vacuum microwaves[J]. Drying Technology，2015，33（13）：1644-1653.

[85] WRAY D，RAMASWAMY H S. Development of a microwave-vacuum based dehydration technique for fresh and microwave-osmotic（MWODS）pretreated whole cranberries（Vaccinium macrocarpon）[J]. Drying Technology，2015，33（7）：796-807.

[86] KHIR R，PAN Z，THOMPSON J F，et al. Moisture removal characteristics of thin layer rough rice under sequenced infrared radiation heating and cooling[J]. Journal of Food Processing and Preservation，2014，38（1）：11.

[87] SI X，CHEN Q，BI J，et al. Infrared radiation and microwave vacuum combined drying kinetics and quality of raspberry[J]. Journal of Food Process Engineering，2016，39（4）：377-390.

[88] ÖZTÜRK S，ŞAKIYAN Ö，ÖZLEM ALIFAKI Y. Dielectric properties and microwave and infrared-microwave combination drying characteristics of banana and kiwifruit[J]. Journal of Food Process Engineering，2017（3）：1-8.

[89] SI X，CHEN Q，BI J，et al. Infrared radiation and microwave vacuum combined drying kinetics and quality of raspberry[J]. Journal of Food Process Engineering，2016，39（4）：377-390.

[90] TAO Y，SUN D W. Enhancement of food processes by ultrasound：a review[J]. Critical Reviews in Food Science and Nutrition，2015，55（4）：570-594.

[91] CHEN F，ZHANG X，ZHANG Q，et al. Simultaneous synergistic microwaveeultrasonic extraction and hydrolysis for preparation of trans-resveratrol in tree peony seed oil-extract-

ed residues using imidazolium-based ionic liquid[J]. Industrial Crops and Products，2016，94：266-280.

[92] JOANNA K, SZADZIŃSKA J, MARCIN S, et al. Ultrasound- and Microwave-Assisted Convective Drying of Carrots – Process Kinetics and Product's Quality Analysis[J]. Ultrasonics Sonochemistry，2018：S1350417718304905.

[93] SZADZIŃSKA J, KOWALSKI S J, STASIAK M. Microwave and ultrasound enhancement of convective drying of strawberries：experimental and modeling efficiency[J]. International Journal of Heat and Mass Transfer，2016,103：1065-1074.

[94] SZADZIŃSKA J, LECHTANSKA J, KOWALSKI S J, et al. The effect of high power airborne ultrasound and microwaves on convective drying effectiveness and quality of green pepper[J]. Ultrasonics Sonochemistry,2017，34：531-539.

[95] KOWALSKI S J, PAWLOWSKI A, SZADZIŃSKA J，et al. High power airborne ultrasound assist in combined drying of raspberries[J]. Innovative Food Science & Emerging Technologies，2016,34：225-233.

[96] SAKOWSKA A, GUZEK D, SUN D-W, et al. Effects of 0.5% carbon monoxide in modified atmosphere packagings on selected quality attributes of M. longissimus dorsi beef steaks[J]. Journal of Food Process Engineering,2017，40(4)：1-10.

[97] PU Y Y, SUN D W. Prediction of moisture content uniformity of microwave-vacuum dried mangoes as affected by different shapes using NIR hyperspectral imaging[J]. Innovative Food Science & Emerging Technologies，2016,33：348-356.

[98] YANG Q, SUN D W, CHENG W. Development of simplified models for nondestructive hyperspectral imaging monitoring of TVB-N contents in cured meat during drying process[J]. Journal of Food Engineering，2017,192：53-60.

[99] CHENG L, SUN D W, ZHU Z，et al. Emerging techniques for assisting and accelerating food freezing processes：a review of recent research progresses[J]. Critical Reviews in Food Science and Nutrition,2017，57(4)：769-781.

[100] MA J, PU H, SUN D W, et al. Application of Vis-NIR hyperspectral imaging in classification between fresh and frozen-thawed pork Longissimus Dorsi muscles[J]. International Journal of Refrigeration-Revue Internationale Du Froid,2015,50：10-18.

[101] PU H, SUN D W, MA J，et al. Classification of fresh and frozen-thawed pork muscles using visible and near infrared hyperspectral imaging and textural analysis[J]. Meat Science，2015,99：81-88.

[102] XIE A, SUN D W, ZHU Z，et al. Nondestructive measurements of freezing parameters of frozen porcine meat by NIR hyperspectral imaging[J]. Food and Bioprocess Technology，2016,9(9)：1444-1454.

[103] MAZUR P, LEIBO S P, CHU E H Y. A two-factor hypothesis of freezing injury：evidence from Chinese hamster tissue-culture cells[J]. Experimental Cell Research,1972, 71

（2）:345-355.

[104] PERDRO D S, LAURA O. High-pressure freezing//D-W SUN. Emerging technologies for food processing[M]. 2nd ed. New York: Academic Press,2015:515-538.

[105] XANTHAKIS E, LE-BAIL A, RAMASWAMY H. Development of an innovative microwave assisted food freezing process[J]. Innovative Food Science & Emerging Technologies,2014, 26: 176-181.

[106] DALVI-ISFAHAN M, HAMDAMI N, XANTHAKIS E, et al. Review on the control of ice nucleation by ultrasound waves, electric and magnetic fields[J]. Journal of Food Engineering, 2017,195:222-234.

[107] XANTHAKIS E, LE-BAIL A, HAVET M. Freezing combined with electrical and magnetic disturbances[M]//Emerging Technologies for Food Processing. Elsevier Ltd,2014.

[108] 张永芳,原媛. 微波萃取 - 考马斯亮蓝法提取大豆蛋白的工艺研究 [J]. 食品工业,2018,39(9):44-48.

[109] MOHD N C I, AZILAH A, AISHATH N, et al. Effect of microwave assisted hydrodistillation extraction on extracts of Ficus deltoidea[J]. Materials- today: Proceedings,2018, 5(10):21772-21779.

[110] CHONG C H, FIGIEL A, LAW C L, et al. Combined drying of apple cubes by using of heat pump, vacuum-microwave, and intermittent techniques[J]. Food and Bioprocess Technology,2014, 7(4): 975-989.

[111] CURET S, ROUAUD O, BOILLEREAUX L. Estimation of dielectric properties of food materials during microwave tempering and heating[J]. Food and Bioprocess Technology, 2014, 7(2): 371-384.

[112] ŞTEFĂNOIU G-A, TĂNASE E E, MITELUŢ A C, et al. Unconventional treatments of food: microwave vs. radiofrequency[J]. Agriculture and Agricultural Science Procedia, 2016, 10: 503-510.

[113] KIM J, MUN S, KO H, et al. Review of microwave assisted manufacturing technologies[J]. International Journal of Precision Engineering and Manufacturing, 2012, 13 （12）:2263-2272.

[114] DE BRUIJN J, RIVAS F, RODRIGUEZ Y, et al. Effect of vacuum microwave drying on the quality and storage stability of strawberries[J]. Journal of Food Processing and Preservation, 2016,40(5): 1104-1115.

[115] NORTON T, SUN D W. Recent advances in the use of high pressure as an effective processing technique in the food industry[J]. Food and Bioprocess Technology, 2007,1(1): 2-34.

[116] HITE B H.The effects of pressure in the preservation of milk bull[J].West Virginia Agricultural Experiment Station, 1899,58:15-35.

[117] HITE B H.The effects of pressure on certain microorganisms encountered in the preserva-

tion of fruits and vegetables[J].West Virginia Agricultural Experiment Station，1914，146：1-67.

[118]　姚开，李庆，贾冬英，等. 食品非热力杀菌新技术 [J]. 食品与发酵工业，2001，27（8）：52-55.

[119]　刘延奇，吴史博. 超高压对食品品质的影响 [J]. 食品研究与开发，2008，29（3）：137-140.

[120]　吴晓梅，孙志栋，陈惠云. 食品超高压技术的发展及应用前景 [J]. 中国农村小康，2006（1）：50-52.

[121]　王国栋. 超高压处理对食品品质的影响 [D]. 大连：大连理工大学，2013.

[122]　王琎. 超高压处理生鲜金枪鱼片保鲜研究 [D]. 广州：华南理工大学，2011.

[123]　夏远景，陈淑花，薛路舟，等. 超高压处理牡蛎灭菌实验研究及人工神经网络模拟 [J]. 现代食品科技，2009，25（5）：530-533.

[124]　张晓敏，吴立杰，吴佳艳，等. 牡蛎的超高压加工技术研究 [J]. 中国食物与营养，2010，16（1）：55-58.

[125]　CRUZ-ROMERO M，KELLY A L，KERRY J P. Effects of high-pressure and heat treatments on physical and biochemical characteristics of oysters（Crassostrea gigas）[J]. Innovative Food Science & Emerging Technologies，2007，8（1）：30-38.

[126]　杨华，陆森超，张惠恩，等. 超高压处理对养殖大黄鱼风味及品质的影响 [J]. 食品科学，2014，35（16）：244-249.

[127]　PARNIAKOV O，LEBOVKA N I，BALS O，et al. Effect of electric field and osmotic pre-treatments on quality of apples after freezing-thawing[J]. Innovative Food Science & Emerging Technologies，2015，29：23-30.

[128]　狄建兵，王宝刚，郝利平，等. 离子水浸泡结合静电场处理对贮藏草莓生理特性的影响 [J]. 中国食品学报，2013，13（4）：114-118.

[129]　LEONG S Y，RICHTER L，KNORR D，et al. Feasibility of using pulsed electric field processing to inactivate enzymes and reduce the cutting force of carrot（Daucus carota var. Nantes）[J]. Innovative Food Science & Emerging Technologies，2014，26：159-167.

[130]　TAO X Y，CHEN J，LI L，et al. Influence of pulsed electric field on Escherichia coli and Saccharomyces cerevisiae[J]. International Journal of Food Properties，2014，18（7）：1416-1427.

[131]　KO W，YANG S，CHANG C，et al. Effects of adjustable parallel high voltage electrostatic field on the freshness of tilapia（Orechromis niloticus）during refrigeration[J]. LWT-Food Science and Technology，2016，66：151-157.

[132]　ZHANG X X，LI X H，CHEN M. Role of the electric double layer in the ice nucleation of water droplets under an electric field[J]. Atmospheric Research，2016，178：150-154.

[133]　MOK J H，CHOI W，PARK S H，et al. Emerging pulsed electric field（PEF）and static

magnetic field（SMF）combination technology for food freezing[J]. International Journal of Refrigeration，2015，50：137-145.

[134] 李丙志. 浅谈气调贮藏方法在果蔬保鲜上的应用 [J]. 现代园艺，2012（14）:32-32.

[135] 崔立华，黄俊彦. 气调保鲜包装技术在食品包装中的应用 [J]. 食品与发酵工业，2007，33（6）：100-103.

[136] 刘英语，吴酉芝，黄佳璐. 我国果蔬气调贮藏的现状 [J]. 现代食品，2018（6）：154-156.

[137] 孔凡国. 气调保鲜贮藏库模糊控制技术的研究 [J]. 机床与液压，2006（7）:184-188.

[138] OMS O G, SOLIVA F R, MARTÍN B O. Modeling changes of headspace gas concentrations to describe the respiration of fresh-cut melon under low or superatmospheric oxygen atmospheres[J]. Journal of Food Engineering，2008，85（3）:401-409.

[139] 赵迎丽，王春生，王亮，等. 不同气调贮藏方式对大久保桃冷藏后品质的影响 [J]. 华北农学报，2010，25（5）:234-238.

[140] 薛云东，黄永红，杨娟侠. 柔性气调库中 CO_2 浓度对沾化冬枣果实品质和耐藏性的影响 [J]. 山东林业科技，2007（5）:62-62.

[141] MONTERO T M, MOLLÁ E M, ESTEBAN R M. Quality attributes of strawberry during ripening[J]. Scientia Hortic，1996，65（4）:0-250.

[142] 李萍，车凤斌，胡柏文，等. 气调贮藏不同气体比例对哈密瓜 86-1 贮期品质及生理活性的影响 [J]. 新疆农业科学，2010，47（1）:104-109.

[143] 张景娥，郝义，郭丹，等. 气调保鲜对"岳帅"苹果贮藏品质的影响 [J]. 北方园艺，2013（2）:120-122.

[144] 林永艳，谢晶，朱军伟，等. 充气包装对青菜冷藏品质的影响 [J]. 食品工业科技，2012，33（22）:360-362.

[145] 杨玉群，范明月. 自发气调贮藏对西兰花贮藏品质的影响 [J]. 食品与发酵科技，2012（4）:29-31.

[146] 王利斌，姜丽，石韵，等. 气调对豇豆贮藏期效果的影响 [J]. 食品科学，2013，34（10）:313-316.

[147] 王亮，王慧芳，王春生. 气调指标对冬枣果实呼吸、相对电导率、叶绿素含量及果皮色泽的影响 [J]. 果树学报，2007，24（4）:487-491.

[148] AMARO A L, BEAULIEU J C, GRIMM C C, et al. Effect of oxygen on aroma volatiles and quality of fresh-cut cantaloupe and honeydew melons[J]. Food Chemistry，2012，130（1）:49-57.

[149] HERTOG M L, NICHOLSON S E, JEFFERY P B. The effect of modified atmospheres on the rate of firmness change of "Hayward" kiwifruit[J]. Postharvest Biology & Technology，2004，31（3）:251-261.

[150] 吴萍. 气调贮藏对壶瓶枣果实细胞壁和角质层成分及品质的影响 [J]. 中国农业科学，2009，42（2）:619-625.

[151] 王愈, 陈丽. 不同贮藏条件对山楂果胶酶活性及果胶含量变化影响的研究 [J]. 山西果树, 1999(2):3-4.

[152] 刘文旭, 黄午阳, 曾晓雄, 等. 草莓、黑莓、蓝莓中多酚类物质及其抗氧化活性研究 [J]. 食品科学, 2011, 32(23):130-133.

[153] 高书亚, 王贞丽, 吴帅帅, 等. 气调包装对鲜切猕猴桃和木瓜贮藏品质的影响 [J]. 包装工程, 2013(11):39-42.

[154] 姜爱丽, 胡文忠, 代喆, 等. 箱式气调贮藏对鲜切富士苹果抗氧化系统的影响 [J]. 食品与发酵工业, 2011, 37(10):187-191.

[155] FERNANDEZ-TRUJILLO J P, NOCK J F, WATKINS C B. Antioxidant enzyme activities in strawberry fruit exposed to high carbon dioxide atmospheres during cold storage[J]. Food Chemistry, 2007, 104(4):1425-1429.

[156] 孟宪军, 姜爱丽, 胡文忠, 等. 箱式气调贮藏对采后蓝莓生理生化变化的影响 [J]. 食品工业科技, 2011(9):379-383.

[157] 钟芳. 食品的冷冻玻璃化保藏 [J]. 食品与机械, 2000(5):9-11.

[158] 康三江, 张海燕, 张芳, 等. 速冻果蔬生产加工关键工艺技术研究进展 [J]. 中国酿造, 2015, 34(4):1-4.

[159] 陈琴, 邵兴锋, 王伟波, 等. 杨梅玻璃态保藏技术的研究 [J]. 食品科学, 2010, 31(12):251-254.

[160] 何曼君, 陈维孝, 董西侠. 高分子物理 [M]. 上海:复旦大学出版社, 1990.

[161] 李莹, 李居影, 尹磊, 等. 含硅芳炔树脂的热性能和玻璃化转变温度研究 [J]. 工程塑料应用, 2019, 47(3):106-110.

[162] GAO L F, OH JOONGSUK, TU YINGFENG, et al. Glass transition temperature of cyclic polystyrene and the linear counterpart contamination effect[J]. Polymer, 2019, 170:198-203.

[163] 吴红枚, 李惠婷, 李永成, 等. 基于基团贡献法和分子动力学预测聚间苯二甲酰对苯二胺的玻璃化转变温度 [J]. 高等学校化学学报, 2019, 40(1):180-186.

[164] 董欢, 杨菊梅, 王松磊, 等. 牛肉玻璃化冻藏温度对肉品质的影响 [J]. 食品与发酵工业, 2018, 44(2):240-246.

[165] 赵凯, 李君, 刘宁, 等. 小麦淀粉老化动力学及玻璃化转变温度 [J]. 食品科学, 2017, 38（ 23):100-105.

[166] 饶小勇, 刘慧, 张尧, 等. 基于玻璃化转变温度分析辅料用量与进风温度对五味子喷干粉性质的影响 [J]. 中华中医药杂志, 2019, 34(02):801-806.

[167] 胡红梅, 闫长旺, 侯一斌. 固化因素对聚合物玻璃化转变温度的影响 [J]. 中国胶黏剂, 2013, 22(9):11-13.

[168] 蒙根. DSC 法测定 SMA 共聚物玻璃化转变温度的影响因素 [A]// 中国化工学会石油化工专业委员会. 中国化工学会 2008 年石油化工学术年会暨北京化工研究院建院

50 周年学术报告会论文集. 中国化工学会石油化工专业委员会:中国化工学会,2008:3.

[169] 石启龙,林雯雯,赵亚. 南美白对虾肉玻璃化转变温度测定的影响因素 [J]. 现代食品科技,2014,30(11):48-52,59.

第1章　磁场辅助技术

　　磁场辅助果蔬保鲜技术是通过外加磁场作用于果蔬或果蔬速冻过程的一种技术,这种技术主要通过外部磁场的作用,对果蔬内部磁场产生干扰,从而影响它们的生物特性。事实上,不仅是果蔬食品,对各种生物体来说,其内部总存在一定的磁场,因此通过外加磁场改变生物体自身磁场,以达到人们某种目的的技术越来越成熟。例如,磁场对神经系统的保护作用[1]、磁场对血液细胞[2]及骨细胞[3-4]的影响。本章主要介绍的磁场辅助果蔬保鲜技术也是基于磁场的生物效应,只不过作用对象为生物材料,根据磁场在果蔬保鲜过程中的作用不同,保鲜技术大致可以分为两类:用于杀菌和抑菌的磁场处理保鲜,磁场辅助冻结的速冻保鲜[5]。

1.1　技术意义

　　食品的安全与食品保鲜问题始终是社会和人们时常关注的话题,随着科学技术的发展,各种保鲜技术融入人们的生活。不同于传统的热加工保鲜技术,这种外加磁场的非热处理[6]的物理保鲜技术具有以下特点与意义。

　　(1)操作简单。由于磁场的产生依靠专门的磁场发生设备,只需要调节磁场强度,使其符合我们的要求就可以。在食品的磁场处理过程中,将生物材料直接放置在产生的磁场(恒定磁场、变化磁场等)中,调节磁场的距离以得到不同的磁场强度,从而满足不同的食品处理需求。另外一种磁处理方法是依靠水流切割磁力线,根据水流流速和切割次数的不同获得不同磁化程度的磁水[7],进而利用磁水浸泡或喷洒果蔬。磁场辅助果蔬冷冻冷藏过程的操作处理也非常简便,只需要将辅助设备产生的磁场覆盖冷藏设备或速冻设备即可,而在辅助速冻的过程中,不需要时刻施加磁场,为了节省电能,我们常常将磁场作用在果蔬的冻结阶段。

　　(2)经济实用。相比传统的热力杀菌技术(高温杀菌[8]、微波杀菌[9]等),磁力杀菌不需要加热食品,由于杀菌装备较为普遍,杀菌过程没有额外的原料消耗,效果显著,因此这种方法较为经济。另外,磁场可以改变食品速冻过程的相变时间,因此可以改变果蔬的速冻时间,适当地调整磁场强度,可以实现较短的速冻过程,节省更多的电能。不仅如此,磁场辅助的速冻果蔬内部拥有更小、更均匀的冰晶,这对于食品营养成分的保留以及后期的解冻过程都有重要作用。

　　(3)无毒、无害、无污染。磁场是客观存在的特殊物质,这种物质对食品及人类没有毒害,并不会像一些化学试剂一样产生污染。自然界本身就存在微弱的磁场,我们研究的磁场范围也大多在中低强度。

　　(4)磁场的生物学效应是磁场和生物体相互作用的结果,与两者的参数(磁场类型、磁场强度、细胞的磁性等)密切相关,但由于研究者的研究方向不同及研究的复杂性,磁场是一种弱的物理因子,生物体内尚无确定的作用靶位点,影响磁场作用因素多等特点,磁场对生物作用机理的研究尚处于假设阶段,磁生物学的机理至今尚未形成统一理论,而本章讲述的磁场辅助食品保鲜技术将为磁场生物学研究提供现实参考。

研究发现,磁场、玻璃化冻结等新兴技术在低温贮藏过程中表现出种种优异特性,研究电磁场对细胞冻结特性的影响,探索磁场在果蔬等食品冻结过程,尤其是相变过程中的表现和影响机制,将为揭示电磁生物效应的机理提供研究案例和参考素材。磁场在果蔬冻结过程中使食品产生较小的冰晶,防止细胞破坏,并在解冻后保持食品的新鲜度[10],传统的冷冻方法可以延长食品和生物材料的保存期,但其存在导致果汁流失和细胞死亡等问题[11]。另外,如果通过在果蔬等食品冻结过程中添设磁场设备来辅助冻结过程,将降低冷加工和低温贮藏过程中的能耗,优化传统低温贮藏方式,提高速冻食品的品质,满足人们对美好的生活品质的要求,解决食品生产和贮运过程中的安全问题,服务社会生产和生活。

1.2　技术原理

1.2.1　磁场杀菌

食品的腐烂变质主要是内部微生物的生长、繁殖或其内部化学反应或生物化学反应导致的。大量的研究发现,在造成食品腐烂的众多因素中,微生物的作用通常更为显著,更具有破坏性,相比营养成分低的食品,高营养的物质更容易在微生物作用下变质,所以杀菌是食品保鲜的强有力手段。

磁场杀菌又称为磁力杀菌,它是利用磁场对微生物的抑制作用来实现保鲜的,既不改变食物的营养成分和质量特性,也不会污染食品和对人体产生不良影响,这种保鲜方法是一种安全有效的符合潮流的方法[12]。

(1)静磁场抑菌的机理主要是磁场对微生物细胞的作用,由于施加了外部磁场,使微生物细胞钝化,其生长繁殖受到抑制。低频的静磁场并不能杀死微生物,一旦外界条件改变,微生物仍然会生长繁殖。例如,在强度 0.04 T 的不均匀静磁场中,发酵细胞只会在几个作用时间段内的生长和繁殖受到抑制,而在其他时间并不会受到磁场影响,静磁场对部分微生物的影响[13-14]如表 1-1 所示。

表 1-1　静磁场对微生物的影响[15]

微生物	磁场强度(T)	磁场的影响
发酵细胞	0.04(不均匀)	作用 5 min, 20 min, 25 min, 60 min 抑制生长;作用 10 min, 15 min, 17 min 无抑制作用
	1.1(均匀)	作用 5 min, 10 min, 20 min, 40 min, 80 min 无影响
黏质菌	1.5(不均匀)	0~6 h 生长速度不变;6~7 h 生长速度减缓
金黄色葡萄球菌	1.5(不均匀)	3~6 h 生长加速;6~7 h 生长速度减缓
大肠杆菌[16]	0.3	加速生长

（2）弱交变磁场同样使微生物钝化,高强度的交变磁场可以杀死微生物,从而减少细菌数量,使单位体积所含微生物数量减少。分析其机理可以总结为:①交变磁场源于交变脉冲电流,它是一种冲击波,使离子与蛋白质之间的链断开,中断细胞的新陈代谢;②强磁场产生的振荡波作用于一个分子的偶极子时,会产生大量的局部激活能,从而破坏 DNA 分子束缚链,进而破坏细胞结构,致使微生物死亡。

1.2.2　磁场对细胞的作用

现代分子生物学可以将离子转运蛋白和离子通道的作用与细胞和组织的"电"作用联系起来 [17]。在低频磁场作用下,细胞膜固有的各向异性结构使其在磁场中表现出强烈的方向性。而细胞膜与外加磁场的相对位置关系(垂直或平行),取决于生物分子总的各向异性。在外加磁场的作用下,细胞膜被磁化,与只在地磁场作用下相比,其膜流度降低,而膜流度的变化会引起一系列与膜有关的变化 [18]。由于微生物细胞对外界条件的承受能力较弱,因此磁场对其产生的影响也较为明显。

磁场会对细胞的膜结构产生作用,影响生物膜的离子(Na^+ 、 Ca^+ 、 K^+ 等)转运能力,引起细胞的一些生理、生化过程变化。在瞬态脉冲电磁场的作用下,对电压敏感的通道即电压—门通道在跨膜电位的作用下开启,导致能被通道特异转运的无机离子,以及半径大于临界半径的离子进入通道中,形成较大的亲水通道。由于亲水通道是由介电常数接近细胞内外液的液体填充,离子在细胞膜中的能量大幅度减少,临界半径也随之减小,从而导致大量离子的涌入,细胞膜构象发生变化,形成电穿孔 [19-20]。低频磁场作用在胞膜受体会导致细胞内环状核苷酸(cAMP)水平的改变,触发一系列磷酸化生物信号放大反应,进而调控细胞生长繁殖过程。另外,细胞内的遗传性分子、蛋白质分子、自由基基团等都会受到磁场作用而变化。自由基具有较大的化学活性,它所带的未抵消的电荷和自旋的磁矩,在磁场中受到洛伦兹力的作用,会使磁矩受到转矩的作用,从而使自由基的活动受到影响。一些蛋白质、酶含有过渡族金属的离子,表现为顺磁性,这些离子所在的部位又是酶的活动中心,因而电磁场可以影响离子的作用,影响酶的活性以及新陈代谢。

宋健飞等 [21] 为探究不同场强的直流电磁场对植物组织细胞在冻结相变过程中细胞及冰晶形状和大小的影响,以洋葱果肉为研究对象,在低温冷台上放置样品切片进行细胞冻结试验,提出"细胞二维保持率 ζ "这一指标对果蔬细胞冻结效果进行评价,表明磁场辅助冻结洋葱细胞冰晶形成趋向于雾化、沙粒化,抑制冰晶生长,从而减小冰晶尺寸,有利于保持细胞原有形态,使细胞损害率降低;随着磁场强度的增强,洋葱细胞相变时间逐渐缩短,过冷度逐渐降低,但始终高于无磁场下的过冷度。

1.2.3　磁场对水分的作用

生物体可以吸收空气中传播的磁场,而磁场由于生物体的吸收和阻碍,强度会逐渐降低。机体与磁场关系密切的主要原因是电解质的存在。但大体上讲,随着电磁场频率的增加,生物组织的介电常数会有所下降[22]。生物组织中受磁场影响最大的则是电解质与水。在冷冻冷藏过程中,由于果蔬内部水分占有较大比例,而且随着温度的降低,水分会发生相变,由液态转变为固态,这时我们所考虑的磁场作用目标主要是水,特别是在食品的速冻过程中,冰晶的大小及均匀程度高低直接关系到速冻食品品质的好坏。研究表明,静磁场能够在较高的温度下在水中诱导成核,并提高水的过冷度,这主要是电磁场对水分子的偶极极化的作用[23]。因此,在这部分,学者更关注的是磁场对水或液滴[24]冻结的影响,而很少关注外界物理场对果蔬细胞或微生物的作用。

周子鹏[25]研究了不同直流磁场作用下水的冻结特性,发现在试验范围内随着磁场强度的增大,过冷度呈增长趋势,过冷时间显著延长,利于加快结晶速度,温度分布均匀性趋好。要探究磁场对水分的作用,首先要从水的微观结构出发。液态水的多个水分子通过氢键结合在一起(如图 1-1 和图 1-2 所示),形成特定的链状或环状分子团簇,在这些分子链中可以发生质子传递。液态水中实际上存在很多由多个分子组成的氢键链,温度越低,氢键链越长。外加电磁场作用下链中的氢离子以跳跃方式在氢键链中迁移,产生电流。

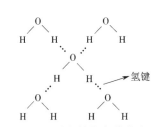

图 1-1　通过氢键聚合的水分子簇

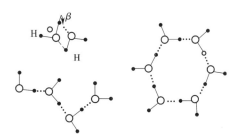

图 1-2　水分子链模型[26]

水分子的氢氧键(O—H)键能为 4.8 eV,液态水分子的热运动引起的碰撞可以提供克服势垒 5 eV 的加速粒子。因此,液态水中会发生水的动态微电离:$H_2O = H^+ + OH^-$[27]。当水处于磁场中时,质子(H^+)会受到洛伦兹力而运动,形成类似磁体中的"分子电流","分子电流"之间或者外加磁场之间的共同作用使得分子的热运动、水分子间的氢键以及分子链等进行重新排列、分布,一直到达到新的平衡状态,从而引起水性质的变化[28]。水分子不具有本征磁偶极矩。由氢键连接形成的水分子链或水分子环,在磁场中可以通过质子传导形成分子电流,从而产生一个小磁场与外加磁场相互作用。水分子在磁场中所受的洛伦兹力使得小分子簇和单个水分子的形成概率增大。磁场作用使水分子间能量升高而分子内能降低,而能量的变化优势是氢键断裂与形成过程的重要体现。氢键同时存在于水分子簇内和水分子簇之间。磁场对两种氢键的作用并不相同,磁场减弱了分子簇内的氢键连接,将大尺寸的分子簇破碎形成小尺寸的分子簇,同时增强了分子簇之间的氢键连接。水分子所受的洛伦兹力与磁场强度的平方成正比,即较弱的磁场对水分子产生影响较弱,通常情况下,强磁场(>10 T)梯度才可以产生足够的磁场力以抵抗重力,这和水分子在电场中所受电场力是一致的。磁场辅助冷冻过程中,磁场主要作用于水分子,水经过磁化后,过冷度增大。这可能与水分子间氢键的形成和溶液中离子的洛伦兹力有关。磁场在一定程度上限制了水分子及其团簇自由运动的范围,宏观上比无磁场处理具有更大的黏性[29]。

为进一步分析水的特性及外加磁场对水的作用机理,图1-3给出了单个水分子的几何特性和电子组态。前面已经说过,水是由两个氢原子通过共价键连接一个氧原子组成的,氢原子中携带1个电子($Z=1$),而氧原子中携带8个电子($Z=8$)。水分子中的氧原子比氢原子具有更大的电负性,可以更强烈地吸引电子,因此共价键共用电子更接近氧。水分子的氧原子带负电性,而每个氢原子带正电性,所以水分子为极性分子。氢原子附近的正电荷与氧原子附近的负电荷之间产生静电引力,使水分子间相互作用形成分子间氢键(23 kJ/mol),而水分子间氢键比共价键(492 kJ/mol)要弱得多。

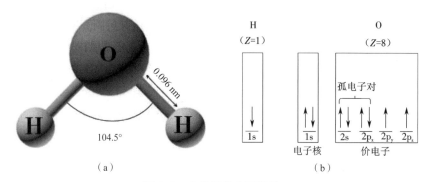

图1-3　水分子的主要特性

(a)水分子的几何特性　(b)组成原子的电子组态

结合量子电动力学分析,物质的电子特性产生于微粒的轨道运动和电子自旋,原子核也有自旋,但电场的相互作用比原子核强几千倍。因此,电子主要决定了磁化率。电子围绕原子核的轨道运动产生了微小的原子电流环路,进而产生轴向的磁矩,以同样的方式,电子的旋转也产生磁矩。原子的净磁矩是原子中所有电子的轨道和自旋磁矩的矢量和。

在水中所有的轨道充满了电子对(如图1-4所示),而电子对间是相反的运动轨道,因此轨道的磁矩被抵消,成对电子的自旋磁矩也是同种情况,所以在没有外部磁场施加的情况下水就不能产生净磁矩,当存在外部磁场时,电子的轨道运动不断变化并产生对抗外部磁场的力,说明水是一种反磁性物质。当施加外部磁场时,由于水分子间的氢键能量很低,分子热运动足以使得氢键断裂、结合,并处于动态平衡之中,如式(1-1)所示。

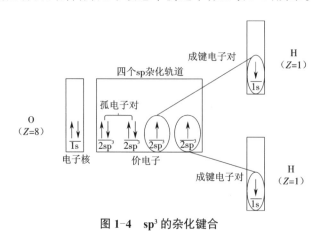

图1-4　sp^3的杂化键合

$$\left(H_2O\right)_n \Leftrightarrow xH_2O + \left(H_2O\right)_{n-x} \tag{1-1}$$

由于在冷冻冷藏过程中,伴随着水的结冰过程,而水中溶有多种有机物质和矿物质。当冻结过程发生时,首先一部分水分冻结成冰晶,那么尚未冻结的溶液浓度增大,冻结点持续降低。也就是说,随着越来越多的水分析出冻结,食品中剩余的汁液越少,其浓度越大,冻结点就越低[30]。所以,食品的持续冻结过程需要在温度大大降低的条件下完成。由此可知,食品中溶液的冻结变化过程比普通溶液要复杂得多。在冻结过程的三个阶段(冷却阶段、相变阶段、冻结阶段),由于相变阶段温度基本维持在 -5~0 ℃,在这个阶段食品中已生成大量冰晶(最大冰晶生成带),所以相变阶段对食品速冻品质的影响最大,这也是外界磁场辅助冻结的最佳阶段。

从能量角度分析,磁场影响冻结过程主要是通过影响水分子运动,外加磁场使水分子的内能、比热和径向分布函数均发生改变,体系平衡凝固温度也发生了偏移。从晶体动力学的角度来看,液体过冷形成晶核的过程需要突破一定的成核[31]位垒,晶核长至临界半径会发生相变形成冰晶,其相互关系如式(1-2)和式(1-3)。

$$\Delta G_k = \frac{4}{3}\pi r_k^2 n\gamma \tag{1-2}$$

$$r_k = -\frac{2\gamma T_0}{\Delta H \Delta T} \tag{1-3}$$

其中,ΔT 描述了相变发生所必须克服的位垒,数值越小代表相变越容易进行;r_k 代表了最小晶胚半径,数值越小,新相越容易形成。且由式(1-3)可知,影响 r_k 的因素主要是晶核的界面能 γ、相变热 ΔH 和过冷度 ΔT。同强度的磁场可抑制或促进相变的发生,抑制效果较明显,说明成核位垒提高了,r_k 增大,从而可能引起晶核的界面能增大、相变热降低。

1.2.4 总结与探讨

外界磁场可以有效地影响食品细胞蛋白质和酶活性、自由基活动、电子的传递、生物膜的通透性、生物的氧化和还原作用,乃至遗传基因等,磁场杀菌保鲜的主要机制可能是磁场引起膜内电场变化,诱导膜内脂质过氧化,脂质过氧化一旦发生在核膜上,所产生的各种活性氧自由基及其非自由基产物,将直接损伤 DNA。另外,有些电磁场的能量不足以直接引起 DNA 的损伤,但它可能通过信号的级联放大作用或引发产生致 DNA 损伤的中介物,从而间接损伤 DNA,由此抑制或杀死微生物,保持食品的新鲜度[32]。

细胞在磁场下运动时,如果细胞所做的运动是切割磁力线的运动,就会导致其中磁通量变化并激励起感应电流,这个电流的大小、方向和形式是使细胞产生生物效应的主要原因。

由于磁场是一种弱的物理因子,生物体内尚无特定的作用靶点,磁场对生物作用机理的研究尚处于假设阶段,如回旋共振模型、磁小体振动模型、构象变化等假说[33]。磁场对于水的冻结过程主要是对水分子的氢键产生影响,通过削弱、增强分子簇间氢键的稳定性,可对相变时间产生影响。从宏观上讲,就是对冻结过程中的导热、对流换热、相变潜热产生影响,这也是产生极值性的原因。由于水在果蔬的组成部分中占据首位，所以磁场对果蔬的冻结特性直接受到水的特性的影响。

1.3　影响因素分析

1.3.1　磁场种类

磁场可分为稳恒磁场和变化磁场，稳恒和变化的属性除了与磁场源有关外，还和磁体与机体的相对运动密切相关。从作用机制上讲，稳恒磁场和变化磁场都能在机体内引起电动势而作用于机体，但它们产生的原因存在差异，从而导致两类磁场所引起的生物效应也有所不同。变化磁场又因频率高低不同、作用时间长短不一也会产生不同的生物效应[34]。Grigelmo-Miguel 等[35]对振荡磁场的历史和定义进行介绍，并讲述了磁场对微生物的影响及其在食品保存中的应用。

静磁场对微生物的影响实质上是使细胞钝化，使其生长、繁殖受到抑制，而不是以杀死微生物来减少微生物的个数。交变磁场对微生物影响的实质是弱交变磁场使微生物钝化，高强度交变磁场杀死微生物，使单位体积内所含微生物个数减少。因为交变磁场是由脉冲电流产生的，交变磁场产生一种冲击波，使离子与蛋白质间的链断开，从而中断新陈代谢，破坏微生物细胞，达到杀菌保鲜的目的。低频磁场对微生物的影响是非常大的，它能抑制或杀死微生物[36]。用这种方法来保鲜比传统方法更有效、更安全。因为在强度不超过 2 T 的低频磁场作用下，微生物的生长、繁殖能有效地被控制，使细胞钝化，分裂速度也大大降低。在强度超过 2 T 的交变磁场的作用下，微生物在很大程度上就被杀死了。虽然低频磁场在一定程度上也会对正常细胞组织产生不利影响（杀死一些活细胞，损失一些营养成分），但与传统方法相比，这种不利影响是很小的。因而，若用低频磁场保鲜食物，将会使保鲜技术得到进一步发展，从而也会使人们的生活水平得到很大程度的改善。另外，磁场类型对果蔬冻结也有较大的影响，不同种类的磁场对水的过冷度、细胞的变形、冻结时间等均有不同的作用，但目前的研究尚未发现统一的规律。

1.3.2　磁场强度

图 1-5 给出了不同磁场强度对生菜失水率的影响，可以看出，开始阶段生菜的失水率随储藏时间延长而增大，2 d 后逐渐减小，不同磁场强度对失水率变化影响差异不大。表 1-2 给出了不同磁场强度储藏的果蔬中维生素 C 的含量，在试验的磁场强度内，随磁场强度增大，测得的维生素 C 含量相应增加。说明增加磁场强度，能够保护果蔬中的营养成分，减少损失。在试验过程中，感观也有不同程度的变化。在强磁场条件下，果蔬能够保持比较好的外观。

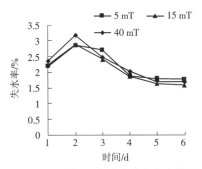

图 1-5　不同磁场强度对生菜失水率的影响

表 1-2　不同磁场强度储藏的果蔬中维生素 C 的含量变化比较

品名	天数（d）	5 mT（mg/100 g）	15 mT（mg/100 g）	40 mT（mg/100 g）
莜麦菜		0.161 3	0.169 7	0.181 2
生菜	6	0.174 2	0.192 6	0.201 3
小白菜		0.382 9	0.422 5	0.544 1

图 1-6 给出了洋葱在直流和交流磁场下,不同磁场强度的冻结终了时刻显微图像[37],不难看出,直流磁场作用下的冰晶多呈现轻薄繁密而且很小的鳞片状,交流磁场作用下冰晶多呈现雾状、沙粒状,冰晶尺寸最小。随着磁场强度的增大,冰晶鳞片状和雾化状态的程度更明显,且鳞片尺寸减小。这表明:在细胞冻结过程中,磁场能够抑制核化过程中冰晶的生长,磁场越强,这种效果越明显。在果蔬冷藏保鲜过程中,磁场表现出来的抑制冰晶生长的作用能够保护细胞膜不被破坏,从而有利于保持果蔬营养成分和水分,保持果蔬新鲜和高品质。

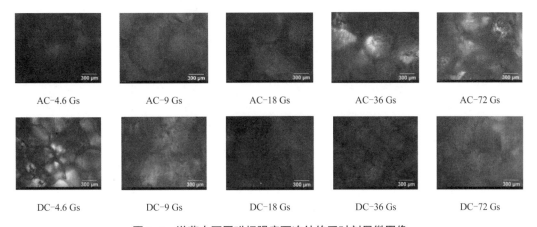

图 1-6　洋葱在不同磁场强度下冻结终了时刻显微图像

为了进一步分析磁场强度对冻结过程的影响,图 1-7 和图 1-8 分别从冻结过程的过冷度和相变时间的角度进行了研究。从整体上来看,不管是交变磁场还是直流磁场都会使得果蔬细胞的冻结过程的过冷度降低,使相变过程推迟。随着磁场强度的增大,磁场作用下果蔬细胞冻结的过冷度逐渐升高,但最终都没有高于无磁场作用下的过冷度。

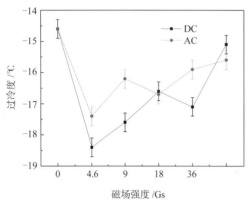

图1-7　洋葱细胞在不同磁场下冻结的过冷度

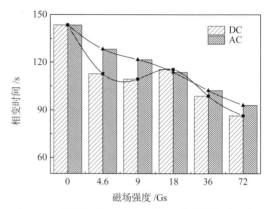

图1-8　洋葱细胞在不同磁场下冻结的相变时间

图1-9给出了不同磁场强度下水的冻结过程曲线,表1-3给出了水在不同磁场强度下冻结的相关参数。综合分析可知,当磁场为4.6 Gs、9.2 Gs以及36 Gs时,与磁场强度为0 Gs时的冻结曲线重合度较高,尤其是预冷段和相变阶段,但是4.6 Gs磁场强度明显缩短了相变周期。磁场强度为36 Gs时的冻结曲线虽然也与0 Gs、4.6 Gs、9.2 Gs的重合度较高,但是相较之下冰点温度和最大冰晶生成带均有所升高,加之延长了相变时间,可以说36 Gs磁场强度显示出明显的磁场效应的反效果。当磁场强度为18 Gs时,明显降低了水的冰点,相变时间(570 s)虽然大于对照组相变时间(565 s),但差异极小,最大冰晶生成带明显下降,差异显著;且4.6 Gs、9.2 Gs、18 Gs磁场强度的作用下,相较对照冻结过程所耗时间均减少,只有当磁场强度为36 Gs时,冻结过程时间增加。

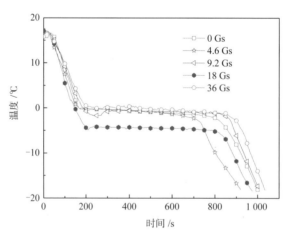

图1-9　不同磁场强度下水的冻结过程曲线

表1-3　水在不同磁场强度下冻结的相关参数

磁场强度(Gs)	0	4.6	9.2	18	36
冰点(℃)	-0.3	0	-0.7	-4	0.1

最大冰晶生成带（℃）	-0.3~-2.1	0~-2.36	-0.7~-1.29	-4~-5.09	0.1~-1.2
相变时间(s)	565	528	548	570	570
冻结过程所耗时间(s)	990	910	966	945	1 005

　　以胡萝卜为例,图 1-10 对比了磁场强度对其冻结曲线的影响,图 1-11 表现了经不同强度的磁场辅助冻结的胡萝卜贮藏品质。结果表明,对照组 0 Gs、4.6 Gs、9.2 Gs 磁场强度的冻结曲线在预冷段、结晶段的重合度较高,尤其是预冷段;4.6 Gs 磁场强度作用下明显缩短了相变时间,更有利于快速通过最大冰晶生成带形成细小冰晶,与上述水的冻结曲线的冻结规律一致。18 Gs 和 36 Gs 差异显著,18 Gs 磁场强度作用下,冰点、最大冰晶生成带均明显降低,但是相变时间却有所增加;而 36 Gs 磁场强度作用下,水的冰点、最大冰晶生成带均明显升高,而相变过程却显著缩短了。整个冻结过程 4.6 Gs、9.2 Gs、18 Gs 磁场强度均不同程度地减少了冻结时间,说明在此种磁场作用下胡萝卜的换热状况良好,相较而言 36 Gs 磁场强度作用不明显,与不同磁场强度下水的冻结规律显示出高度的统一性,这与胡萝卜的高含水量是分不开的。据相关资料可知胡萝卜含水量高达 86%~91%。

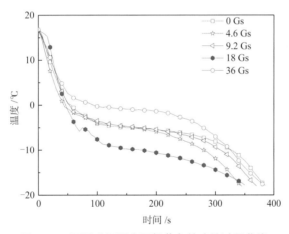

图 1-10　不同磁场强度下胡萝卜的冻结过程曲线

　　在贮藏过程中,无论是否经过磁场处理,胡萝卜汁液流失率均呈整体上升的趋势,在贮藏期的前 40 d,对照组的汁液流失率始终低于其他各组。在 40~50 d 的贮藏过程中,对照组的汁液流失率快速增长,4.6 Gs 磁场强度处理组的汁液流失率最低。相变时间很大程度上决定果蔬解冻后的汁液流失率,且随着贮藏时间的延长优势逾发明显。4.6 Gs 磁场强度下胡萝卜的冻结相变时间是最短的,显著促进了结晶过程,利于形成较小体积的冰晶,对细胞的损伤最小,所以胡萝卜解冻后汁液流失率得到了最小值。从图 1-11 中可以看出,新鲜胡萝卜在经过磁场辅助冻结后各项指标均显著降低,在贮藏过程中可溶性固形物的含量随着胡萝卜的成熟度增加而提高,进而说明经过磁场处理冻结贮藏的胡萝卜能很好地保证主要营养成分不流失。随着贮藏时间的延长,磁场生物效应愈发明显,显著降低了对细胞膜的破坏。在硬度方面,经过速冻的胡萝卜在解冻后测得的硬度远远小于新鲜胡萝卜, 30 d 后,各组胡萝卜硬度开始呈现整体上升的趋势,显著延长了果蔬的贮藏时间。

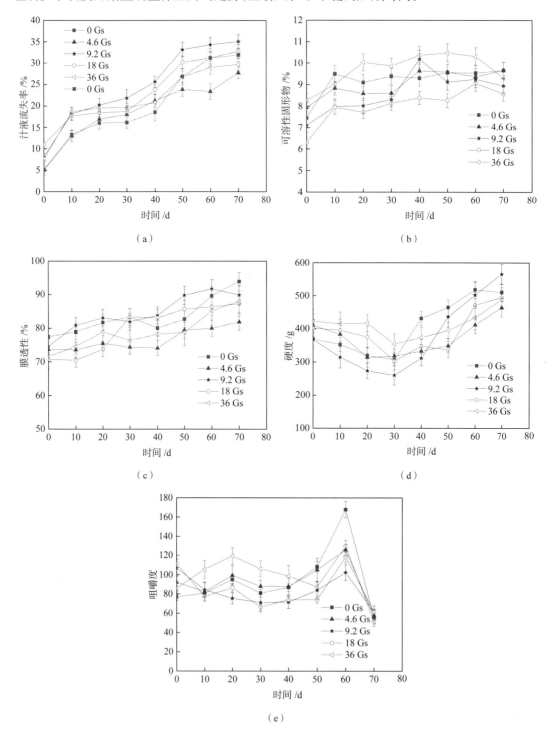

图 1-11　不同磁场强度下速冻后的胡萝卜贮藏品质

(a)汁液流失率　(b)可溶性固形物　(c)膜透性　(d)硬度　(e)咀嚼度

高梦祥等 [38] 使用不同强度的交变磁场对鲜切莲藕片进行处理发现,不同强度的磁场处理后的莲藕切片生理生化指标随着贮藏时间的增加发生了显著的变化,贮藏的效果也都有所不同。磁场强度 1.2 A/m 下保鲜贮藏效果明显占优,外观评定最好,此强度能有效抑制多酚氧化酶活性,减缓莲藕切片褐变速度,延长其贮藏时间,最大限度地保持莲藕切片的新鲜度。此外, 1.2 A/m 强度下,还原糖含量消耗量小,维生素 C 含量损失小,拥有较好的保鲜效果。

1.4　装置及设备

目前,磁场保鲜技术尚处于实验阶段,所用的实验装置主要是将具有一定强度的永磁铁或电磁铁平行放置,利用其 N 极和 S 极之间所形成的磁场来处理蔬菜,目前该技术还没有大规模地应用于食品工业生产,所以这部分介绍的装置大多是学者们实验设计或拟用于实际生活的设备和仪器。

1.4.1　冰箱内的冷冻单元

图 1-12 是 Fujisaki 和 Amano 设计的一种可以安装在冰箱内的冷冻单元,该单元可以对放置在其中的物体施加电场以及磁场作用,保持水产品 / 畜产品暗色肉(血红蛋白及肌红蛋白含量较高)的色泽,解冻之前之后都不损害其新鲜度。其结构包括:两块平行金属板、电波传递线、整流板和磁体。

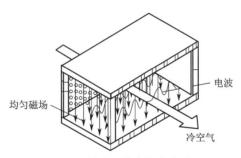

均匀磁场　　　　　　　　　　　　　　电波

冷空气

图 1-12　安装在冰箱内的冷冻单元 [39]

1.4.2　CAS 设备

图 1-13 是日本 ABI 股份公司开发的一种利用电场、磁场以及声场共同辅助快速冷冻的设备 CAS(Cells Alive System)。其原理是将食品冷却到 0 ℃时,在电场、磁场和声场的作用下,把细胞中的水分子控制在"过冷却状态"(低于零摄氏度但并未结冰的状态),然后将食品急速冷冻。这样一来,食品中的水分子基本不会膨胀,不会导致细胞壁破裂,且排列均匀,抑制食品的酸化和变质,从而解冻后的食品就与冷冻前一样新鲜。CAS 包括如下四个部分:磁场发生器、电场发生器、声波发生器和制冷系统。CAS 可以

快速通过 -20~0 ℃冰晶生成带，13 min 内可以实现完全冻结，只需 70 min 可以使被冻物中心温度降低到 -50 ℃。-50 ℃贮藏 4 个月之后，传统冷冻物解冻后出现滴水、色变以及有异味现象，CAS 处理的冷冻物则没有这种现象，且其新鲜度与冷冻前相差无几。而且，传统冷冻活细菌数并没有下降，但是 CAS 处理的冷冻物活细菌数大大下降，大肠杆菌则完全消失。CAS 可以通过防止细胞被破坏、抑制氧化、杀灭活细菌、抑制腐败等使冷冻物处在好的、新鲜状态。

磁场在 CAS 中促进水分子间氢键的形成，使得水分子积聚成簇，通过形成小簇，自由水完全依附在三级结构的外表面，使其冰点降低。同时，大部分自由水变成结合水，自由水绝对量降低，间接抑制了自由水冰晶生长。当磁场在冷冻过程中施加到被冻物时，磁场使磁矩呈同一方向，电子旋转轴方向统一，电子旋转增强了热振动。因此，当温度降低到本应开始出现冰晶的温度时，因为自由水分子的振动太过强烈导致其仍不能形成冰晶，便成为过冷状态。当温度进一步降低使振动低于一定值时，或者磁场被解除，电子旋转对热振动的影响取消时，分子就被固定在氢键上，冷冻瞬间完成，可维持和稳定食品成分（如蛋白和酶的水化结构）。

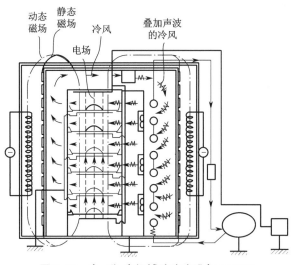

图 1-13　电、磁、声场辅助速冻设备 CAS[40]

1.4.3　磁热冰箱

磁制冷冰箱是基于一种磁热材料，如钆（Gd）或其合金，被置于磁场中时产生的加热效应。当这样一种材料被置于磁场中时，该材料中的磁偶极子旋转与该磁场的方向一致。磁偶极子的这种排列顺序往往会使磁热材料升温，向周围释放热量。当材料从磁场中被移除时，磁偶极子就会倾向于回到原来的状态。在这个过程中，磁热材料会冷却并从周围环境中吸收热能，如图 1-14 所示。

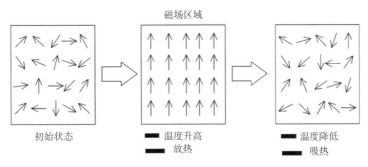

图 1-14　磁热效应机理 [41]

通过磁热效应,将其应用到系统中,可以构成用于食品保鲜的冰箱。Shir 等 [42] 搭建了典型的基于往复设计的 AMR 循环布局,如图 1-15 所示。目前,这种新型磁热制冷机还没有达到传统室温制冷和冷冻的冷却效率,但在未来的研究中,将其运用在食品的干燥保鲜领域将有很好的应用前景 [43]。

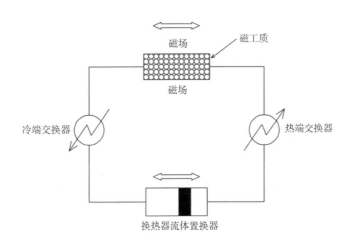

图 1-15　基于往复设计的 AMR 循环布局

1.4.4　实验装置与其设计方案

下面讲述一些磁场辅助保鲜方面的实验装置设计。

王鹏飞 [44] 为探究磁场作用下果蔬冷藏过程中的细胞冻结特性,在搭建实验台时进行了几个方面的考虑:①磁场的建立,②磁场强度测量装置,③低温显微镜系统,④低温台及其控制部分,⑤图像及数据采集系统,⑥生物材料制取部分及其他。为了达到实验目的,需要设计一套与之相适应的实验系统。有一部分设备是通过采购得来的,这部分不需要再进行自主设计。而磁场发生系统采用亥姆霍兹线圈磁场的形式,这个是需要自己设计的。主要设备列于表 1-4 中。

表 1-4　主要实验设备表

设备名称	厂家
磁场发生装置	自主设计
PEX-045USB 特斯拉计	力田磁电科技有限公司
BX51 低温显微镜	日本奥林巴斯株式会社
Micro Publisher 5.0 RTV 摄像机	日本奥林巴斯株式会社
VT1000S 型振动切片机	Leica Biosystems
BCS196 低温台	Linkam Scientific Instruments

接下来是建立磁场。采用亥姆霍兹线圈磁场作为实验的磁场发生器,亥姆霍兹线圈是人们为纪念德国伟大的物理学家 Hermann von Helmholtz,而以他的名字命名的。其结构如图 1-16 所示,亥姆霍兹线圈由一对完全相同的环形线圈组成,两线圈互相平行,它们之间的距离等于它们的半径 R,两线圈之间是一种串联关系,电流的方向如图 1-16 所示。两线圈通电后所产生的磁场的磁感线分布如图 1-17 所示。

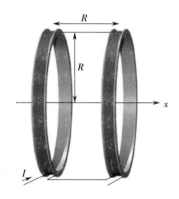

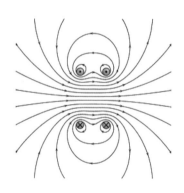

图 1-16　亥姆霍兹线圈的结构　　　　图 1-17　亥姆霍兹线圈磁场的分布

根据毕奥－萨伐尔定律和场叠加原理:

$$B = B_1 + B_2 = \frac{\mu_0 I}{2R} \left\{ \frac{1}{\left[1 + \left(\frac{x}{R} - \frac{a}{2R}\right)^2\right]^{3/2}} + \frac{1}{\left[1 + \left(\frac{x}{R} + \frac{a}{2R}\right)^2\right]^{3/2}} \right\} \tag{1-4}$$

若令 $h = \dfrac{x}{R}$,$d = \dfrac{a}{R}$ 代入上式,求解二阶导数,得:

$$\frac{\partial^2 B}{\partial x^2} = \frac{3\mu_0 I}{2R} \left\{ \frac{4\left(h + \frac{d}{2}\right)^2 - 1}{\left[1 + \left(h + \frac{d}{2}\right)^2\right]^{\frac{7}{2}}} + \frac{4\left(h - \frac{d}{2}\right)^2 - 1}{\left[1 + \left(h - \frac{d}{2}\right)^2\right]^{\frac{7}{2}}} \right\} \tag{1-5}$$

可得亥姆霍兹线圈中轴线上的磁场强度分布如图 1-18 所示。当 $h=0$,$d=1$ 时,

$\dfrac{\partial^2 B}{\partial x^2}=0$,即场强在每个线圈中心取得极小值,在两线圈中轴线的中点处(对称中心处)取得极大值。亥姆霍兹线圈磁场的分布是十分均匀的,其绝对偏差 $\beta \leqslant 0.06\%$,因此完全可以满足实验需要。

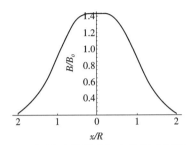

图 1-18 亥姆霍兹线圈磁场中轴线磁场强度分布

本实验系统中的电磁场需要满足以下设计条件:① 能产生直流磁场,直流磁场的变化范围在 0~100 Gs 之间连续可调;② 能产生交变磁场,交变磁场的频率为 50 Hz,交变磁场的场强变化范围在 0~100 Gs 之间连续可调;③ 尺寸要求能嵌套到低温显微镜的冷台载物台上。

关于为何要研究 50 Hz 的交变电磁场而不是研究其他频率的交变磁场对细胞冻结过程的作用,除了这种磁场的电源便于获取,还有以下原因。

(1)生物体的很多固有生理节律都处在极低频 50~100 Hz 范围内,这个范围内的各种波容易引起相干作用和频率的协同作用。

(2)地球外围有一层大气环绕,在这个大气层中有一层是电离层,电离层与可导电的大地二者之间可以构成一个完整的谐振腔体。由于这个谐振腔非常大,所以它只对长波辐射起到共振作用。在此谐振腔内存在着大量的共振的极低频电磁波,比如雷电、太阳辐射等。从原始生命诞生开始,所有的生物体都处在这样一个极低频电磁谐振腔中,经过几十亿年的进化作用,生物体可能已经发展出适应这个极低频电磁场甚至能够利用它的生理机制。

(3)大多数电气设备都处在这个频率范围内,世界上绝大多数国家的工频电源都是 50~60 Hz。近年来,越来越多的科技工作者对工频电磁场作用于生物体的电磁生物效应进行了探索和研究。当我们生活的各个角落都充满电磁辐射的时候,当然有必要对其进行深入研究。

接下来进行磁场设计计算。为了建立磁场,先要进行磁场的设计计算。亥姆霍兹线圈磁场的场强计算公式上已述及,但是上面是为了验证其均匀度,公式中是单匝线圈的场强,实际使用中不可能是单匝线圈。多匝线圈的场强计算公式也是根据场叠加原理和毕奥-萨伐尔定律得出的,具体如下:

$$B=\dfrac{\mu_0 NIR^2}{2\left[R^2+\left(x+\dfrac{R}{2}\right)^2\right]^{\frac{3}{2}}}+\dfrac{\mu_0 NIR^2}{2\left[R^2+\left(\dfrac{R}{2}-x\right)^2\right]^{\frac{3}{2}}} \tag{1-6}$$

式中　μ_0——真空下的磁导率，$\mu_0 = 4\pi \times 10^{-7}$ H/m；

　　　N——线圈匝数；

　　　I——电流（A）；

　　　R——线圈半径（m）；

　　　x——亥姆霍兹线圈轴线上的坐标点（m）。

在这个实验中，目标区域正是位于磁场的中心位置，因此中心位置的场强是我们最关注的。场强的均匀度上已述及，下面来计算其场强。

式（1-6）可以化为：

$$B = \frac{\mu_0 N I R^2}{\left(\dfrac{5}{4}R^2\right)^{\frac{3}{2}}} \qquad (1\text{-}7)$$

令 $B=100$ Gs，可得：

$$\frac{NI}{R} = 11\ 127 \qquad (1\text{-}8)$$

式（1-8）就是此次实验所用亥姆霍兹线圈磁场中场强的设计依据。另根据设计原则——磁场尺寸必须和低温显微镜及其冷台相匹配，制作好的磁场必须正好嵌套在冷台的载物台两侧，因此这一原则决定了磁场骨架的尺寸。考虑到显微镜尺寸较小，在有限的空间内又分布着显微镜的各种调节旋钮和通光挡片，因此磁场骨架尺寸不可以设计得过大，经现场勘测，确定了亥姆霍兹线圈的半径 $R=8$ cm。

漆包线是线圈磁场最佳的绕线材料，不同直径的漆包线所能承受的最大电流不等，考虑到漆包铜线自身发热问题，决定采用耐热等级达到 180 ℃的聚氨酯漆包圆铜线，按照国家标准 GB/T 6109.23—2008 的规定，此系列的漆包线可以在最高温度 180 ℃条件下工作至少5 000 h，完全符合实验要求。按照流程图 1-19 经多次设计计算，如果取通电电流 $I=1.5$ A，则由式（1-8）计算可得，$N=593.44$ 匝，取整 $N=600$ 匝。根据表 1-5 漆包线规格（节选）可以确定漆包线线径和电流的关系，通过计算可以得出当选定裸线直径 0.8 mm、漆包线整体外径 0.86 mm 的漆包圆铜线时可以获得最优解（最优解评判标准：在能够完全满足实验需要且能承受电流热效应的前提下，质量最轻，体积最小）。

表 1-5　漆包线规格表（节选）

铜芯标称直径 （mm）	漆包线外径 （mm）	铜芯截面积 （mm²）	20 ℃下直流电阻 （Ω/km）	安全电流密度 （A/mm²） （载流量 3 A）	单位长度质量 （kg/km）
0.67	0.72	0.352 6	49.7	1.057 8	3.19
0.72	0.78	0.407 2	43.0	1.221 6	3.67
0.77	0.83	0.465 7	37.6	1.397 1	4.21
0.80	0.86	0.502 7	34.8	1.508 1	4.55
0.86	0.92	0.580 9	30.1	1.742 7	5.25

续表

铜芯标称直径 （mm）	漆包线外径 （mm）	铜芯截面积 （mm²）	20 ℃下直流电阻 （Ω/km）	安全电流密度 （A/mm²） （载流量 3 A）	单位长度质量 （kg/km）
0.96	1.02	0.723 8	24.2	2.171 4	6.53
1.00	1.07	0.785 4	22.4	2.356 2	7.10
1.12	1.20	0.985 2	17.8	2.955 6	8.86

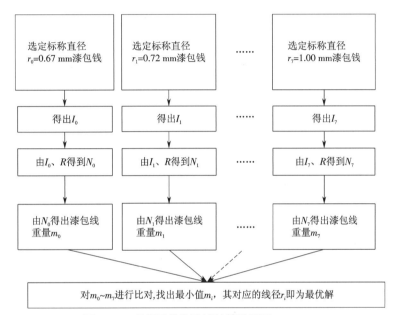

图 1-19　磁场最优化设计计算流程图

如果将线径为 0.86 mm 的漆包线在磁场骨架的槽内沿着线圈法线方向缠绕 25 圈，然后沿着径向方向推进 25 层（每一层都是 25 圈）的情况下，总共缠绕 625 匝，大于上述设计前预估的 600 匝，完全符合要求。此时，线圈的漆包线层的径向尺寸 R_0 和横向尺寸 D_0 均为：

$$D_0 = R_0 = 0.86 \times 25 = 21.5 \, \text{mm} \tag{1-9}$$

此时

$$B = \frac{\mu_0 N I R^2}{\left(\dfrac{5}{4} R^2\right)^{\frac{3}{2}}} = \frac{1.257 \times 10^{-6} \times 600 \times 1.5 \times 0.08^2}{\dfrac{5\sqrt{5}}{8} 0.08^3} = 101.2 \times 10^{-4} \, \text{T} = 101.2 \, \text{G s} \tag{1-10}$$

符合设计要求。此时漆包线的质量为 m：

$$m = L m_0 = 4.55 \times 2 \times \frac{3.14 \times 2 \times 0.08 \times 25 \times 25}{1\,000} = 2.857\,4 \, \text{kg} \tag{1-11}$$

两只线圈的漆包线总长度 L 为：

$$L = 2 \times \frac{3.14 \times 2 \times 0.08 \times 25 \times 25}{1\,000} = 0.628 \, \text{km} = 628 \, \text{m} \tag{1-12}$$

两只线圈总电阻 $R_{总}$：

$$R_{总} = 34.8 \times 0.628 = 21.854\ 4\ \Omega \tag{1-13}$$

直流情况下,亥姆霍兹线圈两端电压由欧姆定律得:

$$V_{DC} = 1.5 \times 21.854\ 4 = 32.8\ V \tag{1-14}$$

对于交变磁场,把直流磁场的相关配置在交流下进行验证,看其是否合格。交变磁场和直流磁场设计时不同的地方在于:需要考虑由于电流方向来回切换造成的电感阻碍。

亥姆霍兹线圈的两个串联线圈的电感总量 L_{Total} 根据电感的串联定理确定:

$$L_{Total} = 2(L + M) \tag{1-15}$$

式中　L——单个线圈的自感量;

　　　M——两个线圈的互感量。

根据美国国防部军方标准 MIL-STD-461E 中的说明,在线圈截面直径相对线圈半径较小时,亥姆霍兹线圈的单个线圈自感量 L 可以通过下式计算:

$$L = N^2 r \mu_0 \left[\ln\left(\frac{16r}{a}\right) - 2 \right] \tag{1-16}$$

式中　a——绕线线束截面直径(m)。

将直流下的各个设计数据代入式(1-16),得:

$$L = 600^2 \times 0.08 \times 1.257 \times 10^{-6} \left[\ln\left(\frac{16 \times 0.08}{0.000\ 8}\right) - 2 \right] = 0.194\ 756\ H \tag{1-17}$$

两线圈的互感量的计算可以参照以下公式:

$$M = \alpha N^2 r \tag{1-18}$$

其中,$\alpha = 0.494 \times 10^{-6}$ H/m。将数据代入式(1-18)求得:$M=1.422\ 7 \times 10^{-2}$ H,于是总电感:

$$L_{Total} = 2(L + M) = 0.418\ H = 418\ mH$$

下面计算感抗。由电工学可知,感抗计算公式:

$$X_L = 2\pi f L \tag{1-19}$$

式中　f——交流电的频率;

　　　L——电感。

则

$$X_L = 2 \times 3.14 \times 50 \times 418 \times 10^{-3} = 131.252\ \Omega$$

当交流电压为 220 V 时,电流 I 最大为 1.437 A。可见最大交流电流时刻,也没有超过漆包铜线的建议电流阈值。此时的交流磁场强度 B=96.94 Gs。

综合上述直流磁场和交流磁场的设计计算来看,设计完全符合实验要求,即产生一个 100 Gs 磁场。

建立好磁场以后,就要进行组件和电路的设计。首先要设计磁场骨架,磁场骨架作为亥姆霍兹线圈磁场中漆包铜线的支撑部分,需要和上述线圈尺寸相匹配。另外考虑到线圈的发热,需要对线圈材料加以甄选,并且材料必须能够在被加热的情况下保持足够的强度。为此选取尼龙塑料作为磁场骨架的原材料,其具有韧性好、重量轻、绝缘性好等优点,而且可以在 180 ℃ 以下保持良好的强度。由于恰好能匹配低温显微镜尺寸以及上述设计参数的尼龙框架是找不到的,因此本实验委托了相关塑料模具加工商对磁场骨架进行加工。根据上述要求,设计的塑料骨架规格如图 1-20 所示。利用 SolidWorks 做出效果图,框架如图 1-21(a)所示,缠绕好的线圈如图 1-21(b)所示。事实证明,所设计的磁场骨架完全能满足实验需要。

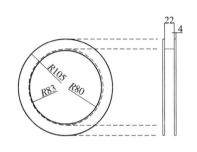

图 1-20　塑料框架规格

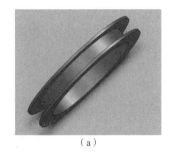

（a）

（b）

图 1-21　利用 SolidWorks 做出的效果图

（a）框架　（b）缠绕好的线圈

电路设计除了应该考虑给亥姆霍兹线圈提供符合要求的电压之外,还应该注意安全防护方面的设计以及为了控制操作起来方便的一些细节的设计。直流电源部分采用的是香港龙威公司生产的 LW-6405KDS 型连续可调直流稳压电源。其最大支持 64 V、5 A 的直流电源输出。本电源采用 PWM+线性调节技术,可以实现电压和电流从最小值 0 到最大值之间的无级连续可调,获得超低的波纹。本电源基于合理的线路设计从而能保证输出的稳定性和高精准性,其相关参数如下。

（1）额定工作条件。

输入电压:220 V,50 Hz 或 110 V,60 Hz。

输出电压:DC 0~64 V。

输出电流:DC 0~5 A。

（2）电源效率:CV ≤ 0.05%+1 mV;CC ≤ 0.05%+10 mA。

（3）负载效率:CV ≤ 0.1%+5 mV;CC ≤ 0.1%+10 mA。

（4）纹波与噪声:CV ≤ 10 mV r.m.s.;CC ≤ 20 mA r.m.s.。

（5）显示精度:3 位 LED 数字显示,显示精度 ±1% ±1 字。

（6）其他:8 cm 智能风扇,散热效果优良,有效延长风扇寿命,降低噪声;

（7）多种保护功能:过功率保护（OPP）、过温保护（OTP）、限流保护（OCP）。

磁场的交流电源采用工频 50 Hz,输入电压 220 V,输出电压连续可调,变化范围为0~250 V。为此选用了产自正泰电器股份有限公司（浙江）的手动型接触式调压器,其型号为 TDGC2-3,产品标准 Q/ZT 130;额定容量 3 kVA;频率 50 Hz/60 Hz,相数 1;额定输入电压220 V,输出电压范围 0~250 V;额定输出电流 12 A;绝缘耐热等级 B 级。

通过上述设计流程,实际设计出来的电磁场强度随电压变化呈线性关系,如图 1-22 所示,可见设计效果非常完美。（但以上之所以会出现与理论计算贴合性非常好的现象,是因为理论计算时采用的电阻率为 20 ℃下的值,实际验证测试也是在室温下进行的。实际使用时要同时考虑到线圈长时间工作之后漆包线自身发热导致的电阻变大的问题,因此建议实际使用时先对亥姆霍兹线圈预热 10 min,待线圈发热量与外界达到热平衡之后再对磁场强度进行检测,最后再调节电源以达到目标场强。)

最后,连接各个部件,完成后的实物图和原理图见图 1-23 和图 1-24。在图 1-24 中,系统共分成 3 个部分:4、5、9 为低温冷台部分,采用液氮供冷为实验提供精准的低温环境;2、3、6 为磁场发生器部分,包括连续可调的交直流电源,为实验过程提供磁场辅助;1、8 为数据采集部分,采集高分辨率显微图片和冻结过程信息并存储于计算机中。7 为显微镜,10 为用于磁场场强检测的特斯拉计。

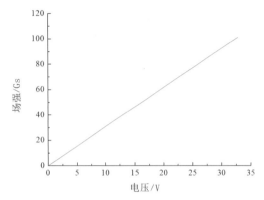

图 1-22　场强随电压变化曲线

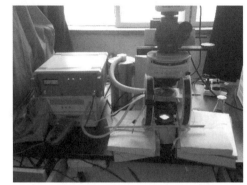

图 1-23　实验系统照片

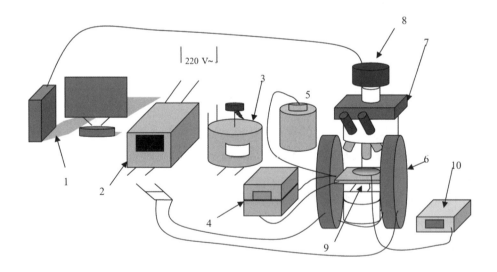

注:1—计算机,2—直流稳压电源,3—交流电源,4—Linkam 控制台,5—液氮杜瓦瓶,6—亥姆霍兹线圈,7—奥林巴斯 BX51 显微镜,8—Micropublisher 摄像机(CCD),9—Linkam BCS196 冷热台,10—特斯拉计

图 1-24　实验系统原理图

宋健飞[45] 为探究不同的磁场强度对不同果蔬冻结特性的影响效果,将磁场与速冻相结合,采用速冻机与自主设计的磁场发生器构成实验台,并进行了磁场发生器的位置计算。下面对其实验设备及系统进行介绍。

图 1-25 及图 1-26 所示为进行磁场辅助冻结的实验装置系统,整个实验系统可分为两大部分。首先是速冻部分,应用天津七星速冻有限公司生产的隧道式速冻机,可以通过调节风机频率控制风速,控制其冻结过程中的换热强度,同时亦可以调节链条的频率大小,控制冻结材料所需的时间,两者相辅相成;另一部分是磁场发生系统,包括磁场发生器一组、冷却水循环机一台、直流电源一台,将磁场发生器放置在速冻机的结晶腔两侧,通过调节直流电源的电流大小便可得到实验所需的磁场强度,由于磁场发生器在运行过程中的发热量很大,需要冷却系统对其进行良好的散热,冷却液循环机便起到了相应的作用,确保实验的顺利进行。

图 1-25　实验装置实物图

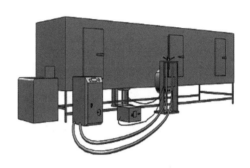

图 1-26　实验系统装置示意图

由于磁场作用主要影响样品冻结过程的结晶段即最大冰晶生成带,所以实验过程中需要合理安排好磁场发生器距速冻机样品入口的距离,调节好送风温度、风速、链条速度、样品当量尺寸与发生磁场位置的相互关系,以保证样品的相变过程发生在所设定的磁场区域范围内,确保实验的准确度及可靠性。

实验过程中速冻机内控制风机频率为 50 Hz,风速 8 m/s,预冷腔送风温度 -20 ℃,结晶腔与深冷腔均为 -30 ℃,一般最大冰晶生成带为 -5~1 ℃。但由于不同种类的果蔬相变温度不同,且在不同磁场强度的影响下会促进或抑制相变,导致最大冰晶生成带发生变化,所以为最大限度地确保实验过程的准确,我们在实验中设定 0 ℃ 为临界温度,即当样品从初始温度降到 0 ℃ 时链条正好将样品输送到磁场发生器所在位置。

为简化计算,做出以下假设:

（1）样品初始温度分布均匀;

（2）样品内部各向同性;

（3）样品各表面受冷均匀;

（4）样品内部热交换只考虑导热,不考虑对流换热。

广义传热模型:

$$\rho C_p \frac{\partial T}{\partial t} + \nabla \cdot (-k\nabla T) = q_s T \qquad (1-20)$$

式中　　ρ——密度（kg/m³）;

　　　　C_p——比热容 （J/(kg·K)）;

T——温度（K）；

k——导热系数（W/(m·K)）。

初始条件为：

$$T(x,y,0)=T_0$$

边界条件：

$$-\lambda\left(\frac{\partial T}{\partial n}\right)_{\mathrm{w}}=h(T_{\mathrm{w}}-T_{\mathrm{f}})$$

式中　h——对流换热系数（W/(m²·K)）；

T_{f}——冷却空气温度，预冷腔温度为 -20 ℃；

T_{w}——样品壁面温度，初始温度为 20 ℃。

实验中食品的冷冻过程属于非稳态降温过程，对于非稳态问题我们需要把握两个准则数：毕渥数 B_{i} 和傅里叶数 F_{o}。已知：

$$B_{\mathrm{i}}=\frac{hL}{\lambda} \tag{1-21}$$

式中　h——样品表面对流换热系数（W/(m²·K)）；

λ——样品的导热系数（W/(m·K)）

L——样品的特征长度（m）。

对平板类果蔬 L 为其厚度的 1/2，对于圆柱状和球状果蔬 L 均为半径。

（1）当 $B_{\mathrm{i}}<0.1$ 时，样品内温度仅为时间的函数，与坐标无关；

（2）当 $0.1<B_{\mathrm{i}}<40$ 时，为第三类边界条件；

（3）当 $B_{\mathrm{i}}>40$ 时，导热微分方程的边界条件由第三类边界条件转换为第一类边界条件，而本实验范围内的换热均属于第三类边界条件。

$$F_{\mathrm{o}}=\frac{\alpha\tau}{L^2} \tag{1-22}$$

式中　α——样品的热扩散系数（m²/s）；

L——样品的特征长度（m）。

平板类、圆柱类、球类果蔬的温度场统一表示为：

$$\frac{\theta(\eta,\tau)}{\theta_0}=A\mathrm{e}^{-\mu_1^2 F_{\mathrm{o}}}f(\mu_1\eta) \tag{1-23}$$

同理，

$$\frac{Q}{Q_0}=1-A\mathrm{e}^{-\mu_1^2 F_{\mathrm{o}}}B \tag{1-24}$$

采用 Campo 的近似拟合公式法进行求解，对三种几何形状的第一特征值 μ_1，以及上式中的 A、B 和零阶贝赛尔函数 $J_0(x)$ 提出以下拟合公式：

$$\mu_1^2=\left(a+\frac{b}{B_{\mathrm{i}}}\right)^{-1} \tag{1-25a}$$

$$A=a+b(1-\mathrm{e}^{-cB_{\mathrm{i}}}) \tag{1-25b}$$

$$B = \frac{a + cB_{\mathrm{i}}}{1 + bB_{\mathrm{i}}} \tag{1-25c}$$

$$J_0 = a + bx + cx^2 + dx^3 \tag{1-25d}$$

表 1-6 列出了式（1-25a）~（1~25d）中的常数。

表 1-6　式（1-25a）到（1-25d）中的常数

计算的量		几何形状		
		平板类	圆柱类	球类
特征值 μ_1	a	0.402 2	0.170 0	0.098 8
	b	0.918 8	0.434 9	0.277 9
系数 A	a	1.010 1	1.004 2	1.000 3
	b	0.257 5	0.587 7	0.985 8
	c	0.427 1	0.403 8	0.319 1
系数 B	a	1.006 3	1.017 3	1.029 5
	b	0.547 5	0.598 3	0.648 1
	c	0.348 8	0.257 4	0.195 3

根据公式求得中心温度降到 0 ℃时，平板类的胡萝卜需要 73.5 s，马铃薯需要 61 s，豆角需要 128 s；球体类的豌豆需要 41.3 s；圆柱类的西蓝花需要 96 s。

在实验中链条频率为 50 Hz，速度 2.69 cm/s，对应上述预冷时间，胡萝卜、马铃薯、豆角、豌豆、西蓝花冻结过程中磁场发生位置距离速冻机入口分别为：1.98 m、1.64 m、3.44 m、1.11 m、2.9 m。由于预冷腔长度为 2.9 m，可见豆角已进入结晶腔，结晶腔温度 -30 ℃，重新计算其预冷所需时间为 120 s，距离为 3.25 m。由于实验过程中需要先把果蔬材料放在链条上，放置好热电偶后才开始记录降温过程，所以实际冻结曲线并不是从 20 ℃开始的。按照实际冻结曲线的斜率反向延伸大致可得上述果蔬预冷时间为：67 s、47 s、96 s、44 s、100 s。图 1-27 所示为实验值与计算值的对比，可见一致性较好。

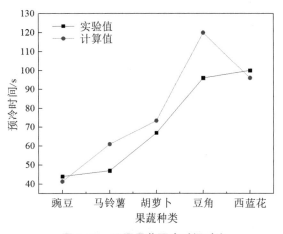

图 1-27　不同果蔬预冷时间对比

如图1-28所示为输出电流分别为15 A和25 A(即相应中心位置磁场强度为4.6 Gs和9.2 Gs)时的整个磁场发生区域的分布图,不难看出越靠近磁极的位置磁场强度越高,越靠近中心部位(即中心垂直面)磁场强度越低,且对称关系明显。

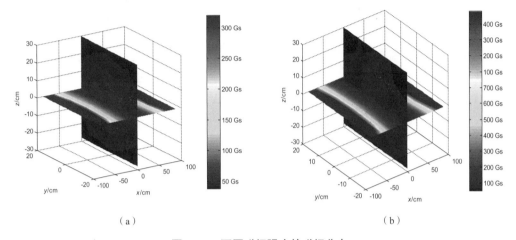

图1-28　不同磁场强度的磁场分布

(a)中心磁场强度为4.6 Gs　(b)中心磁场强度为9.2 Gs

总之,磁场辅助保鲜技术尚处于研究阶段,未大规模用于实际生产。学者们研究所使用设备多是自己制作的简易装置,由于磁场是比较容易获得的物理场,所以实验装置多是在获得磁场的装置(磁场发生器、亥姆霍兹线圈等)上有所区别。

1.5　应用场合及食品种类

1.5.1　磁场的杀菌保鲜应用

大量的研究发现,静态磁场对细菌生长有一定抑制作用,磁场强度不同作用效果不同。基于对磁场抑菌的研究,传统加热杀菌会破坏食品的组织结构、营养成分和颜色风味等,高强度脉冲磁场杀菌已经开始运用在食品行业中。比如脉冲磁场对西瓜汁有杀菌效果,高强度的脉冲磁场能杀灭草莓汁中的霉菌、酵母菌,牛奶、腐乳等食品也可应用磁场杀菌。另外,日本国吉村昇等甚至研究了一套清酒酿造的磁力杀菌系统。这些研究将电磁技术与食品科学相结合,为工业上的应用打下了基础。磁化水也已经在一定程度上应用于农业生产中,水经由磁处理器处理后的多种物理、化学性质都发生了变化。果蔬等食品经由磁场处理后,生物体内的水会产生相同的物理、化学性质变化。这些体内的磁化水很可能会对果蔬的贮藏特性产生影响,合理利用磁场会对果蔬的贮藏产生有益的影响。

1.5.2　磁场冷冻冷藏保鲜应用

磁场作为一种物理技术,在近些年逐步被应用于生物、化学、医学等各个学科领域,其在果蔬贮藏保鲜方面[46]的作用也逐步被应用于实际生产操作。磁场能通过影响果蔬采后内部的生理生化反应,从而延缓其衰老、腐烂过程。

草莓在较高的磁感应强度下,钝酶、杀菌效果总体上随磁感应强度的增强而增强,随脉冲数的增加而增强。草莓经过不同强度的交变磁场处理后,各项生理指标都会随处理时间的长短不同而发生变化,贮藏效果也不同。经磁场处理的草莓,其贮藏的效果明显优于未处理的草莓,维生素 C 含量较高,pH 值和呼吸速率较小,有效地延长了草莓的贮藏时间,增进了草莓的保鲜效果[47]。

在葡萄的保鲜贮藏中,交变磁场处理的葡萄果实的腐烂率、脱果率、出糖率均明显降低,外观也很好,细胞膜通透性降低,多酚氧化酶活性受到抑制,从而有效地延长了葡萄的贮藏时间。在生菜、莜麦菜、小白菜、小青菜、菠菜等蔬菜的辅助冷藏过程中,磁场能明显提高含水量较多的蔬菜的持水能力,对于其他果蔬,如洋葱、胡萝卜[48-49]、马铃薯[50]、豌豆[51]、豆角和西蓝花都有不错的保鲜效果。对肉类(如猪肉[52-53]、牛肉[54])而言,磁场辅助冻结有效减小了冻结的冰晶大小,保持了肉类的品质和口感。

Suzuki 等[55]利用磁场发生器专门设计的冷冻机,研究了弱磁场(约 0.000 5 T)对几种食品冷冻过程的影响,对冷冻曲线、颜色和质地等物理化学指标进行评价,并对微观结构进行观察和感官评价比较。从对照实验的结果可以得出结论,磁场强度 0.000 5 T 附近的弱磁场对冷冻期间的温度和冷冻食品的质量没有显著影响,这主要是磁场强度较小引起的,由此可见,磁场强度大小的选择也将影响食品保鲜的最终品质。

Zhao 等[56]以温度冲击处理机制和电磁效应为基础,开发了一种新型食品保鲜方法,将静磁场与低磁通密度和低温水冲击相结合(SMCT),对新鲜采后蔬菜进行处理。与单冷水冲击处理(CST)相比,静磁场和冷水冲击处理能使黄瓜组织在处理期间的冷却速度增加。而在储存期间,静磁场和冷水冲击的联合处理的重量损失也低于单冷水冲击处理,也就是说这种处理方法可使果蔬拥有较小的失水率。对比黄瓜的衰变发生率和色差,这种处理方式有明显的效果。在过氧化氢酶和超氧化物歧化酶的活性方面,经 SMCT 处理的黄瓜,其酶活性要高于 CST,这也可以使丙二醛减少。所以,以磁场辅助冷水冲击黄瓜的预冷方式,对果蔬保鲜质量品质和理化性质都有积极作用。

1.6　结论

磁场辅助保鲜技术机制大体可以分为两个方面:一方面,将磁场作用于食品的微生物,抑制或杀死微生物,再结合冷冻冷藏技术,从而保持食品的良好品质;另一方面,食品本身便存在一定的内部磁场,当施加外部磁场时,形成扰动,诱发其内部磁场变化,从而影响其生物特性。大量的研究表明,磁冻结能够在冻结产品中产生较小的冰晶从而抑制细胞损害,解冻后最大限度地保持新鲜食品的品质。此外,磁场可通过定位、振动或旋转直接作用于食品内部的水分,从而促进过冷,减小冻结过程的冰晶尺寸[57]。

　　磁场作为环境因子,影响着许多生命活动过程,但是由于磁场的作用是多方位、多渠道的,是许多因素产生的综合效应,所以近百年来磁生物学效应实验重复性并不理想。原因就是生物体所处的时期和状态不同,不同生物体内信号物质和离子的分布及含量也不同,这种生物体本身的差异会导致即使在同一磁处理条件下,生物体最终产生的效应也会相差甚远。电磁场杀菌技术横跨电子学、化学、微生物学、物理学、工程技术等多门学科,是典型的交叉学科。迄今为止,磁场在食品中的研究还处在一个发展阶段,尤其是对动物性食品、果蔬保鲜等方面还有许多问题亟待解决。

参考文献

[1]　郭云琴,赵彼得,罗毅,等.磁场治疗大鼠脑梗塞灶实验观察[J].中华理疗杂志,1998（6）:13-15.

[2]　巨宠博,杨春智.脉冲电场和磁场对小白鼠血细胞影响的比较研究[J].中国医学物理学杂志,1994(1):43-46.

[3]　张晓军,张建保,龙开平,等.极低频脉冲电磁场对新生大鼠成骨细胞的影响[J].中国医学物理学杂志,2006(6):462-464.

[4]　FATEMEH J J, PARVIZ A, MEHRDAD B, et al. An invitro study of the impact of 4mT static magnetic field to modify the differentiation rate of rat bone marrow stem cells into primordial germ cells[J]. Differentiation, 2014（87）:230-237.

[5]　RAHMAN M S, PERERA C O. Handbook of food preservation[M]. 2nd ed. Los Angels: Crc Press, 2007.

[6]　KHAMRUI K, RAJORHIA G S. Non-thermal technologies for food preservation.[J]. Indian Dairyman, 2000:21-27.

[7]　邓波.磁处理水的物理特性及其生物效应的研究[D].成都:电子科技大学,2009.

[8]　周运华.蒲菜的热加工及其常温贮藏条件研究[D].无锡:江南大学,2004.

[9]　秦宗权.哈密瓜采后表面杀菌处理对其贮藏效果及品质影响的研究[D].石河子:石河子大学,2011.

[10]　OTERO L, RODRÍGUEZ A C, PÉREZ - MATEOS M, et al. Effects of magnetic fields on freezing: application to biological products[J]. Comprehensive Reviews in Food Science & Food Safety, 2016, 15（3）:646-667.

[11]　刘磊磊,孙淑凤,赵勇,等.磁场对冷冻过程影响的研究进展[J].低温与超导,2017（6）:83-87.

[12]　MISAKIAN M, KAUNE W T. Optimal experimental design for invitro studies with ELF magnetic fields[J]. Bio Electro Magnetics, 2010, 11（3）:251-255.

[13]　KIMBALL G C. The growth of yeast in a magnetic field[J]. Journal of Bacteriology,

1938, 35(2):109.

[14]　PETIT B, RITZ M, FEDERIGHI M. New physical food preservation treatments: an over-view. First part: electric and magnetic fields[J]. Revue De Médecine Vétérinaire, 2002, 153(8):547-556.

[15]　邢诒存, 周一帆. 低频磁场对微生物影响的探讨 [J]. 海南师范大学学报(自然科学版), 2001, 14(3):34-39.

[16]　MIHOUB M, MAY A E, ALOUI A. Effects of static magnetic fields on growth and membrane lipid composition of Salmonella typhimurium wild-type and dam mutant strains[J]. International Journal of Food Microbiology, 2012, 157(2):259-266.

[17]　FUNK R H, MONSEES T, OZKUCUR N. Electromagnetic effects: from cell biology to medicine[J]. Progress in Histochemistry & Cytochemistry, 2009, 43(4):177-264.

[18]　POTHAKAMURY U R, BARBOSA C G, SWANSON B G. Magnetic-field inactivation of microorganisms and generation of biological changes[J]. Food Technology, 1993, 47 (12):85-93.

[19]　刘亚宁. 电磁生物效应 [M]. 北京:北京邮电大学出版社, 2002.

[20]　杨艳芹, 谢菊芳, 夏利霞, 等. 低强度瞬态电磁场作用下电穿孔机理探讨 [J]. 湖北大学学报(自然科学版), 2006, 28(1):54-56.

[21]　宋健飞, 刘斌, 关文强, 等. 直流磁场对洋葱细胞冻结过程的影响 [J]. 制冷学报, 2016, (2):107-112.

[22]　付小芮. 电磁场对生物体细胞影响机理的理论分析及建模 [D]. 昆明:云南师范大学, 2009.

[23]　WEI S, XIAOBIN X, HONG Z, et al. Effects of dipole polarization of water molecules on ice formation under an electrostatic field[J]. Cryobiology, 2008(56): 93-99.

[24]　WATANABE T. Basic study on technique of freezing preservation: influence of the magnetic field on droplet freezing[C]. Magnetic Field on Droplet Freezing, 2005:227-228.

[25]　周子鹏. 弱磁场对食品冻结过程影响的研究 [D]. 济南:山东大学, 2013.

[26]　PANG X F. The conductivity properties of protons in ice and mechanism of magnetization of liquid water[J]. The European Physical Journal B - Condensed Matter and Complex Systems, 2006, 49(1):5-23.

[27]　陈本, 胡小慧, 李俊亨, 等. 电磁场处理水电导率提高的机理 [J]. 现代生物医学进展, 2003, 3(3):1-3.

[28]　庞晓峰, 邓波. 水在磁场作用后的特性变化研究 [J]. 中国科学, 2008(9):1205-1213.

[29]　程丽林, 许启军, 刘悦, 等. 电磁场辅助冻结解冻技术研究进展 [J]. 保鲜与加工, 2018 (2):135-138,146.

[30]　陈照章, 王恒海, 黄永红, 等. 磁场影响水溶液冰晶的试验及装置 [J]. 江苏大学学报 (自然科学版),2008,29(5):428-431.

[31]　KIANI H, SUN DAWEN. Investigation of the effect of power ultrasound on the nucleation

of water during freezing of agar gel samples in tubing vials[J]. Ultrasonics Sonochemistry, 2012, 19(3):576-581.

[32] 邓光武, 高梦祥. 微生物磁效应的研究进展 [J]. 长江大学学报(自然科学版), 农学卷, 2010, 07(3):58-62.

[33] 熊建平. 深化静电(磁)场生物效应的研究 [J]. 现代生物医学进展, 2001(1):13-14.

[34] 朱杰. 不同类型磁场对细胞作用的生物学研究 [J]. 现代生物医学进展, 2004, 4(4): 28-30.

[35] GRIGELMO - MIGUEL N, SOLIVA - FORTUNY R, MARTÍN - BELLOSO O. Use of oscillating magnetic fields in food preservation[M]// Nonthermal processing technologies for food. Wiley-Blackwell, 2005:45-48.

[36] FILIPIC J, KRAIGHER B, TEPUS B, et al. Effects of low-density static magnetic fields on the growth and activities of wastewater bacteria Escherichia coli, and Pseudomonas putida[J]. Bioresource Technology, 2012, 120(5):225-232.

[37] 王亚会, 邸倩倩, 刘斌. 磁场对洋葱速冻的影响 [J]. 冷藏技术, 2016(3):24-27.

[38] 高梦祥, 张长峰, 吴光旭, 等. 交变磁场对鲜切莲藕切片保鲜效果的影响 [J]. 食品科学, 2008, 29(1):322-324.

[39] FUJISAKI Y, AMANO M. Core unit for refrigeration unit and refrigeration unit including the core unit：US, US8127559[P]. 2012.

[40] OWADA N, KURITA S. Super-quick freezing method and apparatus therefor：US, US6250087[P]. 2001.

[41] MUJUMDAR A S. Effects of electric and magnetic field on freezing and possible relevance in freeze drying[J]. Drying Technology, 2010, 28(4):433-443.

[42] SHIR F, MAVRIPLIS C, BENNETT L H, et al. Analysis of room temperature magnetic regenerative refrigeration[J]. International Journal of Refrigeration, 2005, 28(4): 616-627.

[43] GSCHNEIDNER K A, PECHARSKY V K . Thirty years of near room temperature magnetic cooling：where we are today and future prospects[J]. International Journal of Refrigeration, 2008, 31(6):945-961.

[44] 王鹏飞. 电磁场对细胞冻结特性的影响 [D]. 天津：天津商业大学, 2015.

[45] 宋健飞. 磁场辅助冻结对果蔬冻结特性及贮藏品质的影响 [D]. 天津：天津商业大学, 2017.

[46] RIACH G. Magnetic apparatus and method for extending the shelf life of food products：US, US5527105[P]. 1996.

[47] GAO S, WANG X J, WANG G Z. Application of magnetic field to fruit and vegetable preservation[J]. Food Research & Development, 2015.

[48] FUCHIGAMI MICHIKO, MIYAZAKI KOICHI, HYAKUMOTO NORIKO, et al. Frozen carrots texture and pectic components as affected by low-temperature-blanching and quick

freezing[J]. Journal of Science, 1995, 60(1): 132-136.

[49]　LIU B, SONG J, YANG Z, et al. Effects of magnetic field on the phase change cells and the formation of ice crystals in bio-materials : carrot case[J]. Journal of Thermal Science & Engineering Applications, 2018, 9(3).

[50]　PURNELL G, JAMES C, JAMES S J. The effects of applying oscillating magnetic fields during the freezing of apple and potato[J]. Food & Bioprocess Technology, 2017, 10 (12): 2113-2122.

[51]　顾思忠, 刘斌, 宋健飞, 等. 直流磁场对豌豆冻结特性的影响 [J]. 冷藏技术, 2017(4): 23-26.

[52]　XANTHAKIS E, HAVET M, CHEVALLIER S, et al. Effect of static elec-tric field on ice crystal size reduction during freezing of pork meat[J]. Innovative Food Science & Emerging Technologies, 2013, 20: 115-120.

[53]　RODRIGUEZ A C, JAMES C, JAMES S J. Effects of weak oscillating magnetic fields on the freezing of pork loin[J]. Food & Bioprocess Technology, 2017, 10(9): 1-7.

[54]　GOLDSCHMIDT L P, APARECIDA S A, SILVANA M P, et al. Effect of Exposure to pulsed magnetic field on microbiological quality, color and oxidative stability of fresh ground beef[J]. Journal of Food Process Engineering, 2017, 40(2).

[55]　SUZUKI T, TAKEUCHI Y, MASUDA K, et al. Experimental investigation of effectiveness of magnetic field on food freezing process[J]. Transactions of the Japan Society of Refrigerating & Air Conditioning Engineers, 2011, 26(4): 371-386.

[56]　ZHAO SONGSONG, YANG ZHAO, ZHANG LEI, et al. The effect of treatment with the combined static magnetic field and cold water shock on the physicochemical properties of cucumbers[J]. Journal of Food Engineering, 2018, 217: 24-33.

[57]　WOWK B. Electric and magnetic fields in cryopreservation[J]. Cryobiology, 2012, 64 (3): 301-303.

第2章 电场辅助技术

2.1 技术意义

我国果品产量随着国内需求量增大而日益提高,在 2014 年果品产量就已达到世界总产量的四分之一 [1]。而我国食品加工技术水平有限导致每年大量的果蔬、肉制品腐烂,造成严重的损失和浪费,食品加工技术手段的优化一直是众多学者努力的方向。

多年来,研究工作者在水果采后领域做了大量工作,研究了果品采后的呼吸生理、水分生理、冻害和冷害生理以及果实成熟和衰老过程中的激素调控,为果品贮藏保鲜奠定了良好的理论基础;并将自然低温冷却贮藏、冷藏、气调贮藏、化学防腐处理以及辐射保藏等用于生产实践。与此同时,世界各国学者也在寻找更新、更高效的方法。

人们对以高压、超声、微波、电场、磁场等技术手段辅助食品贮藏进行了大量探索 [2-9],尤其对利用高压电场贮藏保鲜做了大量的研究。在地球表面,电场强度约为 100 V/m,处于其中的生物体时时刻刻都处在自然静电场的作用下。环境电场的改变,特别是外加高压静电场,必然对构成生物体的细胞内外的电荷分布、排列、运动产生影响,从而改变生物的生理周期。目前保鲜的方法很多,常用的有低温冷冻保鲜、辐射保鲜、化学保鲜、涂膜和气调保鲜、减压保鲜方法等。这些不同的保鲜方法,在以往的使用过程中,表现出了各自的不足,而高压静电场及磁场保鲜从理论上弥补了这些不足。由于静电保鲜技术具有设备简单、成本低廉、能耗少及保鲜效果好等优点,有着极好的发展前景。高压静电场保鲜正逐步得到专业人士的认可和重视。

高压静电场生物效应是高压静电场与生物相互作用、引起刺激或抑制生长发育或致死效应。高压静电场生物效应常将生物的宏观现象作为研究观测指标,但其主要任务是揭示微观机制,如高压静电场与生物体内自由基活动、各种酶活性、膜渗透、呼吸代谢和乙烯代谢等的关系。有学者就番茄贮藏期短、呼吸跃变及保鲜期短等特点,通过大量试验研究了静电场对番茄贮藏期内呼吸速率、腐烂指数、好果率、可溶性固形物含量、相对电解质渗出率、还原糖、可滴定酸、维生素 C 含量、过氧化物酶、过氧化氢酶、丙二醛等的影响,为从理论上解释高压静电场的保鲜作用拓宽了范围。高压静电场与生物相互作用的宏观现象目前尚处于资料积累阶段。高压静电场作为一门新兴的边缘学科,其应用已经渗透到农业的各个领域,甚至作为改造传统农业生产的方式和手段之一,用以促进农业现代化的实现,从而达到增产增收,改善农产品品质的目的。

2.1.1　国外高压静电场贮藏技术的研究

高压静电场保鲜是一种无污染的物理保鲜方法,它采用两块平行电极板产生高压静电场,通过变压器升压而产生很高的直流电压,对处于极板间的果蔬进行处理。极板可由多种导体材料制成,材料依具体需要而定。静电场生物学效应早在 18 世纪中叶就被发现,但科学界真正对其给予重视,并进行系统而深入的研究还是近几十年的事。20 世纪 60 年代,Murr[10] 研究了电场对植物细胞的伤害和植物呼吸强度的影响;20 世纪 80 年代,Kondmteva 等利用离子电极技术对小麦进行保藏试验。该试验对干小麦与湿小麦的物化性质、生理变化、焙烤性质、发芽能力及微生物菌群进行了测定。试验发现,未经处理的小麦在 10~12 d 便出现发霉发芽状况。电场处理的小麦,在密封条件下可以持续保存 6 周时间,生理特性也没有恶化,并在一定程度上有所改进,酪氨酸含量虽然有所下降,但发霉数降低了 60%,细菌总数降低了 35%。总之,电场处理对谷物品质及焙烤特性具有良好的效果。2004 年,Kara 等研究报道,正的高压电场对杧果的硬度和色泽没有影响。采用 150 kV/m 电场处理,正的高压电场使呼吸增加,抗氧化减弱;负电场处理能抑制细胞膜透性增加和酶活性的变化。得出结论:短期高压电场处理抑制了杧果果实呼吸,延长了货架期。

2.1.2　国内高压静电场贮藏技术的研究

国内有关高压静电场处理果蔬保鲜的研究屡见不鲜,近年来大量的试验报道都显示了这一贮藏方式的潜在可能性。王颉等、丹阳等研究表明高压静电场处理能降低蔬菜的呼吸强度,抑制水分流失,延迟蔬菜的采后衰老过程,并提出了三种观点:①外加电场能够改变生物细胞膜的跨膜电位,影响生理代谢;②果品蔬菜内部生物电场对其呼吸系统的电子传递体产生影响,减缓了生物体内的氧化还原反应;③外加能量场能使水发生共鸣现象,引起水结构及水与酶的结合状态发生变化,最终导致酶失活 [11-12]。张刚等 [13] 发现静电场能抑制贮藏于冷害温度下菜豆的呼吸,并延缓了可溶性蛋白的下降,增强了菜豆的抗冷性;岑剑伟等 [14] 发现高压静电条件下,罗非鱼肌球蛋白重链变化缓慢,条带光密度更大,能够较好地抑制蛋白质的变性,有效地延长了货架期;丹阳等的研究显示,高压静电场处理后活性高峰比对照向后推移,减弱了自由基对细胞膜系统的伤害,从而延缓番茄果实衰老。孙贵宝等 [15] 以黄冠梨为材料,研究了 20 kV/m、60 kV/m、100 kV/m 高压静电场处理对黄冠梨果实硬度、水分含量、酸含量和果实质量变化的影响。试验结果表明,高压静电场处理能很好地保持果实的含水量,抑制了黄冠梨果实硬度的变化,有效地控制了黄冠梨腐败的发生,延迟梨采后的衰老进程。在相同贮藏条件下,利用 100 kV/m 高压静电场处理 1 h,对黄冠梨果实生化反应的抑制效果最好,其果实硬度、果实水分含量、酸度及质量损失率的变化均小于其他处理组,保鲜效果最好。高压静电场的保鲜作用在黄瓜、豇豆、青椒、冬枣、桃等果蔬上均得到了明显的体现,具有延长保鲜期、降低腐烂率、保持硬度和味道鲜美的特点。

2.2 技术原理

2.2.1 改变果蔬细胞膜电位

据报道,静电场处理对果蔬有保鲜作用,主要是由于电场改变了果蔬细胞膜的跨膜电位。生物化学理论认为,在水溶液中一个离子要穿过细胞膜,除了需要一定的载体来传送外,更重要的是它要受到两种驱动力的作用:一种是来自膜内外两侧的化学梯度(浓度),另一种是由于透过膜的电荷运动所造成的电势梯度(膜电位差)。这两者称电化学梯度。也就是说,电化学梯度将决定离子的运动方向以及对膜的透过情况。在外加电场作用下,若外加电场方向与膜电位正方向一致,则膜电位差增大,反之则减小。膜电位差的改变必然伴随着膜两边的带电离子的定向移动,从而产生生物电流,带动了生化反应。国外的一些试验已经初步证实了这种影响方式存在的可能性。例如:细胞内的线粒体内 ATP(三磷酸腺苷)的合成就是膜内外电位差造成电子在从膜外流进膜内的过程中驱动 ATPase(三磷酸腺苷酶)产生 ATP 供细胞利用。这样,外加高压静电场的处理将会直接影响细胞的氧化磷酸化水平。

一般认为,外加电场能够改变果蔬细胞中的跨膜电位。膜电位的变化导致膜两边带电离子定向移动而产生生物电流,从而促进生化反应的进行。李里特等[16]曾将黄瓜和豇豆放置在场强为 150 kV/m,温度为(9±1) ℃,相对湿度≥ 90% 的电场中每天处理 60 min,试验结果证明电场能较好地保持黄瓜瓜刺完好、减少水分流失,并推迟豇豆锈斑出现和豇豆果皮的老化。Parniakov 等利用高压脉冲电场处理反复冻融的苹果,发现果肉组织间渗透压分布均匀、质感更佳且果皮颜色持久。高压电场引起的去极化作用使它们细胞的膜电位差发生改变,从而改变了细胞代谢的生理过程,进而使得呼吸强度降低、衰老延迟。

2.2.2 影响果蔬呼吸系统电子传递

通常认为刚采摘的果实表面带正电荷,果芯内部带负电荷,且两者所带电荷等量异号。以苹果为例,在外加负电场的作用下负电荷向果芯堆积,同时使果皮表面失去更多的负电荷而带更多的正电荷,表现为果皮和果芯之间的电位差加大,电场感应加强。生物体内的氧化还原反应主要以铁离子为电子传递体,利用 Fe^{2+} 和 Fe^{3+} 之间的循环转变,从某反应物获得电子,再传递给另一反应物,实现细胞内的生化反应。果蔬贮藏中调节呼吸作用强弱的氧化酶辅基是含铁的有机物,当处于负电场中时,Fe^{3+} 极易得到一个电子变成还原态的 Fe^{2+},即控制果蔬呼吸的酶在外加电场作用下以 Fe^{3+} 为中心的构象发生变化,酶活力在一定程度上被降低,果蔬的呼吸作用减弱,其采后品质劣变速率减缓。叶青等[18]利用 100 kV/m 场强的静电场每天对呼吸跃变型水果(苹果、桃和鸭梨)处理 2 h,试验显示 3 种水果贮藏中均出现明显的呼吸高峰,但它们呼吸强度的最大值与对照组相比都显著降低。另外,水果在成熟期内可溶性糖含量上升,但它作为果实呼吸作用的底物随着呼吸作用的进行而有所消耗。试验发现高压电场处理可抑制这 3 种果实可溶性糖的积累,减缓了淀粉等物质向可溶性糖的转化。果实呼吸作用是经糖酵解后在有氧条件下通过三羧酸循环生成水和二氧化碳,这一过程中产生的烟酰胺腺嘌呤二核苷酸(Nicotinamide adenine dinucleotide, NADH)和 H^+ 不与游离氧分子结合,经呼吸链电子传递后方可与游离氧分子结合。在外加电场的作用下几种果实的呼吸强度总体趋势未改变,说明其未打乱原先的电子传递过程,只是减弱了电子传递的速率,从而影响 NADH 和 H^+ 与游离氧分子的结合,控制呼吸强度。王愈等[17]研究高压静电场对草莓采后生理的影响时发现,电场明显抑制草莓的乙烯释放,使草莓果实的呼吸强度减弱,保持了草莓果肉最大破断应力。叶青等[18]用 100 kV/m 的高压静电场处理后,苹果、桃子和鸭梨的呼吸作用均受到不同程度的抑制。Benkeblia 等[19]认为与传统的保鲜方法(冷藏、熏蒸和辐照)相比,高压脉冲电场能有效降低棕榈果呼吸速率、延长保质期。

2.2.3　水共鸣导致果蔬内酶失活

果蔬作为一个生物体,其本身存在着固有的电场,当这种固有电场遭到外部干扰时就可能表现为某种生理上的变化。细胞内很多正常代谢活动与金属离子有关,如细胞呼吸链中执行电子传递的细胞色素 C(CytC)和一些以金属离子为辅基的酶类,而外加电场处理正好能影响与这些金属离子活动有关的细胞代谢过程。在这个过程中,适当的电场处理正好有助于延缓细胞相关活动而达到保鲜的效果,而另一些电场处理则也可能会刺激细胞活动而出现另一些试验结果。这一点正好能解释在一些处理中过氧化物酶(POD)和过氧化氢酶(CAT)的酶活高于对照,而在另一些处理中 POD 和 CAT 的酶活低于对照。有研究表明水本身并非单纯的液体,而是具有一定构造的物质。细胞内的水分子是一种由氢键结合而成的具有一定结构 [称作水分子团(cluster)] 的液体。由于水分子是极性分子,所以这种结构并非固定不变的,而是一种动态结构。一般自由水分子团的存在时间极短,随着氢键的形成与断裂,水分子之间存在着小分子缔合为大分子团、大分子团解聚为小分子的不停变化的过程。影响果蔬生理反应的主要是果蔬内酶的活性,而酶蛋白周围的水分不仅是果蔬生存的条件,更是果蔬细胞的重要组成部分。水结构上的任何变化理所当然要引起果蔬生理上的改变。当外加静电场作用于酶周围的水分使其结构发生变化时,在一定条件下极可能改变水与酶的结合状态,使酶的活性不能发挥出来,从而失去活性。酶的失活必将延缓果蔬的生理代谢过程,达到保鲜的目的。从这方面讲,高压静电场处理正是通过影响果蔬内含的水分子结构而影响被这些水分子结合的一些相关酶的活性而达到保鲜的目的。

另外一些学者认为水和其他物质一样具有固有的频率,若施加高压电场,水产生共鸣并改变构象,则可使酶失活或钝化。Leong 等[20]在研究利用脉冲电场使酶失活,从而降低胡萝卜切削力的试验中发现,胡萝卜样品经磷酸盐缓冲溶液预处理后放置于 10 ℃低温环境中,施加高压脉冲电场后样品温度升高,当温度达到 25 ℃时停止加压。当场强达 0.8 kV/cm 时,抗坏血酸氧化酶活力降低 30%,过氧化物酶降低到 8%~10%,胡萝卜块平行和垂直位上电流变化不同,即电场改变微环境中的水共鸣状态,使得这两种与呼吸作用有密切联系的内源性酶极易失活。刘振宇等[21]利用高压脉冲电场对萝卜、胡萝卜和苹果进行预处理时发现电场强度和脉冲个数对维生素 C 氧化酶活性影响显著,从而可以有效保持维生素 C 的含量。当高压电场作用时,水的共鸣会间接引起酶分子活性部位的局部结构的变化,如活性基团立体构型改变或其氢键、疏水键等受到破坏,从而导致酶的生物活性被钝化或丧失。

2.2.4　臭氧的作用

高压电场能够电离空气产生微量的臭氧,它具有一定的杀菌作用,同时会与果蔬释放的乙烯发生反应生成 CO_2 和水,抑制果蔬采后的成熟衰老,达到一定的保鲜效果。丹阳等[22]在探寻高压电场产生的臭氧对毛霉作用规律时发现,高压静电场产生的臭氧对毛霉有抑制作用:当场强为 50 kV/m 时,抑菌率为 2.03%;当场强为 100 kV/m 时,抑菌率为 3.74%;当场强为 150 kV/m 时,抑菌率为 8.69%。随着电场强度的升高,电场所产生臭氧对毛霉的抑制作用有所增强。臭氧虽能抑制毛霉菌生长,但效率较低,并不能满足工业杀菌的要求,可视为对保鲜有益的补充。浆果柔软多汁,常温条件下很难贮存(比如葡萄)。蒋耀庭等[23]采用高压静电场处理鲜切青花菜发现电晕产生的臭氧对其表面微生物有明显杀灭效果,和负离子结合能使青花菜释放出的乙烯、乙醇、乙醛等气体氧化分解,延缓后熟和衰老。

2.2.5　杀菌作用

食品腐败变质的主要原因是微生物的繁殖侵染。所以,杀菌是食品加工过程中的重要环节。杀菌方法种类繁多,主要分为热杀菌法和冷杀菌法。长期以来,食品工业中广泛采用加热灭菌法,这一方法虽然效率高、效果好,但会破坏食品中的热敏成分,影响食品的风味。因此,近年来其他杀菌方法得到迅速发展,高压静电场杀菌技术就是一项人们广泛关注的新型杀菌技术。高压静电场已被用于许多植物、动物的科学实践中,但其对微生物的致死作用如何,能否影响其生化指标的变化还处于研究阶段。张佰清等[24]研究发现直流高压静电场可以有效地杀死大肠杆菌,大肠杆菌的致死率与电压和处理时间均呈正相关的关系,尤其在极板间距为 3 cm,电压 20 kV,处理时间 45 min 条件下,大肠杆菌的致死率达 98.7%。

在电场强度分别为 25 kV/cm、30 kV/cm、35, 40 kV/cm,处理时间分别为 40 μs、80 μs、120 μs、160 μs 和 200 μs 时研究对接种石榴汁的杀菌效果。为保证杀菌效果不受热效应的影响,使用 15 ℃水浴循环加热,整个处理过程中石榴汁的温度 ≤ 18 ℃。当电场强度增加时,杀菌效果也逐渐增强,当处理时间越来越长时菌落数下降也越来越明显。

2.2.6　抑制冰晶生长

外加电场对极性水分子施加力矩作用后可破坏其在分子簇中的平衡状态,采用低温保鲜方法对肉品进行保鲜时辅以高压电场处理,可以抑制冰晶生长趋势,控制冰晶成核大小。增加高压静电场强度使猪里脊肉中冰晶成核的过冷度降低 2.6 ℃,冰晶尺寸减小,对其周围的细胞机械挤压力减小,即高压电场有助于降低冰晶对肉的微结构的伤害,提高肉的保鲜品质。Z 电场能促进冰核的形成且垂直于电场方向,说明单位时间和体积内能形成更多更细小的冰晶,从另一侧面说明外加电场能减小冰晶对肌肉微观结构的损伤,高压脉冲电场辅助冻结 0.9% 的氯化钠溶液发现高频率的脉冲能显著减少其相变时间,冰晶尺寸更小更均匀。

2.3　影响因素分析

2.3.1　电场作用时间

以电场对苜蓿种子生物特性影响为例,用一定的电场强度,对苜蓿种子处理不同时间,测定苜蓿种子发芽速率、发芽率、幼苗百株及含水量的变化,探求苜蓿种子对处理时间的响应。研究掌握种子的电生物效应与外界电场强度和作用时间的关系[25]。

根据所设处理时间条件个数 N,挑选外形差异较小的一定量种子,随机分成($N+1$)份,其中一份作为对照组(场强为零),其他 N 份分别置于平行板电极形成的电场中处理不同时间。每份 100 粒,电压波形为 50 Hz 半波整流,电场强度 E=5.0 kV/cm,处理时间 T=5 × N (min),N=1,2,3,…,12。将经电场处理过的种子用自来水冲洗干净后在水中浸泡 24 h,然后摆放在铺有石英砂的培养皿中进行常规发芽试验,每个皿放 100 粒种子,每个处理条件设 3 次重复。于第 3 d 测定平均发芽速率。待幼苗生长 18 d 后,将幼苗洗净,去掉表面水分,测其鲜重(包括根上和根下两部分)。然后,将植株放入温度为 80 ℃的干燥箱烘干,测量干重。由植株的鲜重和干重计算含水量。

从图 2-1 可知,第 3 d 平均发芽速率,处理组均比对照组高。这表明,电场处理有助于加快种子的发芽速度。与对照组相比,提高幅度在 16%~81%。从图 2-2 和图 2-3 可知,经电场处理过的种子,幼苗百株鲜重与含水量均高于对照组。幼苗百株鲜重提高幅度在 21.0%~68.0%,含水量提高幅度为 22.9%~79.5%。由图 2-1~ 图 2-3 可知,生物量的变化与处理时间的关系为振荡型。在 0~60 min 范围内,第 3 d 发芽率在 5 min、25 min、45 min 处分别有一峰值,随着处理时间增加,峰值高度也增加。以上 3 个峰值顺序与对照组相比,分别高出 55.7%、81.8% 和 80.7%。百株鲜重在 5 min、25 min、45 min 处分别有一峰值。随着处理时间的增加,峰值逐渐降低。按照以上 3 个峰值的顺序,与对照组相比,分别高出 68%、61%、56%。百株含水量在 5 min、25 min、45 min 处分别存在一个峰值,随着处理时间的增加,峰值也逐渐降低。按照以上三个峰值的顺序,与对照组相比,分别高出 79.5%、71.2%、63.8%。试验说明,用一定电场强度作用于种子,对种子幼苗期生长产生明显的影响,且不同处理时间影响程度不同。不同电场强度与不同处理时间产生的影响有待研究,这对于确定最佳处理条件具有重要的应用意义。

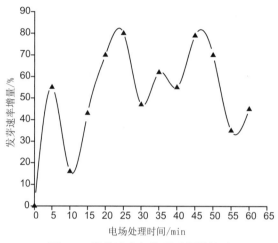

图 2-1　发芽速率与处理时间的关系

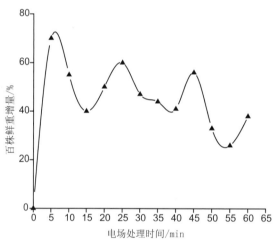

图 2-2　百株鲜重与处理时间的关系

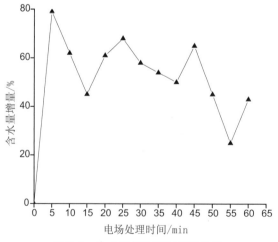

图 2-3　含水量与处理时间的关系

2.3.2 电场强度

以电场对大豆种子生物特性影响为例,研究在一定时间内,施加不同电场强度对大豆种子形态指标的影响,从而对电场影响大豆种子活力的可能物理机理进行分析[26]。

挑选颗粒饱满、大小均匀、外形差异较小的大豆种子(黑农 37 号,由黑龙江飞龙种业提供),处理电场强度 $E_N=1 \times N/(kV/cm)$,$N=0,1,2,\cdots,10$,其中 E_0 为对照,处理时间为 20 min。将大豆种子随机分成 11 组,其中 10 组处理,1 组对照,每组处理 100 粒种子,3 次重复。

从表 2-1 可知,电场处理能明显改善种子的形态学指标。剂量在 5.0 kV/cm × 30 min 为电场最佳处理条件,在此处理条件下发芽势、发芽率、简活力指数的最大提高量分别为 40%、31.9%、51.9%,根长、芽长、鲜重、干重的最大提高量分别为 40.4%、53.9%、12.5%、13.1%。

表 2-1 电场强度对大豆形态指标的影响

电场强度 (kV/cm)	发芽势 SPO(%)	发芽率 SPT(%)	芽长 L_S(cm)	根长 L_R(cm)	鲜重(g)	干重(g)	简活力指数 (%)
0.0	60	72	3.60	4.31	26.76	2.82	0.54
1.0	66	80	4.72	5.25	28.00	2.90	0.60
2.0	69	84	4.85	5.20	27.10	2.85	0.67
3.0	78	91	5.13	5.58	26.23	2.80	0.75
4.0	63	75	4.65	4.91	28.49	3.05	0.58
5.0	84	95	5.54	6.05	30.10	3.19	0.82
6.0	81	90	5.39	5.60	27.13	2.93	0.80
7.0	72	85	4.91	5.29	26.12	2.86	0.76
8.0	75	89	5.10	5.53	26.56	3.00	0.68
9.0	63	75	3.78	4.12	25.75	2.74	0.49
10.0	54	60	3.47	3.86	25.23	2.53	0.32

图 2-4 为不同电场强度对种子酶活性的影响。如图 2-4 所示,不同点电场强度对 SOD、POD、CAT 的影响均呈现先增大后减小的变化趋势,在 5 kV/cm 或 6 kV/cm 时各种酶的活性达到最大值。在 5 kV/cm 时,SOD、CAT 活性的增量均达到最大值,分别为 56.2% 和 11.3%,在 6 kV/cm 时 POD 的活性达到最大增量,为 11.3%,3 种保护酶活性的增强是细胞对外界逆境的积极反应,表示生物体的抗逆性增强。很多逆境因子可以导致机体自由基的积累和活性氧代谢的抗氧化酶 SOD、POD、CAT 能及时清除机体多余的活性氧和自由基,维持机体的代谢活动,从而维持植物正常的生理活动。酶含有丰富的蛋白质,具有很高的催化活性,它的活性与分子结构有关,如果结构发生改变,酶的活性将降低。

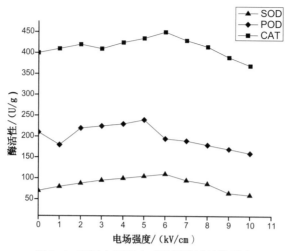

图 2-4　不同电场强度对种子酶活性的影响

　　用不同强度的高压静电场处理大豆干种子,种子的芽长、根长等形态学指标,种子电解质外渗率、种子叶绿素含量和各种保护酶的活性有明显的变化。酶活性与种子的萌发生长有密切的关系,过氧化物酶是反映植物体内物质新陈代谢快慢的重要指标,是衡量植物细胞生长发育快慢的主要标志,各种酶活性的提高促进了种子内各种物质的转化、利用和分解,也就是说酶活性的变化与种子的形态学指标的变化是相辅相成的。综上,适宜剂量的电场可对种子产生刺激效应,促进种子内部细胞活化,打破休眠状态,使种子萌发后物质的分解、转化和利用过程得以改善。物质积累速度加快,可使幼苗生长旺盛,提高种子调节能力,从而提高种子生长过程对营养物质的吸收和能量物质的转化利用,所以适宜电场强度的处理可以使种子的各种形态学指标和生理生化指标明显高于对照。总之,静电场的生物学效应受到越来越多研究者的重视,拥有广阔的应用前景,而且随着静电场作用机理研究的逐步深入,静电场技术将在科学领域发挥更大的作用。

　　电场对种子发芽速度的影响见表 2-2。取出在恒温箱内发芽的种子,放入其他培养皿中,在 18~25 ℃的室内环境中生长 20 d,按常规方法测株重(鲜重和干重),再换算成百株重,结果见表 2-3。实验表明,在 0~6.5 kV/cm × 5 min 电场作用范围内,油葵种子出现不同程度的生物响应。同一电场强度,对不同内容的生命过程的影响程度也不同。种子发芽时间主要集中在 0~72 h,但不同时区有不同发芽速度。从表 2-2 知,处理组与对照组比较,在 0~24 h 时区,E_3、E_6、E_7、E_{12}、E_{13} 处理条件的发芽速度最慢,比平均水平低 16%~25%。但在 24~48 h 时区它们的发芽速度最快,比平均水平高 15% ~30%。从表 2-3 可以看到,E_7、E_8、E_9、E_{10}、E_{11} 处理条件对幼苗生长具有促进作用,E_7 极为明显。油葵种子受电场作用后,其生物响应程度与电场强度之间的关系,不是单调型而是振荡型。我们认为,生物体受电场作用后,可改变酶的构象,酶可以有多种利于植物新陈代谢的构象,在这当中有一最佳构象,当然也有不利于新陈代谢的构象。因此,在宏观表现上,生物响应与外界电场作用呈振荡型关系,最佳电场处理条件决定最佳构象。

表 2-2　电场对种子发芽速度的影响

电场强度 Electric Field Strength	种子发芽数 Number of Seed Germination						平均发芽速度（发芽数 /h） Average Germination Speed （number/h）			
							S	$\Delta s\%$	S	$\Delta s\%$
E_0	7	58	82	88	91	94	2.4	0	1.3	0
E_1	9	51	74	81	85	90	2.1	−12.5	1.3	0
E_2	9	53	80	86	90	93	2.2	−8.3	1.4	7.7
E_3	11	49	76	84	88	91	2.0	−16.7	1.5	15.4
E_4	10	61	84	86	91	95	2.5	4.2	1.0	−23.1
E_5	13	55	81	87	89	94	2.3	−4.2	1.3	0
E_6	6	43	75	83	87	91	1.8	−25.0	1.7	30.8
E_7	9	49	79	86	90	94	2.0	−16.7	1.5	15.4
E_8	13	61	82	86	94	97	2.5	4.2	1.0	−23.1
E_9	4	52	73	82	88	90	2.2	−8.3	1.3	0
E_{10}	10	62	88	92	94	97	2.6	8.3	1.3	0
E_{11}	13	58	82	90	94	97	2.4	0	1.3	0
E_{12}	10	48	77	85	90	93	2.0	−16.7	1.5	15.4
E_{13}	6	48	72	83	86	90	2.0	−16.7	1.5	15.4
发芽时间（h） Germination Time（h）	12	24	36	48	60	72				
时间间隔 Time Interval							0~24		24~48	

表 2-3　电场对幼苗百株重的影响

电场强度 Electric Field Strength	鲜重（g） Fresh Weight（g）	增量（%） Increment（%）	干重（g） Dry Weight（g）	增量（%） Increment（%）
E_0	81.55	0	3.99	0
E_1	79.00	−3.1	3.99	0
E_2	75.73	−7.1	3.78	−5.3
E_3	75.39	−7.6	4.03	1.0
E_4	82.73	1.5	4.06	1.8
E_6	77.61	−4.8	4.07	2.0
E_7	90.99	11.6	4.58	14.8
E_8	84.24	3.3	4.08	2.3
E_9	82.93	1.7	4.26	6.8
E_{10}	90.93	11.5	4.35	9.0
E_{11}	84.35	3.4	4.13	3.5
E_{12}	80.40	−1.4	4.10	2.8
E_{13}	79.97	−1.9	3.91	−2.0

2.4　装置及设备

高压电场处理的方法有两种:①将果蔬搁置于稳恒静电场作用的通电下极板上,与接地上极板间距 15 cm,从而在通入 30 kV 高压时,可产生 200 kV/m 的负高压稳恒静电场;②将果蔬搁置于交变电场作用的通电下极板上,与接地上极板间距 15 cm,而在通入 30 kV 高压时,可产生 200~200 kV/m 的波动交变电场[27]。

辅助电场在果蔬的冷冻冷藏技术中的应用,一般分为高压静电场与高压脉冲电场,其对果蔬的贮藏保鲜效果影响也有所不同。

2.4.1　高压静电场、交变电流和电晕电场装置

制作高压电场,一般可将 220 V 家用电压升高整流,再通过高压电缆、保护电阻等加到电晕线或金属板上,这样就形成了高压电场。高压电场的形式多样,有静电场和交变电场以及高压脉冲电场等;静电场又分为非均匀电场和均匀电场,均匀电场是指两块平行金属板做电极组成的电场(忽略边缘效应),交变电场的形成需要用高压发生器连接两平行金属板[28-29]。

高压交变电场处理果实示意图如图 2-5 所示,高压发生器经硅堆整流,再连接两平行金属板形成稳恒静电场,高压静电场处理果实示意图如图 2-6 所示,交变电场使用的电压大小和方向均随时间而改变,稳恒静电场所用电压大小和方向均不随时间变化[30]。

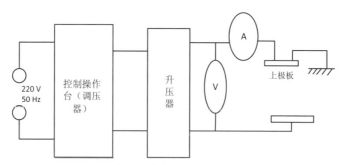

图 2-5　高压交变电场处理果实的示意图

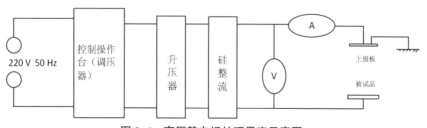

图 2-6　高压静电场处理果实示意图

2.4.1.1　高压静电场

高压静电场处理果实实验装置是用一台输出高压可以连续调节的高压静电电源,把高压输出端和零线端分别与被有机玻璃或其他绝缘材料隔开的两块圆形平行金属薄板相连接,两块带电的平行金属薄板中间,形成了一个电场强度可调的静电场,把采后果实均匀放置在金属板上,即可对贮藏果实进行高压静电电场处理[31-32],具体设备如图 2-7 所示。

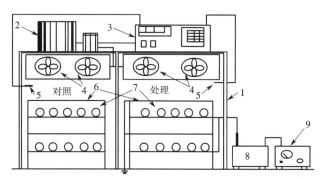

图 2-7　电场处理果蔬的设备示意图

1—库体;2—压缩机;3—控制器;4—风扇;5—传感器;6—保鲜实验台;7—果实;8—高压发生器;9—高压控制器

2.4.1.2　高压静电场的优点

利用高压静电场保鲜属于电磁微能技术的一类,是利用电磁微能源对食品进行节能、高效和高品质处理得到高效益的食品保藏品质的过程。对于呼吸跃变型难贮藏的水果,它的应用相对于现代化的食品冷藏保鲜加工技术,诸如气调、冷藏、生理活性物质调控、化学保鲜及辐射保鲜技术来说具有以下优点:①投资少;②能耗低;③保鲜品质高[33-34]。

现在一些地方推广使用的电子保鲜贮藏器就是运用高压放电,在贮存果品、蔬菜等食品的空间产生一定浓度的臭氧和空气负离子,从而达到果蔬防腐保鲜的一种设备。从分子生物学角度看,水果蔬菜就是一种生物蓄电池,当其受到带电离子的空气作用时,水果、蔬菜中的电荷就会起到中和作用[35]。其生理现象类似假死现象,呼吸强度因此而减慢,有机物消耗也相对减少,从而达到贮藏保鲜的目的[36]。

2.4.1.3　电晕线电场

电晕电场属于非均匀电场,具体电晕电场的构建如图 2-8 所示。

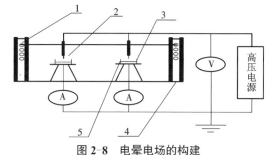

图 2-8　电晕电场的构建

1—高度调节孔;2—针电极;3—物料盛放容器;4—实验架;5—物料

A—微安电流表;V—高压电压表

电晕电场由针板电极形成,而稳恒静电场与交变电场则是由板板电极形成的。静电学表明,带点导体所携带的电荷集中在导体的表面[37-38],而表面额电荷即电荷的密度则与导体的曲率半径有关,针尖表面的电荷密度远大于其他部位,因此附近的电场强度很强,如果用导电的针尖作为电极,电位升高到一定程度,针尖处积累的电量电荷所产生的强电场可使针尖周围的空气电离,从而产生局部的放电,产生晕光[39]。

2.4.2　高压脉冲电场

脉冲电场(Pulsed Electric Fields,PEF)杀菌技术被认为是一种潜在的经济有效的杀菌手段,它可以减少食品杀菌过程中营养成分的损失,最大限度地保持食品的新鲜状态,有低能耗、低操作费用、灭菌时间短[40-41]、无环境污染、温升幅度小、处理后可直接封装、生产效率高等特点,有很好的产业化前景。

多年来高压脉冲电场以其良好的应用特征被国内外学者广泛研究,从研究结果来看高压脉冲电场特别适合果汁、牛奶、汤料、液态蛋等液态食品的杀菌处理。在影响杀菌的诸多因素中,脉冲电场强度、作用时间、脉冲个数及波形是杀菌的关键参数。本书给出 100 kV/cm 的强 PEF 杀菌系统。

如图 2-9 所示是高压脉冲电场杀菌流程图,高压脉冲电场是由高压脉冲电源和处理室两部分构成的。

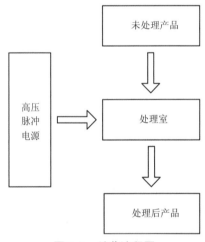

图 2-9　杀菌流程图

2.4.2.1　高电压脉冲电源

高电压脉冲电源是整个装置的核心部分,一般为北京互感器厂 TDM2.5/60 型泄漏试验变压器,输出负高压,电压范围 0~60 kV,电流 0~2.5 A 和控制台、放电接地体(放电电阻 2.3 Ω)、高压导线及绝缘套筒等部件。具体设计参数为:脉冲峰值电压 0~30 kV 连续可调,为指数衰减波形[42-43],频率 0.550 Hz 连续可调。工作原理图如图 2-10 所示。

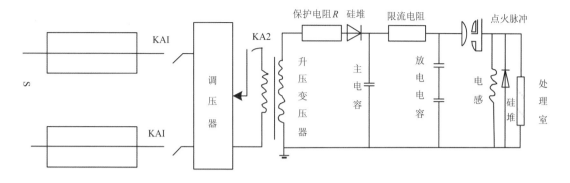

图 2-10　高电压脉冲发生器工作原理

220 V 交流电通过调压器、升压变压器后得到交流高压电,通过保护电阻和硅堆整流后,对主电容充电,进而通过一个限流电阻对放电电容器进行充电,放电电容器电压与直流高电压发生部分所产生的直流电压相同,达到 30 kV 的直流高电压,此时高压开关在点火脉冲(触发信号)的控制下导通,则放电电容两端的高电压通过液体介质迅速放电,产生高电压脉冲,并作用于处理室内液体介质的两端,形成高场强脉冲电场。

2.4.2.2　处理室

处理室是构成高压脉冲电场杀菌系统的又一重要组成部分。处理室的作用是将脉冲电场传递、施加和分配给待处理的液态食品进行杀菌。处理室的结构和参数直接影响杀菌效果。为确保数据的准确性,必须保证处理室无菌,需要处理室本身采用高温湿热灭菌,所以处理室的材料一般采用耐高温的四氟乙烯[44],结构示意图如图 2-11 所示。

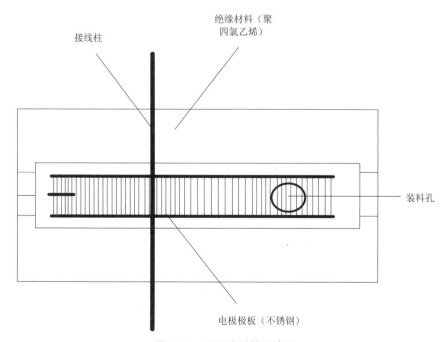

图 2-11　处理室结构示意图

处理室采用平行板电极,容积一般设计为 60 mm × 60 mm × 3 mm,电极材料为小不锈钢板,电极厚度为 1 mm,电极间距为 3 mm,系统最高场强达 100 kV/cm。

高压脉冲电场杀菌系统是在两个电极间产生瞬时高压脉冲电场并作用于食品而杀菌的。其基本过程为:使用瞬时高压处理放置在两极间的低温冷却食品,先用高压电源对一组电容器进行充电,将电容器与一个电感线圈及处理室的电极相连[45],电容器放电时产生的高频率指数脉冲衰减即加在两个电极上,形成高压脉冲电场,结构示意图如图 2-12 所示。

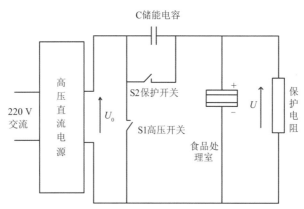

图 2-12　脉冲电场食品处理系统的结构示意图

2.4.3　获得高压脉冲电场的方法

一种是利用 LC 振荡电路原理,先用高压电源对一组电容器对一组电容器进行充电,将电容器与一个电感线圈及处理室的电极相连,电容器放电时产生的高频指数脉冲衰减波即加在两个电极上,形成高压脉冲电场。由于 LC 电路放电快,在几十至几百微秒内即可将电场能量释放完毕,利用自动控制装置,对 LC 振荡器电路进行继续充电与放电,可以在几十毫秒内完成灭菌过程。另一种是用特定的高频变压器得到持续的高压脉冲电场[46]。灭菌用的高压脉冲电场强度一般为 15~100 kV/cm,脉冲频率为 1~100 kHz,放电频率为 1~20 kHz。高压电场脉冲灭菌时间短,处理后的食品与新鲜食品相比在物理性质、化学性质、营养成分上变化很小,风味、滋味上没有太大差异。而且灭菌效果明显,可达到商业的无菌要求,特别适用于热敏性食品,具有广阔的应用前景。

PEF 系统设计分为两个:一是脉冲发生器的设计,高压脉冲发生器示意图如 2-10 所示;二是食品接受电场处理的生产线设计。脉冲发生器的功能是提供作用于食品的最佳电场条件,衡量其劣势指标,从影响因素方面来说,主要有脉冲波形、最大电压、脉冲宽度、延迟时间等参数;从精度控制方面说,电压、时间的可调精度,误差及参数控制的灵活性等也是重要指标。实际工业生产用的食品处理系统,必须使用流动设计,设计不同的应用,这方面有很大的灵活性,存在更大的改善空间。根据食品处理室形状、电场分布、食品流速不同,则处理时间不同,两者都能直接影响食品的灭菌效果。定期测量臭氧的浓度有利于对果蔬贮藏时间进行精确控制，如图 2-13 所示为臭氧检测装置。

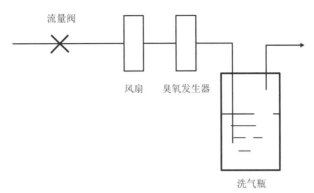

流量阀

风扇　　臭氧发生器

洗气瓶

图 2-13　常见的臭氧检测装置

PEF 系统主要工作参数有：

（1）脉冲工作电场值，一般为 10~30 kV/cm；

（2）脉冲宽度及波形，应确保既要杀灭微生物，又要严格限制对处理食品的能量输入；

（3）连续脉冲间隔或脉冲数由食品流量决定；

（4）食品的电阻率，影响所需脉冲宽度和重复频率。

其他非独立参数，如食品温度主要影响电阻率，必要时可在进入处理室前冷却；流体状态也有影响，如湍流有利于处理均匀食品，对电阻率也有影响[47]。

2.5　辅助电场在果蔬贮藏领域的应用

目前，虽然高压静电场技术作为一种节能、高效、高品质处理得到高效益食品的保藏方法而被广泛用于包括食品工业在内的各个领域，但是，将该技术用于果蔬保鲜的研究却只是近年来才兴起的一门新兴技术。其研究现状主要表现在以下几个方面：高压静电场对果蔬硬度、呼吸、内溶相关酶、电导率的影响。有学者就番茄贮藏期短、呼吸跃变及保鲜期短等特点，通过大量试验研究了静电场对番茄贮藏期内呼吸速率、腐烂指数、好果率、可溶性固形物含量、相对电解质渗出率、还原糖、可滴定酸、维生素 C 含量、过氧化物酶、过氧化氢酶、丙二醛等的影响，为从理论上解释高压静电场的保鲜作用拓宽了范围。

前人在冷冻冷藏技术中应用电场辅助做了很多工作，在 80 kV/m 的电场强度下处理红星苹果（温度 0 ℃，湿度 90%），三个月后其硬度及可溶性固形物的含量分别比对照组高10% 和 18%，呼吸强度降低约 20%；四川红橘在 150 kV/m 下每天处理 30 min（温度 7 ℃，湿度 75%），贮藏 40 d 后好果率为 49.7%，而对照组是 35%，且色泽保持光亮鲜艳；水蜜桃的初步静电处理也表明硬度和好果率较对照组高；采用 150 kV/m 的高压电场处理荔枝也有较好的效果，相对对照组，果实保鲜期延长了 4 d[48]，除了颜色稍变深外，仍能保持原有的硬度和味道，另外，还有常温静电贮藏 30 d 的鸭梨，腐烂率降低了 30%，常温贮藏 30 d 的西瓜，腐烂率降低了 80%；对青椒、柑橘、黄瓜、红薯、甜瓜等静电贮藏效果也较好。

同时,高压静电场处理在植物生长发育和成熟的不同阶段表现出的生物效应不同,对种子萌发具有促进作用,可以提高种子的发芽率。在植物生长发育方面,穆尔(1963)研究表明 50 kV 的高压静电场处理机使其干重减少,叶片发生灼伤;在果品蔬菜采后生理方面具有降低呼吸强度,减少水分损失,延缓后熟衰老的作用。

2.5.1　辅助电场对果蔬保鲜影响指标

近年来,静电技术在食品工业中的应用研究悄然兴起,这主要得益于微能源、静电生物效应和电场等理论基础研究的发展。目前,高压静电生物技术在食品领域的应用研究主要包括:高压静电场在食品保鲜中的研究,高压静电场对酶的活性的影响研究,高压静电场加速冷冻食品解冻的试验研究,高压静电场在食品杀菌中的应用研究,高压静电场的生物效应影响研究,以及高压静电场对食品其他功效的影响研究等。本书对目前国内外运用高压静电场技术延长果蔬保鲜贮藏期的技术原理及研究现状进行了概述和探讨。

特定的高压静电场处理能显著地保持所处理果蔬的品质,具体表现在:增加可溶性固形物、维生素 C、还原糖、总酸等的含量,减少丙二醛(MDA)、过氧化物酶(POD)的含量 [49];但另外的一些静电场处理则出现与该结论不太一致的结论。现就这些现象从高压静电场保鲜作用机理方面做出如下讨论分析。

2.5.1.1　从细胞膜电势的角度分析

静电场处理对果蔬有保鲜作用,主要是由于电场改变了果蔬细胞膜的跨膜电位。生物化学理论认为,在水溶液中一个离子要穿过细胞膜,除了需要一定的载体来传送外,更重要的是它要受到两种驱动力的作用:一种是来自膜内外两侧的化学梯度(浓度),另一种则是由于透过膜的电荷运动所造成的电势梯度(膜电位差)。这两者总称电化学梯度。也就是说,电化学梯度将决定离子的运动方向以及对膜的透过情况。在外加电场作用下,若外加电场方向与膜电位正方向一致,则膜电位差增大,反之则减小。膜电位差的改变必然伴随着膜两边的带电离子的定向移动,从而产生生物电流,带动了生化反应。国外的一些试验已经初步证实了这种影响方式存在的可能性。例如:细胞内的线粒体内 ATP(三磷酸腺苷)的合成就是由于膜内外电位差造成电子在从膜外流进膜内的过程中驱动三磷酸腺苷酶产生 ATP 供细胞利用。这样,当外加高压静电场处理后,将会直接影响细胞的氧化磷酸化水平。

果蔬呼吸速率是一项重要的指标,呼吸高峰前后其生理变化有质的不同,电磁环境对果蔬生理变化的调节作用在呼吸高峰前有较大影响。一般来说电磁环境对植物的生理影响是双向的和有阈值的,因而其对保鲜的影响不能单一考虑电磁环境类型,而主要应从电磁参数加以衡量。从推迟呼吸高峰时间和降低呼吸速率考虑,我们设置负离子、臭氧负离子,零磁场的电磁环境有较好的保鲜作用;而从膜透性,好果率方面来看正离子、臭氧正离子、磁场效果要好。

2.5.1.2　从果蔬内部生物电场的角度分析

果蔬作为一个生物体,其本身存在着固有的电场,当这种固有电场遭到外部干扰时就可能表现为某种生理上的变化。细胞内有很多正常代谢活动与金属离子有关,如细胞呼吸链中执行电子传递的细胞色素 C(CytC)和一些以金属离子为辅基的酶类,而外加电场处理正好能影响与这些金属离子活动有关的细胞代谢过程。在这个过程中,适当的电场处理正好有助于延缓细胞相关活动而达到保鲜的效果 [50],而另一些电场处理则也可能会刺激细胞活动而出现另一些试验结果。从这一点上讲,正好能解释在一些处理中过氧化物酶(POD)和过氧化氢酶(CAT)的酶活高于对照,而在另一些处理中 POD 和 CAT 的酶活低于对照。

2.5.1.3　从水结构的角度分析

随着物理学和物理化学的进步,人们发现生物体内的水本身并非单纯的液体,而是具有一定构造的物质,许多科学家提出的有关水分子构造理论认为,细胞内的水分子是一种由氢键结合而成的具有一定结构 [称作水分子团(cluster)] 的液体。由于水分子是极性分子,所以这种结构并非固定不变的,而是一种动态结构。一般自由水分子团的存在时间极短,随着氢键的形成与断裂,水分子之间存在着小分子缔合为大分子团、大分子团解聚为小分子的不停变化的过程。影响果蔬生理反应的主要是果蔬内酶的活性,而酶蛋白周围的水分不仅是果蔬生存的条件,更是果蔬细胞的重要组成部分。水结构上的任何变化理所当然要引起果蔬生理上的改变。当外加静电场作用于酶周围的水分使其结构发生变化时,在一定条件下极可能改变水与酶的结合状态,使酶的活性不能发挥出来,从而失去活性。酶的失活必将延缓果蔬的生理代谢过程,达到保鲜的目的。从这方面讲,高压静电场处理正是通过影响果蔬内含的水分子结构而影响被这些水分子结合的一些相关酶的活性而达到保鲜的目的。虽然高压静电场技术作为一种节能、高效、高品质处理得到高效益食品的保藏方法而被广泛用于包括食品工业在内的各个领域,但是将该技术用于果蔬保鲜的研究却只是近年来才兴起的一门新兴技术。其研究现状主要表现在以下几个方面:高压静电场对果蔬硬度、呼吸、内溶相关酶、电导率的影响。有学者就番茄贮藏期短、呼吸跃变及保鲜期短等特点,通过大量试验研究了静电场对番茄贮藏期内呼吸速率、腐烂指数、好果率、可溶性固形物含量、相对电解质渗出率、还原糖、可滴定酸、维生素 C 含量、过氧化物酶、过氧化氢酶、丙二醛等的影响,为从理论上解释高压静电场的保鲜作用拓宽了范围。

在马铃薯冷冻前 PEF 预处理(PEF-freezing)显著缩短了冻干时间,提高了冻干速率,使冻干样品的形状更加均匀,颜色更加清晰,收缩更小,外观质量更好。通过 PEF + 渗透预处理,有冻干速度快,干燥样品的视觉质量提高的优点。此外, SEM 分析显示,连续 PEF + 渗透预处理后,冻干马铃薯细胞内淀粉颗粒表面形态明显紊乱。一般来说,PEF 辅助的渗透脱氢冷冻在食品保鲜和冻干应用中具有广阔的应用前景。

2.5.2　高压静电场在豆芽鲜切过程中的保鲜应用

在豆芽的鲜切加工过程中,引入电场处理对鲜切豆芽的质量产生了积极的影响。电场强度为 150 kV/m 的处理方式能较好地抑制鲜切豆芽褐变,同时抑制微生物的生长,较好地保持了豆芽的品质;酸处理对鲜切豆芽的质量也产生了积极的影响。相对于酸处理,高压静电场处理是一种物理过程,不残留余霉,不会造成二次环境污染,具有很大的优势和研究潜力。

2.5.3　高压静电场在草莓冷冻冷藏技术中的应用

高压静电场处理有效地降低了草莓的呼吸强度、质量损失率、腐烂率、硬度,有效减缓了维生素 C、可溶性固形物等物质的降解速度。150 kV/m 处理组相对于对照组和其他处理组,其保鲜效果最好。在冰温下贮藏,草莓的呼吸强度能大大降低,在 -0.8 ℃ 的冰温下,草莓的呼吸强度比 0 ℃ 时降低 1/3。所以冰温能有效延长草莓的贮藏期。高压静电场处理延长了草莓的保鲜期,有效地抑制了霉菌生长,减少了草莓的腐烂,提高了贮藏的商品率。

试验装置如图 2-14 所示。采用两个保鲜箱,一个装有臭氧发生器,用以测定臭氧对草莓保鲜的影响。将其中一个保鲜箱用塑料膜密闭,上下两端各接有通风管,管路中端装有风扇、臭氧发生器和流量调节阀。这样,当风扇和臭氧发生器均开启时,含有臭氧的空气可在由保鲜箱、臭氧发生器及风扇的密闭系统中循环流动,并可调节其流量。另外一个保鲜箱只在箱外用塑料膜密封,没有管路、风扇和臭氧发生器。两保鲜箱内极板的设置、草莓的分组及放置均完全相同。草莓均匀放置于有一定支撑力的塑料网上,个体相互之间至少保持 2 mm 的间隙。

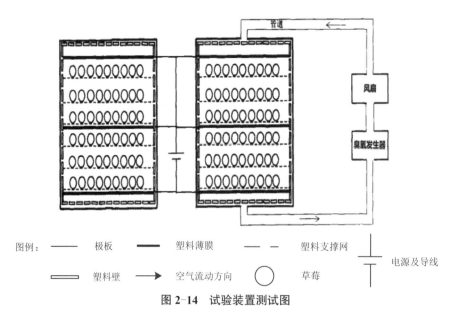

图例：　——— 极板　　　——— 塑料薄膜　　　- - - 塑料支撑网

　　　 ═══ 塑料壁　　　━▶ 空气流动方向　　　○ 草莓

图 2-14　试验装置测试图

草莓贮藏期间质量的变化如图 2-15 所示,贮藏期间各试验组草莓的质量均随时间的延长而降低,静电臭氧组、静电组臭氧组和对照组草莓的质量损失率依次减少。在冰温下对照组的失水率在第 35 d 时才达到约 5%，说明冰温贮藏对于草莓来说是一种很有效的保鲜方法；经臭氧处理后的草莓的质量损失低于对照组，在第 35 d 时，质量损失率只有 2.5%；经电场处理的草莓的质量损失低于臭氧组，在第 35 d 时该组的质量只减少约 1.8%；而臭氧加静电场处理的草莓的质量损失则更少，在第 35 d 时质量损失约为原始质量的 1.4%。一般认为，当草莓失水达 5% 以上时，即失去商品价值。草莓含水量达 900 kg 左右，且果皮很薄，相对于其他果品来讲，表面积较大，表面没有防止水分散发的蜡质和角质结构，因此草莓的蒸腾失水速度较快；另外，草莓属于最不耐贮存的浆果类，呼吸强度相对来说较大，消耗较多的体内有机物质，如图 2-15 所测结果所示，在 10 ℃下草莓的呼吸强度达 34.5 CO_2 mg/(kg·h)，即使在 0 ℃下，其呼吸强度也还保持 9.2 CO_2 mg/(kg·h)的水平。以上两点是造成草莓质量损失的主要原因。从以上分析可以看出，冰温、臭氧和静电场都有效地减少了草莓的质量损失，臭氧和静电场二者的复合作用对草莓的保鲜效果好于单个因素的效果。

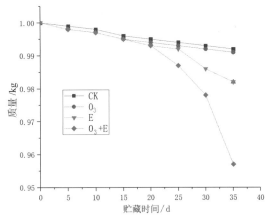

图 2-15　草莓贮藏期间质量变化曲线

2.5.4　高压静电场在枣的冰温贮藏应用

高压静电场可有效降低枣的呼吸强度，减少维生素 C 的损失和降低酒化程度，从而延长枣的保鲜期。采用冰温、打孔袋包装和高压静电场处理相结合，可使枣达到最好的保鲜效果。

2.5.4.1　试验方法与方案

试验分组情况如表 2-4 所示。当枣预冷至约 5 ℃时，在冷库内将枣分成 4 个试验组。每个试验组均用 0.06 mm 的聚乙烯袋包装，每袋重 1 kg，其中打孔袋两侧各有 6 个均匀分布的直径为 5 mm 的小孔。每个试验组设三个重复。

表 2-4　试验分组及贮藏条件

组别	A	B	C	D
电场条件	电场组:150 kV/m 每天处理 2 h		无	
包装袋条件	打孔	无	打孔	无
温度	温度:-4.5±0.2 ℃			
湿度	湿度:85%~90%			

2.5.4.2　指标测试方法

冻结点测试:在将枣进行预冷的同时,随机取 5 个枣放入低温试验箱中测试冻结点。枣冻结点的测试位置如图 2-16(a)所示。热电偶(无封装)的测试点位于枣的侧面果肉的中间部位。

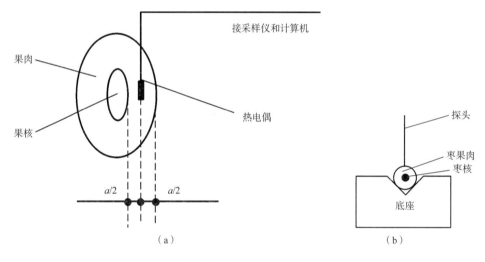

图 2-16　枣冻结点测试

(a)位置　(b)枣压缩载荷‑变形量曲线测试示意图

枣质地测试:分别在第 2 d、第 20 d 和第 40 d 测枣的压缩载荷‑变形量曲线。用游标卡尺测量枣的直径和长度,选出 20 个直径和长度近似的枣,从中随机取出 3 个测枣的载荷‑变形量曲线,然后取此三条曲线上相对应变形点的压缩载荷的平均值,做新的压缩载荷‑变形曲线,将此曲线作为所测试验组枣的压缩载荷‑变形曲线。本次测试使用直径为 1 mm的圆柱形探头。设定流变仪载物台最大上升距离为 4 mm(枣的果肉厚度为 7~8 mm),使用 V 形底座。

2.5.5　高压静电场对番茄贮藏的保鲜影响

有学者研究了高压静电预处理对番茄的保鲜影响,揭示了经高压静电预处理的番茄不仅可以有效保持其较低的质量损失率,维持较高的表面抗压强度,还可以延长番茄的保鲜藏时间。

2.5.5.1 试验条件

试验条件对照如表 2-5 所示。

表 2-5 试验条件对照表

组别		电场组	对照组
温度(℃)		2 ± 0.5	
湿度(%)		85%~90%	
电场条件	场强	150 kV/m	无
	频度	每天 2 h	

1)温度

绿熟的番茄在 4 ℃以下的低温贮藏虽然抑制了呼吸作用,但是果实易受冷害,10 ℃以上的高温对果实的后熟有促进作用。本试验处理温度采用 2 ± 0.5 ℃,后熟温度室温 25 ℃。

2)湿度

在高相对湿度下贮藏的番茄冷害出现的时间均退后于在低相对湿度环境中贮藏的果实,症状扩展的速率也比较缓慢。对番茄果实而言,高相对湿度有抑制冷害产生的作用。本试验采用 85%~90%。

3)电场条件

电场强度和处理时间具有同等的重要性。本试验采用场强 150 kV/m，2 ℃条件下每天定时处理 2 h。当番茄转移至 25 ℃环境后熟以后,不再进行电场处理。

2.5.5.2 试验装置

保鲜箱内极板及番茄的放置如图 2-17 所示,番茄顶部向上分别均匀放在对照和试验区内。番茄放置在塑料网上不直接和极板接触。网和极板之间有约 0.5 cm 的间隙。极板间距离 h=10 cm。

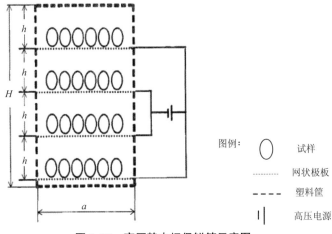

图例:

○ 试样

...... 网状极板

- - - 塑料筐

|| 高压电源

图 2-17 高压静电场保鲜箱示意图

H—高度;*h*—极板间距离;*a*—底板长度;*b*—底边宽度(图中未标出)

注:此图中极板的类型、数目、布置以及极板和电源的连接方式为示意,针对不同的实验可能有不同的变化

高压静电保鲜试验装置示意如图 2-18 所示。

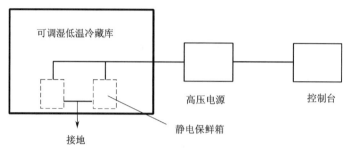

图 2-18　高压静电保鲜实验装置示意图

2.5.5.3　试验方案

将预冷后的番茄分成 A、B、C、D 共 5 组，每组又分为对照和电场两个小组，如表 2-6 所示，分别在 2 ℃低温下放置 2 d、4 d、6 d、8 d、10 d 后，转移至 25 ℃室温，每隔 2 d 观察记录番茄的颜色及冷害症状。

表 2-6　试验设计简表

组别	A组		B组		C组		D组		E组	
	对照	电场	对照	电场	对照	电场	对照	电场	对照	电场
数目(个)	5	5	5	5	5	5	5	5	5	5
2 ℃保持时间(d)	2		4		6		8		10	

2.5.6　高压静电在苹果保鲜贮藏的应用

运用圆形平板电极、电桥测量仪构成的试验装置对番茄、红星苹果和红富士的介电特性进行试验研究，发现番茄在不同电场频率的条件下，其相对介电常数的比值可作为番茄品种的识别依据。红星和红富士苹果电阻率与相对介电常数存在差异，可将二者作为识别苹果品种的鉴定指标。苹果的新鲜度越高，其等效阻抗越大。随着电场频率的增大，苹果的等效阻抗随之减小，表面有损伤的苹果的相对介电常数高于表面健康的苹果，而损耗因数随电场频率的变化呈现较复杂的变化趋势。

同高压静电场处理对冬枣、鸭梨、草莓和番茄可溶性固形物含量的影响一样，高压静电场处理可以保持苹果果实较高的可溶性固形物含量，这是因为高压静电场处理抑制果实的呼吸作用，减少了呼吸消耗的缘故。高压静电场处理对苹果的呼吸具有显著抑制作用。在试验条件下，高压静电场处理使红元帅苹果的呼吸跃变推迟 8 d，金冠苹果的呼吸跃变推迟 4~8 d。

2.5.7　电磁环境对采后杧果的影响

2.5.7.1　电磁环境对呼吸速率的影响

杧果具有呼吸跃变期,呼吸高峰表示自动催化阶段。呼吸跃变期标志果实从成长到衰老的转折。测定呼吸速率可衡量呼吸作用的强弱。测定采用定量碱液 KOH(约 0.5 mol·L⁻¹)吸收杧果(每次约 1.5 kg 杧果)在一定时间内呼吸所释放出的 CO_2,再用草酸(0.1 mol·L⁻¹)滴定剩余的碱,即可算出呼吸所释放出的 CO_2 量,求出呼吸速率($R(CO_2)$/kg·h⁻¹)。结果表明,呼吸高峰依然存在,只是有的有所推迟或降低。对照组的高峰期在 10 d 左右,除电场类外,其他都推迟到 15 d 左右;所有电磁环境都降低了呼吸高峰的速率。这表明电磁环境能够抑制杧果的新陈代谢作用,而且效果显著,其中负离子、臭氧负离子、脉冲磁场 A 有较突出的作用(见表 2-7)。

表 2-7　电磁环境对杧果呼吸速率 $R(CO_2)$、膜透性(P)、商品果率($YCOM$)以及病指(I_d)的影响

电磁环境 Electriomagnetism environment		$R(CO_2)$(kg·h⁻¹)					$P(\Omega \cdot L^{-1})$				Y_{com}(%)		I_d(%)	
		3 d	7 d	11 d	15 d	22 d	4 d	8 d	15 d	18 d	14 d	20 d	14 d	20 d
电场 Electrie field	+	29.6	138.3	202.0	181.2	106.3	19.65	14.24	-35.04	-8.43	54	14	42.8	80.6
		±5.5	±13.5	±15.5	±9.9	±9.9	±1.5	±1.9	±2.5	±0.8				
	−	29.6	110.7	192.4	158.2	99.2	19.65		-23.2	-60.9	46	12	56.8	76.9
		±5.5	±10.8	±12.4	±15.5	±14.5	±1.5		±3.1	±1.5				
离子 Air ion	+	29.6	102.0	155.7	203.5	135.8	19.65	34.3	-23.6	-45.2	57	10	42.8	74.5
		±5.5	±10.5	±8.5	±21.5	±15.5	±1.5	±4.5	±1.5	±3.3				
	−	29.6	58.0	153.6	147.0	147.0	19.65	12.4	-33.4	-52.8	27	0	56.2	95
		±5.5		±9.4	±16.5	±12.1	±1.5	±0.9	±3.1	±1.4				
臭氧离子 Ozone ion	O_3^+	29.6	96.8	175.0	188.8	144.0	19.65	32.75	-32.6	-23.8	39	1.3	53.8	83.5
		±5.5	±10.5	±9.8	±11.5	±16.8	±1.5	±1.4	±1.4	±1.1				
	O_3^-	29.6	109.4	169.2	173.6	141.2	19.65	24.3	-49.4	-29.6	31.3	4.7	56.5	88
		±5.5	±12.1	±18.9	±14.5	±12.4	±1.5	±2.2	±2.5	±1.8				
脉冲磁场 Puise magnetic field	A	29.6	115.6	135.0	168.9	105.4	19.65		-18.05	-29.2	40	16	42.8	71
		±5.5	±9.8	±11.2	±10.8	±9.6	±1.5		±4.5	±3.2				
	B	29.6	80.7	127.2	195.5	142.1	19.65	-11.5	-49.3		60	7	41.2	77
		±5.5	±7.6	±9.5	±14.9	±12.1	±1.5	±0.5	±1.5					
CK		29.6	175.3	281.8	185.5	177.5	19.65	-7.3	-10.3	-39	39	3	48.4	86.3
		±5.5	±12.5	±28.6	±15.5	±14.5	±1.5	±0.3	±2.1	±1.1				

2.5.7.2　电磁环境对果皮和整个果体膜透性的影响

细胞膜控制着外界和细胞质之间的渗透和离子平衡,我们通过测定电解质渗出率的变化来观察不同电磁环境下杧果细胞膜透性的变化。分别测试了果皮和整个果体的膜透性。统一配制质量浓度为 $40 \text{ g} \cdot \text{L}^{-1}$ 的 NaCl 溶液,将测试杧果(一个)整体泡在 800 mL 该种溶液中,时间为 30 min。取 150 mL 浸泡后的该溶液测试其交流阻抗 R_m;另测试该杧果的体积 V 和浸泡前 150 mL 该溶液的交流阻抗 R。渗透率表示为: $P =(R_m-R)/V$。显然 P 大于 0 表示浸泡后的溶液电阻变大,导电离子减少,浓度降低,即杧果吸收了部分离子;而 P 小于 0 则表示杧果渗透出部分离子。结果(见表 2-7,三个杧果的平均值)表明在 8 d 以前,大部分电磁环境抑制了离子的渗透,即降低了膜透性,也可认为电磁环境维持了正常的膜透性功能(还能吸收部分离子),而 CK 膜透性功能已经开始衰退;而在 15 d 左右,膜透性的变化呈相反的趋势。结合上面呼吸速率的测试结果分析,显然在呼吸高峰前(15 d 前)电磁环境的抑制作用较为明显,以正离子、臭氧正离子组较为突出。

2.5.7.3　电磁环境对商品果率与病情指数的影响

杧果是易腐热带水果。引起杧果采后腐烂主要病害包括炭疽病(Colletotrichum gloeosporiodes)和蒂腐病(Diplodianatalensis Pole-Evens)。我们这里作如下规定,发病程度共分 5 级:0 级为无病斑;1 级为病斑 5 个以下,最大病斑直径小于 5 mm;2 级为病斑 10 个左右,最大病斑直径小于 10 mm;3 级为病斑 10 个以上,最大病斑直径 10~20 mm,病斑组织深达果肉;4 级为最大病斑直径 20~30 mm;5 级为最大病斑直径在 40 mm 以上,或有 20 个以上的 1~5 mm 直径的病斑。病情指数(Id/%)=∑(病果级别 × 该级别果重)/(最高病果级别 × 检查总果重)商品果率(Ycom/%)=(0 级果重 +1 级果重)/ 检查总果重。测试结果表明;大部分电磁环境的商品果率在 14 d 左右(也是呼吸高峰期前)均明显好于 CK,在 20 d 左右有所下降,这说明在发病初期电磁环境对病情的抑制是有效果的,但随着病情的发展,无明显的抑制作用。从病情指数看,无明显作用。关于电磁环境对病情的抑制看来需要结合病情的病理原因作出更详细的研究(各种电磁参数的设置),并重新设置合理的病情指数。目前较为有效的是正电场、正离子、臭氧正离子、过零磁场组。

2.6　结论

2.6.1　高压静电场应用于果蔬冷冻冷藏贮藏技术中的优点

(1)高压静电场能促进水的蒸发率、结冰速度和电导率。

(2)抑制青霉和灰霉的生长,500 kV/m 的电场强度对抑制灰霉和青霉有较好的作用。

(3)延缓草莓的成熟,在 150 kV/m 强度下能有效延长草莓的贮藏期。

(4)电场强度越大,多酚氧化酶的活性越低。

(5)高压静电场能抑制豆芽和马铃薯的褐变。

（6）温度、高压静电场等对果蔬保鲜具有叠加性。由所得的试验数据最终可以看出，高压静电场在果蔬保鲜上具有极高的应用价值。

（7）高压静电场产生的臭氧具有杀菌和氧化乙烯作用，果蔬保存时间延长。

（8）高压静电场能改变酶的活性，从而抑制果蔬细胞的呼吸作用。

（9）经过静电处理的农产品，在解除高压静电后的一段时间内继续维持保鲜效果，其后熟和衰老过程仍然缓慢，能够保证农产品的运输时间和货架期。

（10）低强度脉冲电场技术可以提高维生素、色素和营养物质的保存率，因为优化的加热剖面可以减少热敏物质的热损伤。

（11）经济、节能。由于电场中电流十分微小，只有 0~10 μA，而且高电压在无电流时，能保持很长时间。所以耗能很少，可节省资源。

（12）静电保鲜是简单的物理过程，无药物残留，不会造成二次环境污染。

2.6.2　高压静电场应用于果蔬冷冻冷藏贮藏技术中的缺点

（1）电压较高，具有一定的危险性，操作人员需要一定的物理电学知识，懂得自我防护。此外，配备一定的措施，如绝缘手套、绝缘鞋等。

（2）对环境湿度要求较高，湿度太大容易使电场击穿空气，造成电场短路和操作的停顿，同时对仪器有一定的损害。

（3）目前高压静电场对果蔬细胞生理指标的影响机理还尚未成熟，针对不同种类的果蔬具体应用还需要深入的研究。

参考文献

[1]　林晖.我国果品产量占世界总产量近 1/4[J].农业工程,2015(2):84-84.

[2]　OTERO L，SANZ P D.High-pressure shift freezing[M]//SUN D W.Handbook of frozen food processing and packaging.2nd ed.Boca Raton:CRC Press,2011:667-84.

[3]　KIANI H，ZHENG L，SUN D W.Ultrasonic assistance for food freezing[M]//Sun D W. Emerging technologies for food processing.2nd ed.San Diego，Calif:Elservier Academic Press,2014:495-513.

[4]　JAMES C，PURNELL G，JAMES S J.Areview of novel and innovative food freezing technologies[J].Food Bioprocess Technol,2015b,8:1616-1634.

[5]　ANESE M，MANZOCCO L，PANOZZO A，et al.Effect of radiofrequency assisted freezing on meat microstructure and quality[J].Food Research International,2012,46:50-54.

[6]　XANTHAKIS E，LE-BAIL A，RAMASWAMY H.Development of aninnovative microwave assistedfood freezing process[J].Innovative Food Science and Emerging Technologies,2014(26):176-181.

[7]　XANTHAKIS E,HAVET M,CHEVALLIER S, et al.Effect of staticele c-tricfield on ice crys-

tal sizereduction during freezing of porkmeat[J].Innovative Food Science&Emerging Technologies,2013,20:115-120.

[8]　MOK J H, CHOI W, PARK S H, et al.Emerging pulsed electric field(PEF)and static magnetic field(SMF)combination technology for food freezing[J].International Journal of Refrigeration,2014,doi:10.1016/j.ijrefrig.2014.10.025.

[9]　谢长宜,王易.微波非热效应对杂交瘤细胞的影响研究 [J]. 自然杂志,2002,22(5):305-306.

[10]　MURR L E.Physiological stimulation of plantsusing delayed and regulated electric field environments[J].International Journal of Biometeorology,1966,10(2):147-153.

[11]　王颉,李里特,丹阳,等. 高压静电场处理对鸭梨采后生理的影响 [J]. 园艺学报， 2003，30(6):722-724.

[12]　丹阳,李里特,张刚. 短时高压静电场处理对黄瓜采后生理的影响 [J]. 食品科学,2005,26(10):240-242.

[13]　张刚,李里特,丹阳,等. 高压静电场对菜豆角冷害的影响 [J]. 食品科技，2005(11)：73-75.

[14]　岑剑伟,蒋爱民,李来好,等. 高压静电场结合冰温技术对罗非鱼片贮藏期品质的影响 [J]. 食品科学,2016,37(22):282-288.

[15]　孙贵宝,李鋆. 高压静电场处理黄冠梨的贮藏保鲜试验 [J]. 农机化研究，2009, 31(8)：166-167.

[16]　李里特,赵朝辉,方胜. 高压静电场下黄瓜和豇豆的保鲜试验研究 [J]. 中国农业大学学报,1999(2):107-110.

[17]　王愈,狄建兵,王宝刚. 浸钙结合电场处理对草莓采后生理的影响研究 [J]. 中国食品学报,2011,11(5):145-150.

[18]　叶青,李里特,丹阳,等. 高压静电场处理对几种呼吸跃变型果实呼吸强度的影响 [J]. 食品科技,2004(9):78-80.

[19]　BENKEBLIA N, VAROQUAUX P, SHIOMI N, et al.Storage technology of onionbulbsc. v. Rouge Amposta: effects of irradiation,maleichy drazideand carbamate isopropyl,N-phenyl(CIP)onrespirationrate and carbohydrates[J].International Journal of FoodScience&Technology,2010,37(2):169-175.

[20]　LEONG S Y, RICHTER L K, KNORR D, et al.Feasibility of using pulsed electric field processing to inactivateenzymes and reduce the cutting force of carrot(Daucuscarota,var.Nantes)[J].Innovative Food Science&Emerging Technologies,2014,26:159-167.

[21]　刘振宇,郭玉明. 应用 BP 神经网络预测高压脉冲电场对果蔬干燥速率的影响 [J]. 农业工程学报,2009,25(2):235-239.

[22]　丹阳,李里特. 高压静电场(HVEF)臭氧产生能力以及所产生臭氧对毛霉菌的抑制作用 [J]. 食品工业科技,2004(1):49-51.

[23]　蒋耀庭,常秀莲,李磊. 高压静电场处理对鲜切青花菜保鲜的影响 [J]. 食品科学, 2012,

33（ 12 ）:299-302.

[24] 张佰清,罗莹,魏宝东. 高压静电场杀菌效果研究 [J]. 保鲜与加工,2005,5（ 6 ）:39-41.

[25] 邓一兵,杨体强. 电场处理苜蓿种子幼苗期的生物效应与处理时间的关系 [J]. 浙江海洋学院学报（ 自然科学版 ）,2003,22（ 3 ）:244-246.

[26] 黄洪云,杜宁,张璇. 高压静电处理对大豆种子的影响及机理研究 [J]. 种子,2017,36（ 2 ）:9-11.

[27] 尚竺莹. 利用高压静电场保鲜鸡蛋实验的研究 [J]. 食品安全导刊,2017（ 18 ）:148-150.

[28] 叶春苗. 高压静电场保鲜技术原理及应用现状研究 [J]. 农业科技与装备,2016（ 8 ）:58-59.

[29] 岑剑伟. 冰温气调结合高压静电场对罗非鱼片保鲜及其机理研究 [D]. 广州:华南农业大学,2016.

[30] TIMMERMANS R A, MASTWIJK H C, KNOL J J, et al. Comparing equivalent thermal, high pressure and pulsed electric field processes for mild pasteurization of orange juice. Part I: Impact on overall quality attributes[J]. Innovative Food Science & Emerging Technologies, 2011, 12（ 3 ）: 235-243.

[31] AMMAR J B, LANOISELLÉ J L, LEBOVKA N I, et al. Effect of a pulsed electric field and osmotic treatment on freezing of potato tissue[J]. Food Biophysics, 2010, 5（ 3 ）: 247-254.

[32] 李新建. 高压静电场生物效应在果蔬保鲜技术中的研究和应用 [D]. 烟台:青岛农业大学,2006.

[33] 叶青. 高压静电场保鲜装置改进及对几种呼吸跃变型果实的影响 [D]. 北京:中国农业大学,2004.

[34] KUMAR Y, PATEL K K, KUMAR V. Pulsed electric field processing in foodtechnology[J]. Int. J. Eng. Stud. Tech. Approach, 2015, 1（ 1 ）: 6-17.

[35] 丹阳. 高压静电场对番茄采后成熟、衰老过程的调控及其机理研究 [D]. 北京:中国农业大学,2005.

[36] VALLVERDÚ-QUERALT A, ODRIOZOLA-SERRANO I, OMS-OLIU G, et al. Impact of high-intensity pulsed electric fields on carotenoids profile of tomato juice made of moderate-intensity pulsed electric field-treated tomatoes[J]. Food Chemistry, 2013, 141（ 3 ）: 3131-3138.

[37] 张刚. 静电场对菜豆、青椒和茄子冷害的作用及生理生化影响 [D]. 北京:中国农业大学,2005.

[38] 田红云. 高压脉冲电场杀菌和钝化酶效果研究 [D]. 大连:大连工业大学,2005.

[39] 王冉. 高压脉冲电场预处理对果蔬品质的影响 [D]. 晋中:山西农业大学,2013.

[40] 王颉. 高压静电场处理对几种果品蔬菜采后品质的影响及机理探讨 [D]. 北京:中国农业大学,2003.

[41] SHAYANFAR S, CHAUHAN O P, Toepfl S, et al. Pulsed electric field treatment prior to

freezing carrot discs significantly maintains their initial quality parameters after thawing[J]. International Journal of Food Science & Technology, 2014, 49(4): 1224-1230.

[42] 刘志会. 冰温或适温条件下果蔬的高压静电保鲜研究 [D]. 北京:中国农业大学,2000.

[43] 邓泽官. 电磁环境对杧果采后生理影响的研究 [D]. 武汉:华中科技大学,1997.

[44] BARBA F J, JÄGER H, MENESES N, et al. Evaluation of quality changes of blueberry juice during refrigerated storage after high-pressure and pulsed electric fields processing[J]. Innovative Food Science & Emerging Technologies, 2012, 14: 18-24.

[45] 刘振宇,郭玉明,崔清亮. 高压矩形脉冲电场对果蔬干燥速率的影响 [J]. 农机化研究, 2010,32(5):146-151.

[46] 武新慧. 高压脉冲电场预处理对果蔬动态粘弹性性质的影响 [A]// 中国机械工程学会包装与食品工程分会、中国农业机械学会农副产品加工机械分会、食品装备产业技术创新战略联盟.2015 年国际包装与食品工程、农产品加工学术年会论文集 [C].2015:8.

[47] MORONO Y, TERADA T, YAMAMOTO Y, et al. Intact preservation of environmental samples by freezing under an alternating magnetic field[J]. Environmental microbiology reports, 2015, 7(2): 243-251.

[48] 刘振宇,郭玉明. 应用 BP 神经网络预测高压脉冲电场对果蔬干燥速率的影响 [J]. 农业工程学报,2009,25(02):235-239.

[49] 马飞宇. 高压脉冲电场预处理果蔬对其介电特性的影响及机理分析 [D]. 晋中:山西农业大学,2014.

[50] NAFCHI A M, BHAT R, ALIAS A K. 13 pulsed electric fields for food preservation: An update on technological progress[J]. Progress in Food Preservation, 2012: 277.

[51] MANNOZZI C, FAUSTER T, HAAS K, et al. Role of thermal and electric field effects during the pre-treatment of fruit and vegetable mash by pulsed electric fields (PEF) and ohmic heating (OH)[J]. Innovative Food Science and Emerging Technologies, 2018, 48: 131-137.

第 3 章　光照辅助技术

3.1　技术意义

新鲜果蔬富含维生素、无机盐、碳水化合物、植物纤维等人体所必需的营养物质,摄食足量果蔬对于保持人体健康具有重要意义。我国是一个传统农业大国,2014 年水果和蔬菜产量分别为 26 142 万 t 和 76 005 万 t[1],两者均居世界首位。我国果蔬生产呈现明显地域性和季节特点,外加相关冷链物流基础设施建设尚未完善,果蔬保鲜技术相对落后,致使长期以来我国果蔬采后损失巨大,水果和蔬菜从采摘后到消费末端损耗率分别可达到 20% 和 30%,总损失量达到 2 亿 t,造成经济损失约 6 000 亿元[2]。相对落后的果蔬保鲜技术严重制约了我国果蔬产业的发展,影响人民的生活品质,加强果蔬保鲜技术研究、减少果蔬采后损失率对于促进我国果蔬产业发展,提高农民经济收入具有重要的理论与社会意义。

不同于常规物质,果蔬是呈鲜活状态的有机体,采后依旧会进行蒸腾作用、呼吸作用等各项复杂的新陈代谢运动,消耗氧气,排除二氧化碳和乙烯等气体[3],从而造成果蔬逐步衰老而失去商品价值。采用有效的保鲜方法是延缓果蔬衰老的主要途径,目前果蔬保鲜方法可分为物理保鲜技术、化学保鲜技术和生物保鲜技术三大类。物理保鲜技术主要是通过改变果蔬的贮藏环境来实现,包括低温高湿保鲜[4]、气调保鲜[5]、辐射预处理保鲜[6]、高静压技术保鲜[7]、预冷保鲜[8]、超声波处理技术保鲜[9]、冷热激处理保鲜[10] 等;化学保鲜技术包括可食用膜保鲜、纳米保鲜技术[11]、细胞间水结构化气调保鲜[12] 等;生物保鲜技术包括生物拮抗菌[13]、植物源防腐剂[14] 和基因工程技术保鲜等。

物理保鲜具有无毒无残留、操作方便等诸多优点,因此应用较为广泛。其中,冷藏、气调冷藏和冰温冷藏是最常用的三种果蔬贮藏方法。冷藏是将果蔬贮藏在 0~5 ℃的冷库中,通过低温环境抑制果蔬酶的活性和微生物的繁殖以延长果蔬的保鲜期,是果蔬保鲜中较早一代的保鲜方法。气调冷藏是在冷藏的基础上设置气调设备,通过调节库内氧气、二氧化碳、氮气等气体的组分而抑制果蔬的新陈代谢,延缓果蔬品质的下降。气调冷藏具有良好的果蔬贮藏效果,但初期设备投资较大且贮藏品种单一。冰温冷藏是继冷藏和气调冷藏之后的第三代冷藏保鲜技术[15],该技术将果蔬贮藏在其冰温带内,既不破坏果蔬细胞的组织结构,又可最大限度地抑制果蔬的呼吸作用和有害微生物的繁殖。

果蔬贮藏技术的核心是保持缓慢且能维持正常生理活动的新陈代谢,减少有机物质的消耗并使果蔬在贮藏后仍有较好的品质和商品性。以上物理贮藏方法主要从温湿度、气体成分着手调控果蔬新陈代谢、提高果蔬保鲜品质,然而,贮藏过程中果蔬所受光照情况也是影响其生理活动的重要因素之一。光质对植物的形态建成、生理代谢、光合特性、品质及衰老均有广泛的调节作用[16]。在植物生长和离体贮运中,选择不同的光质和光强,植物的生长发育和品质也会不同。因此,研究不同光照对果蔬生理活动的影响机理,为果蔬提供适当的贮藏光照条件对于提高果蔬保鲜品质具有重要的意义。

3.2 技术原理

3.2.1 自然光的光谱组成

光质又称光的组成,是指具有不同波长的太阳光谱成分,作为一种辐射,太阳光光谱组成绝大部分在 300~2 600 nm,其中波长为 380~760 nm 之间的光(即红、橙、黄、绿、蓝、紫)是太阳辐射光谱中具有生理活性的波段,能够刺激人的视觉感知,称之可见光区。而对植物而言,只有波长在 400~700 nm 的光可用于光合作用,称为光合有效辐射(PAR),如图 3-1 所示。

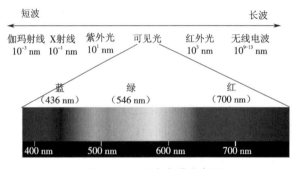

图 3-1 可见光光谱分布图

3.2.2 植物的光受体及光信号传导

光是植物光合作用能量的重要来源,它以环境信号的形式作用于植物,来调节植物的生长发育进程。植物体在两个不同的作用光谱区域内,通过不同的光受体调控种子萌发、幼苗光形态建成、向光性、叶绿体的移动、避荫反应、内源节律及开花的诱导。目前所知的光受体包括三类:调控光形态建成的光敏色素(phytoch Lromes),吸收红光和远红光(600~800 nm);两种 UV-A 和蓝光的光受体(320~500 nm)- 隐花色素(cryptochromes)和向光素(phototropins)[17],隐花色素在光形态建成中起着重要的作用。向光素的主要作用则在优化植株光合效率和促进植株生长上,第三种蓝紫光受体已被鉴定,它主要参与调节植物体的生物钟和开花。此外,植物体内还有一种未鉴定的 UV-B 光受体。

3.2.2.1 光敏色素

植物光受体中的光敏色素(PHY)系列控制着植物光形态建成的各个方面。如水稻 phy A 的绿色荧光蛋白(GFP)和烟草中的 phy B-GFP 烟草融合蛋白在功能光受体中过量表达。植物 phy A-GFP 和 phy B-GFP 在暗适应植物的细胞质中的表达受局限。在以往的试验中,红光处理导致植物 phy A-GFP 和 phy B-GFP 的核运转,尽管动力学机理不同。红色光在诱导 phy B -GFP 的入核转运过程中也发挥了重要作用,但对 phy A-GFP 不起作用,且这种诱导作用会被远红光所抑制。而远红光则只能诱导 phy A-GFP 的核运转。这些研究结果表明,phy A-GFP 的入核转运是一个响应非常低的能量密度控制过程,而 phy B-GFP 的迁移是低能量密度响应的光敏色素的调节。因此,光调节 phy A 和 phy B 的核质分区是光敏色素信号传递的重要一步。

3.2.2.2 隐花色素

1993 年,Ahmad 等首次报道了在拟南芥中发现了隐花色素 CRY1[18]。它是与原核 DNA 光解酶相似的由相当的氨基酸序列组成的蛋白质。然而,随后的研究表明,该蛋白不具有光解酶的活性,并含有一个延伸的 C- 末端,是在光解酶中未发现过的。突变体的下胚轴在 CRY1 位点显示蓝色光诱导的生长抑制的敏感性大大降低,突变体也表现出蓝光下减少了几个诱导基因的表达。后来发现,大肠杆菌引起的蛋白重组,都伴随黄素腺碱二核苷酸和蝶呤,次甲基四氢叶酸酯的表达,这表明如同光解酶一样,CRY1 也包含两个生色团。似乎这两个发色团,在植物的底端受到约束,但这一假设需要以后在试验中证明。在隐花色素 CRY2 被确定之后,人们发现 CRY2 同 CRY1 相似,并含有的 C- 末端延伸类似与光解酶。CRY2 参与抑制下胚轴伸长,开花等过程。目前,关于隐花色素对光激发产生的直接影响了解还很少,尽管光敏性黄素和光解酶的作用机制已较为了解,它很可能是通过某种形式的氧化还原反应进行驱动。有证据表明,隐花色素集中于细胞核内,但到目前为止,能与其相互作用的合作物质还未确定。作为植物的光受体隐花色素和光敏色素共同作用,调控着植物对光的响应,其中包括:光形态建成,诱导成花和昼夜节律钟的传送等。

3.2.2.3 向光素

1988 年,Gallagher 等人首次报道了在黄化苗的种植地区,蓝光可以激活质膜蛋白的磷酸化 [19]。经过生物化学,遗传学和生理特征学等学科广泛的研究,强有力的证据表明,这种蛋白质不只是自身磷酸化的光受体激酶,而且是一种具有向光性的光受体。这种蛋白最初是在拟南芥突变体 NPH1 中(非向光性下胚轴 1)被确定的,随后人们将其命名为向光素。向光素受体蛋白(PHOT1、PHOT2)有两个重要的多肽区域,一是 N- 末端有两个重复的 LOV 区(light, oxygen, or voltage)-LOV1 和 LOV2,该区域能够与 FMN 结合,对光照、氧气及电压差敏感;另一个是位于 C- 末端的 Ser/Thr 蛋白激酶区域,在 LOV2 区域与 Ser/Thr 蛋白激酶结构域之间有一个 α 螺旋结构相连接。

3.2.2.4 UV-B 受体

UV-B 是主要吸收 280~320 nm 波长的紫外光受体,是除光敏素、隐花色素和向光素外被研究较多的光受体。它对植物光形态建成亦起着非常重要的作用。研究认为紫外光对生长有抑制作用,在 UV-B 照射下,高等植物子叶展开受阻,茎节间伸长受到抑制,下胚轴缩短,而这个受体的本质尚了解得较少。 在玉米中发现光敏色素和 UV-B 都可参与诱导花青素合成的信号传导,在这个过程中,花青素合成的第一个关键酶苯丙氨酸解氨酶(phenyl-alanine ammonialyase, PAL)是受光敏色素和 UV-B 调控的,白化的玉米置于光下有两个 PAL 合成高峰出现,第一个峰出现是由光敏色素调控的,第二个则是由 UV-B 调控的 [20]。

3.3 影响因素分析

3.3.1 光质对植物光合作用的调控

光合作用是作物产量的决定因素,植物生命活动过程中所产生的全部有机物质的碳骨架都来自光合作用,而可见光是光合作用的能量来源,是叶绿体发育和叶绿素合成的必要条件。植物通过感受光质、光强、光照时间及光照方向来调节植物的生长。其中,光质是影响植物光合作用的重要因素。

3.3.1.1 光质对植物净光合速率的影响

在太阳辐射中,只有可见光对光合作用是有效的。在可见光区域,用不同波长的单色光照射植物叶片,测得的光合速率不同。普遍认为,在相同光强下,较长波长光更有利于光合作用即在 600~680 nm 红光区,光合速率有一个大的峰值,在 435 nm 左右的蓝光区有一个小的峰值,光合作用强度红橙光 > 蓝紫光。这一点在先前的许多报道中也得以证实,如单色蓝光下茄子叶片净光合速率显著低于白光对照和红光处理,LED 红光有利于提高青蒜苗的光合速率。但另有报道发现蓝紫色的短波辐射能够促进人参的光合作用,在采用滤膜得到红光和蓝光研究不同光质对菊花生长的影响结果显示蓝光处理能够提高叶绿素含量和净光合强度;近年来一些学者将研究方向面向于不同红蓝 LED 组合光对植物光合作用的影响,得出 $R/B = 8$ 时,叶用莴苣的光合速率最高,5%~20% 蓝光比例能提高其光合和蒸腾速率、光合色素含量等结论,可见光质对植物光合速率的影响并不是简单遵循较长波长光有利于光合作用的理论,而是一个复杂的调控过程。

3.3.1.2 光质对叶片气孔开闭的影响

作为植物光合作用的通道,气孔的开放保证了 H_2O、CO_2 和 O_2 在植物体内出入。气孔的开关与保卫细胞水势的升降有关,保卫细胞水势下降而吸水膨胀,气孔就张开,水势上升而失水缩小,使气孔关闭。气孔运动受许多外界环境因素和内在因素的调控,其中光是一个重要的调控因子。 已有研究表明不同光质对作物叶绿素形成、叶气交换等生理过程均具有调控作用,认为叶片中保卫细胞的叶绿体、隐花色素和光敏色素可感应不同光质成分以调节叶片气孔大小和数量。隐花色素和向光蛋白对蓝光极为敏感,而光敏色素则在红光下敏感程度高于蓝光,所以蓝光和红光都能够调节的气孔的开闭,蓝光下可以诱导的快速且敏感的诱导气孔开放,原因在于蓝光活化质膜 ATP 酶不断泵出质子,形成跨膜电化学梯度,即 K^+ 通过 K^+ 通道的动力,从而促进保卫细胞对 K^+ 的吸收,导致细胞内渗透势下降,保卫细胞吸水膨胀,气孔开启;蓝光下,还可使保卫细胞中的苹果酸、糖、淀粉水解产物麦芽糖和麦芽三糖等含量持续升高,通过此渗透系统实现对气孔开闭的调节;此外叶绿体中存在一种特殊的蓝光受体——玉米黄质(这种色素一般存在于叶绿体,并不限于保卫细胞),从而使蓝光在促进气孔开放方面具有更高的量子效率。而红光诱导的气孔开放可能是由于保卫细胞间二氧化碳浓度的下降和叶绿体共同作用的结果,并需要较大的光强。虽然调控机制截然不同,但我们从以往对黄瓜、莴苣、青蒜苗、番茄等大量光合特性的研究报道中可以发现有一点较为相同,就是蓝光比红光能更有效地促进气孔的开放,生长在蓝光下的植物叶片气孔导度大。

3.3.1.3　光质对光色素含量的差异

光合色素(photosynthetic pigment)是在光合作用中参与吸收、传递光能或引起原初光化学反应的色素。依功能不同,光合色素可分成天线色素和反应中心色素两类,高等植物和大部分藻类的光合色素是叶绿素 a、b 和类胡萝卜素。光合色素所以能表现其特殊功能,是由于它在光合器中以特定的形式和蛋白质、脂质等结合。结合态的光合色素的性质如吸收光谱、氧化还原电位等,和非结合态的有明显差别。例如叶绿体中的叶绿素 a 的红光波段吸收峰与在丙酮溶液中时相比,向长波方向偏数 10 nm。光系统 I (PSI)的叶绿素在照光时,在 700 nm 处有光吸收变化,光系统 II (PSII)的则在 680 nm 处有光吸收变化(因而把光系统 I , II 分别称为 P700 和 P680)。在 PS I 中的叶绿素 a 的氧化还原电位比离体时测得的数值低得多。 因此,不同波段的光谱下光合色素含量与组成会存在很大的差异。在红光下生长的草莓、一品红叶绿素 a、b 以及总叶绿素含量得以提高,最有利于 Chlb 的增加;蓝光处理下的白桦离体试管苗、菊花、番茄、烟草叶片中叶绿素含量增加,在波长 640~660 nm 的红光区部分,叶绿素 a(chlorophyll a)有一个较强的吸收峰,而叶绿素 b(chlorophyll b)在波长 530~550 nm 的蓝光区部分,有一个较强的吸收峰。尽管叶绿素含量可能因植物种类、组织器官不同而不同,但不同光质对叶绿素的组成方面也有调节作用,蓝光有利于叶绿素 a 的合成而红光有利于叶绿素 b 的合成。蓝光可降低叶绿素含量,最有利于 Chla 增加。说明蓝光培养的植株一般具有阳生植物的特性,而红光培养的植株与阴生植物相似。此外,光质还能影响植物叶片的类胡萝卜素含量。

3.3.1.4　光质对光系统活性的影响

光质对光系统有重要的影响,首先,光质能调控叶绿体类囊体膜的结构和功能。红光处理的黄瓜叶片 PS II 活性与 PS II 原初光能。转换效率比白光和蓝光处理高;蓝光处理的PS II 活性最低,但 PS I 活性最高。但也有不同的报道,Bondada 等研究发现,叶绿体的光化学效率在蓝光下升高,在红光下降低;同时光质也影响着光 PS II 对光能的分配,红蓝光下光化学猝灭系数 q_p 最少,而非光化学猝灭系数 q_n 则是在紫光和红蓝紫复和光下最小,但对于最大光化学效率没有明显的影响。此外,光质的改变还可以造成 PS I 和 PS II 之间光吸收和电子传递的长期不平衡,而植物可以通过自身对 PS I 和 PS II 各成分的比例调节来抵消这种不平衡,从而使激发能在两系统间合理分配。但单色光的波长范围太窄,有可能引起PS I 和 PS II 的光子不均衡而改变电子传递链,从而降低表观量子产量。D1 蛋白和 D2 蛋白组成了 PS II 反应中心的基本框架。D1 蛋白是由质体基因 psb A 编码的,它既能为各个辅助因子提供结合位点,也对原初电荷的分离和传递起着重要的作用。研究表明, psb A 基因的表达受光质的影响。此外,聚光色素复合体(LHC)和 Rubisco(核酮糖 -1, 5- 二磷酸羧化酶 / 加氧酶)相关基因的转录也受红光和远红光协同调节。另有研究证实在 8.0 μmol · m^{-2} · s^{-1}

的蓝光连续照射 14 d 下,玉米(Zea mays L. cv. OP Golden Bantum)的光系统 Ⅱ捕光复合物(LHCP2)的光合色素蛋白和 mRNA 的蛋白编码基因水平下降,而在同等强度的红光下则未明显降低。同时,生长在蓝光下的植株 D1 蛋白的稳态 mRNA 水平有一个小幅的增加。在蓝光照射 5 d 和 10 d 的叶片中同时观察到光系统 Ⅱ捕光复合物(LHCP2)mRNA 的衰减和光系统 Ⅱm RNA 的增加,衰减和增加的程度均是处理 10 d 的叶片较大。

3.3.1.5　光质对光合酶类的影响

光对酶的刺激作用,其中包括酶系中一些中间体对光子的直接吸收,以及光对酶蛋白合成的间接影响和对酶的激活作用。其中,光合碳代谢酶类如:丙酮酸磷酸二激酶和 NADP-MDH 的活性是绝对地依赖于光的。因此,酶法是鉴定植物光合碳代谢类型的标志性方法,磷酸烯醇式丙酮酸羧化酶(PEPcase)和苹果酸脱氢酶(MDH)是 C_4 和 CAM 型植物具有的, C_3 植物活性低或无;而此二酶在 C_4 和 CAM 植物表现的时间和部位又有差异。其他如1,5- 二磷酸核酮糖羧化酶(RUBPcase)及果糖 -1,6- 二磷酸酯酶(FDPase)在三类植物中也有不同表现。Ziegler 等比较不同光强和光质对 NADP-GAPDH 活性影响的试验表明,酶活性不仅受红光影响,还受蓝光和绿光(525 nm)的影响。Rubisco 作为光合作用碳同化的关键酶,光质不但影响其合成还可影响其活性,许莉等研究发现:叶用莴苣叶片 Rubisco 的活性(羧化效率)黄光 > 白光 > 红光 > 蓝光。在光敏感期的红光可使 Ru BPCase 和 FBPase合成,但对 SBPase 的合成没有影响。红光的这种作用可被远红光逆转,所以红光对这两种酶的合成的启动是通过光敏色素而实现的。在超过阈值的光下,酶合成的量与光量子数无关,光敏色素只影响酶合成的启动,但是酶的持续合成还要依赖其他因素。

此外,在多种植物中发现增加蓝光比例可以提高植物呼吸速率和硝酸还原酶活性,前者的产物为蛋白质类合成提供了充分的碳架,后者则提供了较多的可同化态的氨源。所以,相对而言,蓝光更加有利于蛋白质的合成,红光更有利于糖类物质的积累。

3.3.2　光质对植物生长发育的调控

3.3.2.1　红光效应

光质不同对植物形态建成、向光性及色素形成的影响也不同。光质是植物生长发育重要的环境因子,对植物的形态建成、生理代谢、光周期反应、生长发育及果实品质有广泛的调节作用,而且还与糖信号和激素信号共同调节植物某些生长发育过程。

3.3.2.2　蓝光效应

蓝光反应的有效波长是蓝光和近紫外光(320~400 nm),故蓝光受体也叫蓝光 / 近紫外光受体。植物蓝光受体研究近年来取得较大进展。以拟南芥为例,已得到确认的受体至少有隐花色素(CRY1,2)和向光蛋白(phototropin)两大类。近年来,对拟南芥及其他植物的分子遗传研究,在隐花色素和向光素的分子、基因和蓝光信号转导方面取得了显著进展。植物的蓝光效应包括很宽范围内的一系列植物进程如:植物的向光性,光形态建成,气孔的开张和叶片光合功能等。就叶绿体水平而言,蓝光总是决定着植物具有较强的光合能力,与

"阳生"植物特性相联系,有 4 个向光素(PHOTA1, PHOTA2, PHOTB1, PHOTB2)调节叶绿体的运动。

早期的研究认为,蓝光对植物根的形态发生最有效,无论是发根数量还是平均长度都高于其他处理,而且发根亦较早,蓝光有利于提高叶里还原糖的含量,还有利于蛋白质含量增加。与红光相比,蓝光处理下植物的叶片厚度明显增加,栅栏组织和海绵组织细胞明显增厚及叶绿素含量明显增加,茎粗明显增加,髓心明显减小,髓心中微管束数目明显增多;蓝光还可直接或间接影响植物胚轴的伸长,蓝光生长下的水稻茎伸长受到抑制,但促进第一叶片伸展,叶角增大,但叶面积减小;蓝光下生长的水稻叶片叶绿素的生物合成能力降低;另有研究认为,在蓝光照射下植物的生物产量和光合能力有升高的趋势。后期,随着 LED 光源在植物工厂中的广泛使用,光质对不同植物生长发育所起的影响再次成为研究热点,并在一些报道中得出了许多有关蓝光效应的结果。在对兰花的研究中发现,红色 LED 促进了兰花叶片的生长但降低了叶绿素的含量,然而蓝色 LED 却逆转这个效应;单色蓝光培对蝴蝶兰组培苗起矮化作用,且根系活力最高,蓝光下培育的杜鹃花花茎,较白光和红光下有显著提高。

3.3.2.3　组合光效应

随着光质对不同作物的研究越来越多、越来越深入,关于单色光质对植物生长、生理和代谢的调控机制逐渐清晰,相似的研究结果也较多。鉴于单色光质在植物生长所固有的优、缺点,为了给植物提供更适宜的光环境,使其生长得更加健康,人们开始着手研究组合光质对植物生长发育的影响。目前,应用红、蓝 LED 组合光质是否能够对植物生长发育能产生更积极影响、优于单色光质效果已做了一些研究。结果表明:在红蓝 LED 复合光照下,双蝴蝶属组培植物的根数、鲜重和叶绿素含量综合指标明显好于单色 LED 和荧光灯处理;红光 /蓝光比值大有利于丰香草莓植株生长。利用红蓝 LED 培养莜麦菜,且蓝光比例为 10% 的光照条件最有利于莜麦菜生长,其株高、生物量和大量元素含量均增加,且叶面积扩展,叶色加深;红蓝 LED 组合光处理下虎雪兰组培苗碳水化合物含量最高,与其他处理组差异极显著,碳氮比也最高。与黑暗(对照)相比,每天 8 h 紫外光、16 h 红光和每天 16 h 紫外光、8 h红光交替处理,既可以促进发芽大豆的生长,对异黄酮的合成积累又具有明显的诱导促进作用。此外,还有学者发现在红、蓝 LED 光基础上添加其他光质组成的复合光质会利于植株的生长。在对菊花试管苗的试验中发现,红蓝黄复合光不仅有利于丛生苗分化和增殖,也利于促生根组培苗色素形成、生长发育及根系活力。在培育壮苗和降低能耗成本方面,红蓝黄LED 复合光质都具有明显优势。红蓝绿 LED 复合光处理下虎雪兰组培苗长势最好,光合色素含量显著提高。

3.3.2.4　其他光质效应

在运用的其他光质试验结果表明:补充黄光可使马蹄莲生长明显受到促进;黄光处理下有利于彩色甜椒壮苗,绿光下徒长。补充绿光下,辣椒"镇研六号"的株高、鲜样和干样质量达到最大值并显著高于对照;在对拟南芥黄化幼苗的研究结果显示,绿光促进其快速生长,并认为有一种新的绿光激活的光信号促进茎的伸长并拮抗生长抑制。在对郁金香进行不同光质补光的研究中,沈红香认为 UV-B 可明显促进干物质向种球部位的积累;野生大豆和栽培大豆在白光下光合作用速率最高,在红光、蓝光和绿光下偏低,且野生大豆在蓝绿光下的光合效率高于栽培大豆;另有研究证明 UV-B 对植株的开花和落果有明显的推迟作用。

因此,光质是控制作物生长和形态建成及物质积累的一个关键因子,且植物的不同种类、不同发育年龄或组织器官对不同光质的响应不尽相同,表现出光质生物学反应的复杂性。

3.3.3　光质对植物内源激素的调控

植物激素是小的有机分子类物质几乎影响着植物生长发育的各个方面。植物学家早就指出"如果没有植物生长物质,植物就不可能生长"。其中作为执行细胞通信的活化信息,植物激素就是植物生长物质的一类,通常是在植物体内合成的、从合成部位运往作用部位、对植物的生长发育产生显著调节作用的微量生理活性物质,对植物的生长发育、物质代谢和形态建成等生理活动的各个方面均起着十分重要的作用。基因和分子生物学研究已经揭示了大量的响应植物激素的基因,包括:生长素、赤霉素、脱落酸、细胞分裂素、乙烯、茉莉酸、水杨酸和油菜素甾醇等。

3.3.3.1　生长素

生长素(auxin)是最早被发现的植物激素,在植物体内的含量很低,主要集中在生长旺盛的部位,衰老的组织或器官中含量甚微。植物生长发育的一个显著特点就是对外界环境变化具有适应性(adaptability)和可塑性(plasticity)可以形成像侧根、花、叶子等器官,这些发育过程很大程度上依赖生长素浓度,而生长素在植物组织内的不同浓度(梯度)分布正是由生长素极性运输维持的,这是生长素有别于其他植物内源激素的最大特征。最初,在吲哚乙酸(IAA)被分离出来并被证明后的很长一段时间内,其成为天然存在的植物生长素的代名词。但后来研究发现在拟南芥、大麦、番茄、烟草、蚕豆、豌豆及玉米等植物体内含有苯乙酸(Pehenylaceticacid, PAA)、4-氯吲哚乙酸(4-Chloroindle-3acetic acid, 4-Cl-IAA)及吲哚丁酸(Indole-3-butyric acid, IBA)等多种形式的影响植物生长发育的天然生长素。

在植物体内像茎尖、幼叶、发育的种子、主根根尖的分生组织及发育中的侧根等生长活跃的地方是生长素主要合成和存在的部位,然后运输到其他地方。IAA 在植物体内的运输主要有两种形式,一是快速的,与其他代谢产物一起以集束流(mass flow)的形式通过成熟维管束组织进行的被动运输,这种运输不需要消耗能量,无固定方向;二是慢速(5~20 mm/h)单方向、在细胞之间进行的依赖载体来完成的运输,这种运输发生在维管束形成层和韧皮部薄壁细胞,称为极性运输(polar transport),极性运输需要消耗能量。

3.3.3.2　赤霉素

赤霉素(gibberellin)是种类最多的植物激素。目前,已经从植物、真菌和细菌中发现赤霉素类物质 136 种,其中大多数种类存在于高等植物。GA 信号通过受体感知后传递,诱导途径中各基因表达,从而影响植株的形态建成和发育,如能够刺激细胞分裂和伸长,作用于高等植物的整个生命周期,主要在植物顶端幼嫩部分形成,促进植物的伸长生长,对打破种子休眠、促进雄花分化等都具有显著效应。

赤霉素在信号途径响应模式上与生长素存在一定的差异。生长素介导的下游转录抑制因子 IAA 的降解通常在几分钟内发生,而赤霉素介导的下游转录抑制因子 DELLA 蛋白的降解一般在半小时以后发生。目前,人们通过模式植物拟南芥和水稻的研究已经鉴定了一系列编码催化赤霉素合成途径中各个步骤所需酶的基因,这些基因的缺陷会导致植株高度的变化。内源活性赤霉素的含量是生物合成途径和去活化途径综合作用的结果,活性赤霉素的平衡由反馈调节实现,这一过程需要多个赤霉素代谢酶和完整赤霉素信号通路的参与。

3.3.3.3 脱落酸

脱落酸(abscisic acid,ABA)是一种具有倍半萜结构的植物激素。1963 年美国艾迪科特等从棉铃中提纯了一种物质能显著促进棉苗外植体叶柄脱落,称为脱落素 Ⅱ。英国韦尔林等也从短日照条件下的槭树叶片提纯一种物质,能控制落叶树木的休眠,称为休眠素。后经证实,脱落素 Ⅱ 和休眠素为同一种物质,并于 1965 年统一命名为脱落酸。

脱落酸主要形成于衰老的叶片组织、成熟的果实、种子及茎、根部等部位。作为一种重要的胁迫激素,植物体内脱落酸在逆境下启动合成系统被诸多学者所认可,如在水分亏缺下可以促进脱落酸形成,促进气孔关闭,抑制气孔开放,促进水分吸收,并减少水分运输的质外体途径,增加共质体途径水流;降低叶片伸展率,诱导抗旱特异性蛋白质合成,增强植株抵抗逆境的能力。逆境期间,根能“测量”土壤的有效水分,即根能精确感受土壤干旱程度,产生相应的反应,合成大量的脱落酸,将其从根的中柱组织释放到木质部导管,然后运输至茎、叶、保卫细胞,导致气孔关闭,降低蒸腾作用,减少水分散失。

3.3.3.4 细胞分裂素

细胞分裂素对植物基因的表达有显著的调节作用。但由于 CTK 在植物细胞内的生理作用的研究技术还存在若干困难,以及 CTK 的生理生化较复杂,所以对其分子的作用机理知之甚少。研究表明,植物细胞分裂素可促进龙眼、荔枝、杧果和香蕉等多种水果果实增大,提高单果重而增加产量。另外,它还具有抗衰老和抗病作用,使果实的贮藏期延长,植株的坐果率提高,植株叶片更大、更绿、更厚。主要原因在于细胞分裂素可以促使叶片细胞扩大,增强叶片的光合作用,显著延缓叶片衰老,细胞分裂素能抑制核糖核酸酶、脱氧核糖核酸酶和蛋白酶的活性,延缓了核酸、蛋白质和叶绿素等的降解,还能促使营养物质向其应用部位移动。

3.3.3.5 植物激素间的相互关系

激素之间存在一定程度的相互作用。如果第一种依赖激素途径会影响第二种激素的作用,那么前者作用的蛋白能够被第二种激素所影响(即相互作用),独立的激素信号途径具有共享的相同组分。Hellmann 和 Estelle 证实,拟南芥 Skp1 蛋白类似物 ASK1 及 Cullin 形成 SCF 复合物,参与了生长素信号传导,进一步发现 AUX/IAA 蛋白是 SCF 复合物的底物,AUX/IAA 蛋白是一类半衰期很短的小分子核蛋白。Mi RNAs 参与植物的生长发育的各个过程,而这些过程也需要多种激素的协调作用。最近的研究表明,很多 mi RNAs 的表达受植物激素的诱导,其中一些能被多种激素调节。目前已知最少有 4 种 mi RNAs(mi R319,mi R159,mi R393 和 mi R167)被证实受一种以上激素的调节。mi RNAs 对植物激素应答的调节使得植物激素之间的相互作用更加精细和复杂。

植物内源激素对植物生长的影响通常分为两大类,一类起促进作用,另一类起抑制作用。对牵牛花开花期的研究表明:赤霉素(GA)、细胞分裂素起促进作用,而生长素、乙烯、茉莉酸(JA)和油菜素内酯起抑制作用。两种胁迫反应物质 Me JA 和 ABA 存在一定的拮抗作用,在植物受盐胁迫后,JA 和 ABA 诱导盐胁迫反应蛋白(jasmonate induced proteins,JIPs)表达有不同的影响上。生长素不仅可以通过调节 DELLA 蛋白的稳定性来调节根细胞的伸长,还可以调控 GA 合成,这一途径需要 AUX/IAA 蛋白的降解并依赖于 ARF7 的功能,并且在 tir1 突变体中生长素对 GA 合成基因的诱导表达受到抑制。

3.3.3.6 光质对植物激素的影响

作为植物的生长调节物质,植物激素的含量与水平亦容易受到环境因素的影响,不同的发光光谱对不同的激素起调控作用,进而影响植物的生长。研究表明,蓝紫光能提高吲哚乙酸(IAA)氧化酶的活性,降低 IAA 水平,进而抑制植物的伸长生长。Behringer 等认为植物光敏素调节茎的伸长部分原因是 IAA 水平变化的结果,IAA 被认为是光敏素被激活后参与信号传导而起作用的一个因子。红光照射使西红柿叶片过氧化物酶、IAA 过氧化物酶和 ALD、茄子叶片 IAA 氧化酶和 IAA 过氧化物酶活性明显降低,但引起西红柿叶片 IAA 氧化酶、茄子叶片 ALD、过氧化物酶活性明显上升。

此外,有报道证实红光(600~700 nm)能降低植物体内赤霉素的质量分数,从而减小节间长度和植株高度;而远红光(700~800 nm)其作用恰好相反,能提高植物体内赤霉素的质量分数,从而增加节间长度和植株高度。根据光对植物基因调控的研究发现,光信号对植物基因表达有直接和间接双重作用,直接作用通过光敏色素或蓝光受体介导,并且有 G 蛋白参与。Jackson 在研究番茄的过程中发现 GA20- 氧化酶的表达就可能受到蓝光诱导,通过一个蓝光受体完成。将莴苣种子暴露在光敏素 B(即红光)下萌发,种子内的 GA3β 羟化酶基因的 m RNA 丰度会有所增加,在拟南芥中也发现有类似的由红光诱导的 GA 3β 羟化酶基因。

光环境的变化是影响植物成花调控的重要因子,而光环境的变化又会引起植物体内 ABA 积累的改变。其中,光敏色素(phytochrome)作为植物接受光周期反应的感受器之一,通过控制植物叶片接受光照的时间长短来诱导植物成花,因而光周期诱导植物开花与光敏色素有着密切的联系。就植物内源激素对植物光形态建成影响的相关研究表明:光敏色素在调控 ABA 水平与光周期中诱导植物成花之间存在联系。曾有人将五彩苏(Coleus scutellarioides)的茎段置于红光、远红光和黑暗下进行试验,结果发现:远红光处理下全茎段及茎的下半段 ABA 含量均高于红光和黑暗处理,红光处理下 ABA 含量最少,ABA 可能参与了红光、远红光对根形态建成的调节效应,而 ABA 含量又受红光、远红光调节。另有学者为了确定光敏色素是调节 ABA 的合成还是降解,对光敏色素缺陷的烟草突变体(phytochrome deficient,pew1)和光敏色素和 ABA 合成缺陷的双突变体(Pew1 Npaba1)进行对比研究发现,相对于野生型,pew1 积累了更多的 ABA,说明光敏色素对 ABA 水平具有负调节作用,而 Npaba1 突变体中由于 ABA- 醛(ABA-aldehyde)的氧化反应受阻,导致 trans-ABA-1-alcohol 含量的增加,使突变体中积累有很多 trans-ABA-1-alcohol-glucoside;番茄(Lycopersicon esculentum）的光周期突变体（photoperiod mutant）中亦有大量积累的 ABA；均支持了光敏色素调控 ABA 代谢及调节 ABA 水平的观点。

3.3.4 不同光质对植物叶绿体超微结构的影响

3.3.4.1 植物叶绿体概述

地球上一切生命活动所需的能量源于太阳能（光能）。绿色植物是主要的能量转换者是因为它们均含有叶绿体（Chloroplast）这一完成能量转换的细胞器。叶绿体是绿色植物细胞内进行光合作用的结构，是一种质体，它能利用光能同化二氧化碳和水，合成贮藏能量的有机物，同时产生氧。所以绿色植物的光合作用是地球上有机体生存、繁殖和发展的根本源泉。经古生物学家推断，叶绿体可很能起源于古代蓝藻。某些古代真核生物靠吞噬其他生物维生，它们吞下的某些蓝藻没有被消化，反而依靠吞噬者的生活废物制造营养物质。在长期共生过程中，古代蓝藻形成叶绿体，植物也由此产生。

3.3.4.2 叶绿体的形态与结构

高等植物的叶绿体存在于细胞质基质中。叶绿体一般是绿色的扁平的快速流动的椭球形或球形，在高倍光学显微镜观察它的形态和分布，其长径 5~10 μm，短径 2~4 μm，厚 2~3 μm。植物叶绿体的数目取决于物种细胞类型、生态环境、生理状态等，在高等植物的叶肉细胞叶绿体数目在 50~200 个之间，占细胞质比例的 40% 左右。在较低等的藻类中叶绿体体积巨大（达 100 μm 左右）形状不规则呈网状、带状、裂片状和星形等不同形状。

整个叶绿体由 3 部分组成，即叶绿体外被（chloroplast envelope）、类囊体（thylakoid）和基质（stroma）。此外，叶绿体还拥有 3 种不同类型膜：外膜、内膜、类囊体膜和 3 种彼此分开的腔：膜间隙、基质和类囊体腔。

叶绿体的包膜由内外两层所组成，膜间具有 10~20 nm 的膜间隙。外膜的渗透性较大，可允许许多细胞质中的大分子物质自由进入膜间隙如：无机磷、蔗糖、核苷等。叶绿体内膜结构精细，对不同的物质的具有选择，其中，可以自由透过内膜的有 CO_2、O_2、P_i、H_2O、磷酸甘油酸、丙糖磷酸、双羧酸和双羧酸氨基酸等物质，另有一些物质也能较慢的透过内膜，如：ADP、ATP 己糖磷酸，葡萄糖及果糖等。而一些分子量较大的物质不能直接透过内膜，需要在特殊的转运体（translator）帮助下完成，这些物质有膜蔗糖、C5 糖双磷酸酯，NADP+ 及焦磷酸等。

类囊体是构成内膜系统微细结构基础，沿叶绿体的长轴平行排列，是单层膜围成的扁平小囊，膜上含有光合色素和电子传递链组分，亦被称为光合膜，植物吸收的光能向化学能的转化在此进行。组成类囊体膜的内在蛋白主要有细胞色素 b6/f 复合体、质体醌（PQ）、质体蓝素（PC）、铁氧化还原蛋白、黄素蛋白、光系统Ⅱ、光系统Ⅱ复合物等。其具有流动性较高的膜称类囊体膜，主要成分是蛋白质和脂类（60：40），脂类中的脂肪酸主要是不饱和脂肪酸（约 87%）。以类囊体为单位组成了基粒类囊体和基质类囊体。两者的区别在于许多类囊体（10~100 个）像圆盘一样叠在一起，先组成直径 0.25~0.8 μm 的基粒，而这类类囊体，被称作基粒类囊体,每个叶绿体中含 40~60 个基粒,构成了内膜系统的基粒片层(granalamella)。绿体通过内膜形成类囊体来增大内膜面积,以此为在叶绿体中发生的反应提供场所。而基质类囊体是贯穿在两个或两个以上基粒之间的没有发生垛叠的类囊体,其形成了内膜系统的基质片层(stroma lamella)。由于相邻基粒经网管状或扁平状基质类囊体相联结,全部类囊体实质上是一个相互贯通的封闭系统。类囊体作为单独一个封闭膜囊的原始概念已失去原来的意义,它所表示的仅仅是叶绿体切面的平面形态。

基质是内膜与类囊体之间的空间,主要成分包括:碳同化相关的酶类:如占基质可溶性蛋白总量的 60% 的决定植物光合类型的 Ru BP 羧化酶。叶绿体 DNA、蛋白质合成体系:如,ct DNA、各类 RNA、核糖体等。一些颗粒成分:如淀粉粒、质体小球和植物铁蛋白等。叶绿体的功能叶绿体(chloroplast):藻类和植物体中含有叶绿素进行光合作用的器官。叶绿体主要含有叶绿素、胡萝卜素和叶黄素,其中叶绿素的含量最多,遮蔽了其他色素,所以叶绿体呈现绿色。主要功能是进行光合作用。

3.3.4.3　光对叶绿体结构的影响

作为植物行光合作用的场所,叶绿体也是一种极不稳定的细胞器,对外在环境十分敏感,可以说不同的环境条件都会在叶绿体的形成与发育中起不同的作用。

叶绿体的发育依赖光源,不仅仅是在黄化质体变绿的过程中,还有叶片扩展和叶肉细胞分化都需要光的参与。叶绿体还需要构建自己的酶系及蛋白质骨架。许多叶绿体特有蛋白质的合成需要光的诱导。有报道称光敏色素的 pfr 型具有生理活性,可调控叶绿体发育和基因表达。相应的研究亦证实 Phy A 分子,足以恢复 aurea 下胚轴表皮细胞的花色素苷合成和叶绿体发育;激活的 G 蛋白与 Phy A 诱导相同的细胞反应 -- 花色素苷合成、叶绿体发育;Phy A 信号链分支:其一依赖于 Ca^{2+}/Ca M(Calmodulin 钙调素)可刺激 cab 基因表达、叶绿体部分发育。蓝光对植物叶绿体发育有明显的影响,在对豌豆的研究中发现蓝光下比红光下生长的植株具有较多数量的叶绿体,且叶绿体中的基粒较大。近期的研究发现红光下,番茄和莴苣幼苗光合产物积累显著但运输受阻严重,致使叶绿体内淀粉粒体积膨大,而红蓝光下,幼苗叶片中叶绿体形态正常,基粒增多,基质片层清晰,淀粉粒体积明显小于红光处理。此外,红光和远红光可通过光敏色素借助细胞微管系统介导叶绿体运动。红光可以使叶绿体宽面朝向光的一面,而远红光逆转这个过程。

3.3.5　短波紫外线照射对果蔬的影响

UV-C 是指波长在 190~280 nm 范围内的紫外光线,又称短波灭菌紫外线,穿透能力非常弱,只能穿透 5~30 μm 的植物组织,因此可以经常用来进行表面处理。UV-C 对人体的伤害非常大。它可以伤害人体的角膜[21],使皮肤出现红斑,甚至对人体的棉衣系统产生深远的影响[22]。在果蔬保鲜方面,一方面 UV-C 照射可以提高组织的抗菌性,另一方面可以延迟果实的成熟与衰老[23-28]。

3.3.5.1　UV-C 的延迟果实成熟机理

紫外线控制采后病害的机制主要有两个:一是 UV-C 自身具有杀菌作用。通常试验中采用低压汞灯作为紫外射线发射源,它的总的发射波长在 253.7 nm,这个波长最接近杀菌最有效力的波长,因此 UV-C 照射可以用作控制微生物的生长[29]。二是由于 UV-C 能量较高,可以直接杀灭果蔬表面微生物。

植物组织或者器官在衰老过程中一个重要的因素是自由基的共计。自由基的形成是有氧呼吸过程中电子传递给氧的结果,随之产生活跃的、具有毒性的活性氧。活性氧可以攻击细胞膜、核酸、酶及细胞壁等,引起组织衰老,加速软化[30]。这些氧化胁迫追随着组织的生理年龄增大而加重。植物会主动通过产生一系列抗氧化酶和抗氧化物质来低于活性氧的攻击。据文献报道,短波长辐射对植物代谢产生两种明显的影响:即低强度的紫外照射可以刺激植物产生更多的次级代谢产物,保护植物免受自由基损伤,而高强度紫外照射起抑制这些物质的产生,对植物产生有害的影响。有些植物通过刺激代谢物来作为自身的一种修复机制,例如类胡萝卜素、酚类、黄酮类化合物、胺和多胺等。超氧化物歧化酶(SOD)作为植物抗氧化系统的第一道防线,能够清楚细胞中多余的超氧阴离子[31]。这些化合物通常在果蔬受到外界胁迫后激活,在呼吸跃变前期产生大量的抗氧化物质或者抗氧化酶来清除自由基,以延长果蔬的寿命。通过刺激果蔬产生对不良条件的天然防御能力,可以提高果蔬的耐贮性。据报道,采用 0.5 kJ/m² UV-C 照射草莓和车采用 9.0 kJ/m² 照射句子都可以产生有益的效果[32]。UV-C 也被证明主要用于控制呼吸跃变型水果的成熟与衰老[33]。果实长时间暴露于 UV-C 辐射,可以加速成熟和衰老,这可能是由于自由基产生的结果。Shama and Alderson 研究发现超剂量 UV-C 照射导致果皮颜色褐变、提早成熟、变干等不良的变化。因此低剂量的 UV-C 辐射可以用作采后园艺作物的保鲜。UV-C 照射对果蔬品质的影响因植物种类,成熟阶段,辐射剂量和持续时间不同而不同。在过去的十几年里, UV-C 毒物兴奋效应对新鲜水果和蔬菜的而影响已经得到深入的研究[34]。

果蔬中含有各种各样的抗氧化物质。果蔬受到氧化胁迫后,自身会产生酶促和非酶促化合物来低于活性氧的攻击,非酶化合物主要由细胞膜相关的脂溶性抗氧化剂(α-生育酚, β-胡萝卜素)和水溶性还原剂(谷胱甘肽、抗坏血酸盐、酚类)组成酶促抗氧化剂主要是一系列抗氧化酶,主要包括超氧化物歧化酶(SOD),过氧化氢酶(CAT),过氧化物酶(POD)等(Jaleel et al., 2009)。其中,酚类和类胡萝卜素已被证明可以保护细胞免受自由基的氧化损伤。有结果证明非生物胁迫处理果蔬在保持果蔬抗氧化物质含量或者增加抗氧化物质的含量方面产生积极的影响。这些化学物质受到多种因素的影响,例如果蔬的种类,光照强度和抗氧化物质的种类。

多胺含量的变化与衰老相关,外源性应用多胺能一致果蔬衰老。多胺与乙烯享有共同的合成前体 SAM,可以抑制乙烯的合成,这可能是抑制衰老的一个原因[35]。由于多胺具有阳离子性质,通过与带负电荷的磷脂相关联可以稳定和保护细胞膜[36]。Maharaj et al. 研究发现番茄经 UV-C 照射后,体内腐胺和精胺含量较高的果实成熟也较缓慢。

果蔬颜色的变化涉及叶绿素的减少并伴随着其他色素的增加(例如类胡萝卜素),是许多植物组织成熟和衰老过程中一个重要特征。番茄果蔬含有丰富的类胡萝卜素,特别是番茄红素和 β – 胡萝卜素。UV-C 已被证实可以延缓颜色变化,例如减少叶绿素损失和番茄红素的合成。在一个完全成熟的番茄果实中,番茄红素占的总类胡萝卜素的 80% 以上。Maharaj et al. 研究表明叶绿体是紫外光照的目标位点。然而,在生产中发现紫外照射的番茄果实比为照射的果实总类胡萝卜素含量高。类胡萝卜素可被视为具有抗氧化能力的物质,以抵消光敏反应引起的自由基的伤害。

UV-C 照射鸭梨有道抗氧化酶活性的升高,例如苯丙氨酸解氨酶(PAL)、β-1,3- 葡聚糖酶,超氧化物歧化酶,过氧化氢酶和谷胱甘肽还原酶等 [37]。维生素 C 的含量被认为是水果和蔬菜的质量指标,抗坏血酸作为一种抗氧化剂,是一种电子供体。González-Aguilar et al. 研究发现 UV-C 照射降低了鲜切杧果中总抗坏血酸含量,这可能是由于 UV-C 照射期间抗坏血酸参与抗氧化过程,因而净含量降低。

酚类化合物是植物中分布最广的化学物质。它是植物通过莽草酸途径生物合成的次生代谢产物。它们以许多不同的形式存在,包括烃基苯甲酸衍生物、肉桂酸酯类、黄酮类(黄酮醇、黄酮、黄烷醇类、黄烷酮、异黄酮、花青素)、木质素等,这些物质会影响植物外管、味道和果实的品质。植物酚类化合物是具有多种功能的,它可以作为抗氧化剂,金属螯合剂或者单线态氧淬灭剂。除此之外,酚类化合物还可以通过诱导受伤细胞周围细胞壁的木质化来提高果蔬的抗病性 [38-40]。

此外,酚类物质被氧化引起褐变反应。某些酚类的合成如植物抗毒素和木质素,都与果蔬抵抗外界不良条件有关。苯丙氨酸、络氨酸和色氨酸是许多刺激代谢产物的前体物质。苯丙氨酸解氨酶(PAL)、多酚氧化酶(PPO)和过氧化物酶(POD)是参与酚类物质降解的主要酶,往往会导致果蔬品质下降。

光照的强度和波长与酚类物质代谢有重要的关系,因为它们影响类黄酮和花色苷的生物合成。一些研究人员指出,紫外照射引起黄酮类化合物的积累,类黄酮可以帮助果蔬过滤过量的辐射,这在果蔬抑菌和抗衰老方面起着重要的作用 [41]。紫外辐射也会引起细胞壁多糖的解聚,导致酚类物质的含量减少。在果蔬采后储藏领域,紫外照射红苹果、甜樱桃和草莓,可以增加花色苷的含量,提高果实的品质。

在苹果中,花色苷的增加与苯丙氨酸解氨酶和查尔酮异构酶活性相关。但是采后紫外照射对油桃、草莓、葡萄、李子果实色素无影响。实际上,紫外线照射水果产生的坏死、褐变和其他质量损失是由于紫外照射提高了过氧化物酶的活性。

在鲜切热带水果中, UV-C 照射也得到深入的研究。UV-C 照射提高了香蕉和泰国无籽番石榴的总酚和类黄酮的含量。在菠萝中,虽然类黄酮含量显著增加,但 UV-C 照射并没有引起总酚含量的显著增加。UV-C 辐射引起类黄酮的含量变化可能是一种清楚羟基自由基的防御机制。总酚和类黄酮含量的增加可能是由于具有它们的抗氧化和抗菌作用。有研究发现,UV-C 照射可以用于提高葡萄中酚类物质如白藜芦醇和柚子中的香豆素类物质的含量。

3.3.5.2 UV-C 处理对基因的表达的影响

植物的一些生理化过程都是基因表达的结果。UV-C 照射后果蔬的变化也与相关基因的表达有关,另外植物组织和采后果实中存在抗病基因,经适当的诱导可刺激表达。葡萄柚经 UV-C 处理后,在其果皮中克隆到一个编码类黄酮还原酶蛋白(IRL)的基因 cDNA,它有一个含 960 bp 的读码框,以 ATG 起始,终止于位于 poly(A)末端上游 130 bp 的 TAA,被编码的蛋白序列含 320 个氨基酸,分子量为 36 kd,等电点为 5.26,与一些非豆科植物的 IRL家族具有高度的同源性,但功能还不清楚。葡萄柚果实过氧化物酶(POD)和苯丙氨酸解氨酶(PAL)活性也被 UV-C 诱导增加。UV-C 照射也提高了草莓的病程相关蛋白基因,提高了草莓的抗病性。

3.4　装置及设备

3.4.1　试验装置

在不影响食品质量和公众健康的前提下,LED 能有效地消除或减少微生物污染并对环境友好。试验用光照辅助装置中有采用白炽灯、纳光灯、低压汞灯和氦氖激光器等传统气体光源,通常采用镇流器或变压器及倍压电路来控制真空器件发光,光源不仅体积大,而且发光效率低,性价比较低。随着半导体 LED 技术的飞速发展,LED 可以发出在非常狭窄的波长范围内的光,可以被认为是单色光源,功能上不仅完全可以取代传统气体光源,构成点光源、线光源、面光源、漫反射光源、平行光源和频闪光源,且由于半导体光源构造的特殊性,其试验效果更优于传统的气体光源。LED 尺寸小,可以灵活适用大多数设计和系统,且具有发光效率高、能耗低、寿命长等优点。LED 技术被广泛应用于光学、电子领域、农业和医药等领域。

图 3-2 装置为 Vinayak S. Ghate 和 Kheng Siang Ng[42] 等人设计的 LED 装置, LED 与散热器连接在一个冷却风扇上,将产生的热量扩散开,每个 LED 系统安装在丙烯腈 - 丁二烯 - 苯乙烯(ABS)外壳中,实现照明的同时,还可防止外部光线进入。

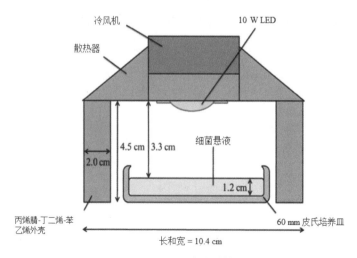

图 3-2　LED 照明系统的横截面图 [42]

图 3-3 是 Enzo L.M. La Cava[43] 设计的紫外处理室，UV-C 处理是在一个 150 cm 长、100 cm 宽、60 cm 长的不锈钢结构的室内进行的,配备 3 个 UV-C 杀菌灯(254 nm,紫外线, TUV 36 W / G 36 T8 菲利普斯),汞低压。室内产生的过量热量通过风扇消散,控制室内温度不超过 25 ± 1 ℃,葡萄柚汁表面与灯之间的距离为 17 cm。

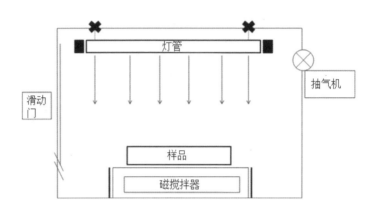

图 3-3　UV-C 室示意图 [43]

图 3-4 为 Anna Lante[44] 为了研究 UV-A 光(390 nm)对鲜切水果的酶促褐变的影响而设计的 UV-A LED 照明器原型。该照明器由 50 mm 直径的聚乙烯管构成,其一端是"针孔"LED,发射峰在 390 nm 处,并且安装的发射角度为 30°,将管束置于支撑物上以调节其与果实切片的距离。在处理期间为了避免外部环境的干扰,照明器屏蔽了可见光。

图 3-4　有 9 个 LED 和 30 个 LED 的 UV-A 发光器原型 [44]

3.4.2　LED 可调光源果蔬保鲜系统设计与试验研究

果蔬不同光照参数贮藏过程中生理响应不同,可靠的 LED 红蓝组合光照设备是进行相关保鲜技术研究的基础。目前,国内外研究多通过组合不同数量的具有固定波长和光强的 LED 红蓝灯带调节光配比和光强,光输出参数差且无法保证光在果蔬接收面的均匀性,专用 LED 可调光源果蔬保鲜系统尚未见报道。本章基于光学原理建立了可调光配方的 LED

红蓝组合光源果蔬保鲜试验箱,可提高光输出参数和果蔬接收面光照均匀性,并对所建系统的光强均匀性和温度均匀性进行了试验研究,为果蔬光照保鲜的进一步研究提供保证。

3.4.2.1　试验装置设计

可调 LED 红蓝组合光源果蔬保鲜主要包括箱体、LED 红蓝组合光源系统、参数检测系统,试验装置示意如图 3-5[45][46] 所示,试验装置实物如图 3-6 所示。

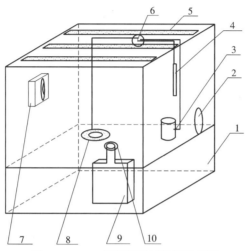

图 3-5　LED 果蔬保鲜试验箱示意图

1—箱体;2—排风口;3—光量子传感器;4—温湿度传感器;5—LED 科研模组;6—接线孔;7—风扇;8—辐射热传感器;
9—光强检测仪;10—透光口

图 3-6　LED 果蔬保鲜试验箱实物图

1)箱体

本系统箱体分上、下两层,分别为冷藏室和光强检测设备区。光照射到平面的均匀度与其距光源的尺寸密切相关,为保证光照均匀度此距离通常大于 40 cm。为了保证后续试验中足够的果蔬量,箱体冷藏室设计长、宽和高分别为 80 cm、60 cm 和 66 cm,光照射至其底面的可用辐射面积为 0.48 m^2。冷藏室采用亚克力材料,箱体四周采用锡箔纸密封以避免外界光对冷藏室内测试区的干扰;下层采用铁架结构以支撑 LED 光强检测仪。箱体右侧设有排风口以及时排除果蔬呼吸作用产生的有害气体,内部布置温湿度传感器以及时准确地调控冷藏室内的温度和湿度。

2)LED 红蓝组合光源系统

LED 红蓝组合光源系统是可调 LED 红蓝组合光源果蔬保鲜试验箱的核心部分。为提供优秀的可调光照,所建立系统采用飞利浦 GreenPower LED 科研模组为红蓝组合光源,每个 LED 科研模块长、宽和高分别为 485 mm、33 mm 和 20 mm(图 3-7)。LED 光源系统工包括 5 支 LED 红光模组和 4 支 LED 蓝光模组,LED 红光模 1 和 LED 蓝光模组相间均匀分布,其排列方式如图 3-8 所示。每支 LED 红光模组光输出为 10 μmol/s,每支 LED 蓝光科研模组光输出为 14 μmol/s,光源总光输出为 106 μmol/s。

箱体冷藏室面积为 0.48 m^2,当调节至最大光强(光量子密度)时最大光量子密度预计约 220 μmol·m^{-2}·s^{-1},此光强范围可满足不同果蔬的保鲜需求。红光模组和蓝光模组的设计光输出约等于 1∶1,可在不同的光强下调节出多个红蓝配比的光照处理。LED 科研模组的调节通过专业控制装置实现(图 3-9),该控制装置输出电压为 24 V,通过调节控制装置的外置旋钮来改变输出电流,进而改变 LED 科研模组的输出功率以调节光强的大小。同时,LED 红光模组和 LED 蓝光模组各配有一个控制装置,可根据需求调节至所需红蓝光配比和光强度。

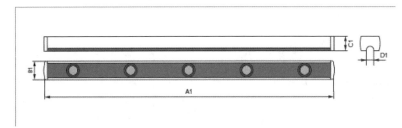

图 3-7　GreenPower LED 科研模块

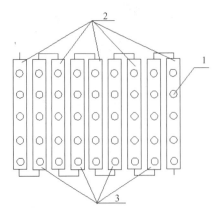

图 3-8　LED 科研模组排列方式

图 3-9　LED 科研模组控制装置

3）参数监测系统

参数监测系统主要由 Chame-IH100 LED 光强测量仪（北京卓立汉光有限公司）、GLZ-C 光合有效辐射计（浙江托普仪器有限公司）、WT310 功率计（YOKOGAWA）、温湿度检测仪组成，分别用于测量冷藏室内红蓝光光谱、光量子密度、输出功率和温湿度等参数。冷藏室内温度分布通过红外热像仪测量，各试验仪器实物图如图 3-10 所示。

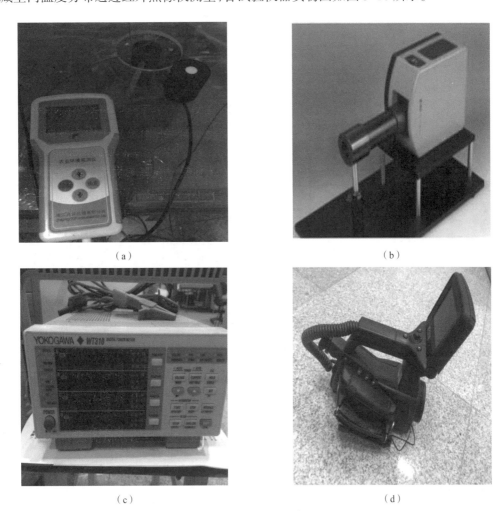

（a） （b）

（c） （d）

图 3-10 试验仪器实物图
（a）光合有效辐射计 （b）光强检测仪 （c）功率计 （d）红外热像仪

3.4.2.2 试验箱体光均匀性实验研究

1）光强测点分布

为了探究距光源不同尺寸下平面的光照射特性，本节将果蔬光接收平面（距离 LED 红蓝光光源 50 cm）的 LED 红蓝组合光光强设定为 20 μmol·m^{-2}·s^{-1}，分别测定距离光源 30 cm、40 cm 和 50 cm 处光接收平面的光强分布，三种光强距离平面图如图 3-11 所示，测量 10 μmol·m^{-2}·s^{-1}、20 μmol·m^{-2}·s^{-1} 和 30 μmol·m^{-2}·s^{-1} 光强时的光参数。箱体中每个距离下光接收平面光强测点图如图 3-12 所示。图中共 12 个测点，在长和宽分别为 80 cm 和 60 cm 的平面内均匀布置。

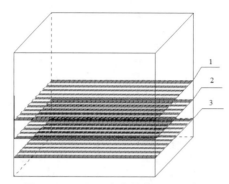

图 3-11 不同距离光接收平面示意图

1—距光源 30 cm 处光接收平面；2—距光源 40 cm 处光接收平面；3—距光源 50 cm 处光接收平面

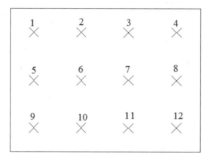

图 3-12 光强测点分布图

2）光强随照射距离的均匀性变化

不同距离处不同测点光强强度如表 3-1 所示。随着光照距离的增加，光强度呈现逐渐减小的趋势，且距离越大减小的幅度越小。三种距离在监测点 5-8 区域内光强略高于同一平面内其余监测点的光强值，这是由于 LED 红蓝组合光在此区域内受光源散射角的影响较小。当距离光源 30 cm 时，最大与最小光强值相差 7 μmol·m⁻²·s⁻¹ 且在整个平面内分布均不均匀，光均匀性最差；距离光源 40 cm 处的光强分布略好于 30 cm 处，其光强最大差值为 3 μmol·m⁻²·s⁻¹，出现最大差值的点数有两个，差值为 3 μmol·m⁻²·s⁻¹ 的监测点数为 4 个；距离光源 50 cm 处的光均匀性分布是这三种距离中最好的一组，仅有 1 个监测点差值为 2 μmol·m⁻²·s⁻¹，4 个监测点差值为 1 μmol·m⁻²·s⁻¹，整体光强分布均匀性较为理想。总体而言，光强会随着 LED 红蓝光光源距离的增加而衰减，且距离光源越近，光照射平面越不均匀。

表 3-1 不同距离处光强分布

编号	30 cm 处光强（μmol·m⁻²·s⁻¹）	40 cm 光强（μmol·m⁻²·s⁻¹）	50 cm 处光强（μmol·m⁻²·s⁻¹）
1	28	23	19
2	30	24	20
3	30	25	20
4	28	23	19
5	29	24	20

编号	30 cm 处光强（μmol·m⁻²·s⁻¹）	40 cm 光强（μmol·m⁻²·s⁻¹）	50 cm 处光强（μmol·m⁻²·s⁻¹）
6	30	25	20
7	32	25	20
8	28	25	20
9	25	22	18
10	28	23	19
11	28	23	20
12	26	22	19

3）不同光强红蓝光光输出参数

将 LED 红蓝组合光调节至 $10\ \mu mol·m^{-2}·s^{-1}$、$20\ \mu mol·m^{-2}·s^{-1}$ 和 $30\ \mu mol·m^{-2}·s^{-1}$ 光强时，对应的电流、电压和功率如表 3-2 所示。

表 3-2　不同光强下的功率参数

光强条件	电流（A）	电压（V）	功率（W）
$10\ \mu mol·m^{-2}·s^{-1}$	1.45	24	34.69
$20\ \mu mol·m^{-2}·s^{-1}$	1.73	24	41.55
$30\ \mu mol·m^{-2}·s^{-1}$	1.99	24	47.89

通过 LED 光强测定仪测量的 $10\ \mu mol·m^{-2}·s^{-1}$、$20\ \mu mol·m^{-2}·s^{-1}$ 和 $30\ \mu mol·m^{-2}·s^{-1}$ 光强下的红蓝光谱图如图 3-13 和图 3-14 所示。三种光强下红光波峰对应的波长均为 660 nm，蓝光波峰对应的波长均为 450 nm，其中，660 nm 和 450 nm 均为理想红蓝光照射的波长。

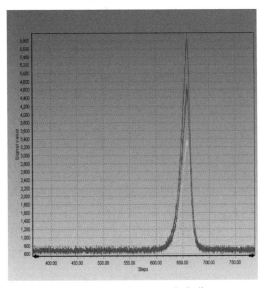

图 3-13 不同光强下红光光谱

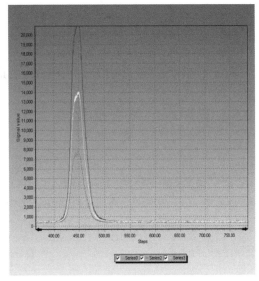

图 3-14 不同光强下蓝光光谱

3.4.2.3　试验箱体温度场均匀性分析

1）温度场分布

为了保证试验箱体内具有相同的温度环境，本小节通过测试 20 μmol·m^{-2}·s^{-1} 光强下距离试验箱 50 cm 平面处温度场，探究 LED 红蓝光光源发出的热量对温度场波动的影响。将试验箱体置于冰温库内，同时将 LED 红蓝组合光光源调至光强为 20 μmol·m^{-2}·s^{-1} 处，待环境温度降至 4 ℃时开始测量 50 cm 平面处的温度，在 50 cm 平面处通过红外热像仪测量温度场，结果如图 3-15。

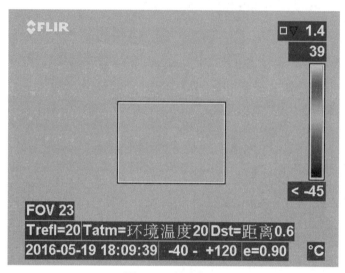

图 3-15　温度场图

2）结果与分析

整个平面内温度测点随着库温的波动而呈现整体波动的趋势。当库温稳定时，所测平面温度基本一致，这是因为 LED 红蓝光光源是冷光源，本身散发的热量较小，散发微小的热量后周围空气会比箱体下部温度略高，由于热空气密度比冷空气小，热空气会上升至箱体顶部，在热传导和箱体外冷空气的对流作用下，热量逐渐散失，因此没有对箱体底部温度场产生影响。这表明加装了 LED 红蓝组合光后的试验箱能够为后续试验提供均匀的温度场。

3.5　应用场合及食品种类

光照对于果蔬生长及品质的影响的相关研究始于 1982 年，日本三菱公司采用波长 650 nm 的红色 LED 光源对温室番茄进行补光，取得了良好的效果。1991 年 Bula 等使用红光 LED 与蓝光突光灯组合作为组培光源，成功培育了生菜和天竺葵 [47]。近年国内外学者对光照的关注逐步提高，根据光的特性主要从短波辐射、光照波长、光配比、光强度及光均匀性方面进行了部分研究。

3.5.1 短波辐射对果蔬保鲜品质的影响

Anna 等以鲜切苹果和梨为试材,研究了 UV-A 辐射(波长:390 nm,辐射强度:2.43×10^{-3} W/m²)对鲜切水果酶促褐变的影响。结果显示,辐射持续时间、辐射强度及水果种类对果蔬抗褐变能力均有较大影响,证实 UV-A 辐射技术可以作为一种环保的抗果蔬褐变的方法。于刚等使用紫外灯对蓝莓分别进行了 0.5 min、1 min、2 min、4 min(距灯 15 cm 处)时长的 UV-C 辐射处理并于 4 ℃条件下贮藏。通过定期调查贮藏过程中发病率、测定分析主要理化性质的变化发现,1 min、2 min、4 min 辐射处理试验组蓝莓的发病率显著低于对照组和 4 min 辐射处理试验组,并提高了蓝莓硬度和各防御性酶活性,其中 1 min 辐射处理效果最为显著;UV-C 辐射处理对 SSC 含量、pH 变化无显著影响,但可提高花青素含量。

叶菜类采后衰老本质上是叶片的衰老,其采后保鲜的实质是延缓叶片的衰老进程,其中黄变率和腐烂率是衡量叶菜类外观好坏的重要指标。图 3-16 中可以看出紫外照射处理能降低韭菜变黄率和腐烂率。郑杨等采用 1.7 kJ/m² 剂量 UV-C 辐照对韭菜相关活性氧代谢酶和叶绿素含量的影响。结果显示,1.7 kJ/m² 剂量 UV-C 处理能够显著降低韭菜的黄变率和腐烂率。UV-C 辐射下的韭菜叶绿素降解了 19.47%,而对照组则降解了 30.53%,表明 UV-C 处理有效延缓了贮藏过程韭菜叶绿素的降解;同时,UV-C 处理不同程度地减少了蛋白质、总酚等营养物质的损失,提高了过氧化氢酶(catalase,CAT)、过氧化物酶(peroxidase,POD)、超氧化物歧化酶(superoxide dismutase,SOD)等抗氧化酶的活性,显著提高了韭菜的保鲜品质。

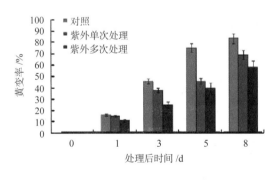

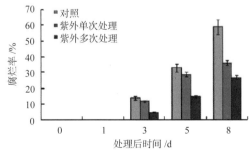

图 3-16 紫外照射处理对采后韭菜黄变率和腐烂率的影响 [49]

Topcu 等研究 UV 辐射对西蓝花贮藏过程中的抗氧化剂、抗氧化活性和采后杨洋品质的变化。使用 2.2 kJ/m²、8.8 kJ/m² 和 16.4 kJ/m² 三种不同剂量的紫外线辐射处理西蓝花。UV 辐射显著降低了营养生长期内总类胡萝卜素,叶绿素 a 和叶绿素 b 含量,但增加了抗坏血酸,总酚和类黄酮含量。所有 UV 辐射均略微降低了西蓝花的抗氧化活性,但是,没有显著的变化是 2.2 kJ/m² 和 8.8 kJ/m² 的辐射水平的变化。在贮藏过程中可溶性固形物,固形物含量和可滴定酸在贮藏期间不断下降,但是可滴定酸度没有受到紫外线辐射剂量的影响,而可溶性固形物和固体含量(干物质)影响较大。同时, UV 辐射增加了西蓝花的亮度和色度的值,结果表明 UV 处理有益于西蓝花的营养成分。

Pataro 等在 20 ± 2 ℃的环境中用不同剂量的 UV-C 辐射的(1~8 J/cm²)处理未成熟的绿色西红柿,研究 UV-C 辐射对番茄果实的抗氧化剂化合物,并测定贮藏过程中的指标含量。结果表明,在能量剂量方面,所有样品的 pH 和白利糖度没有受到辐射处理的影响,且检测处理组果皮色过程中从绿色变为红色和并没有受到辐射处理的影响。然而,处理后的样品番茄红素的含量、总类胡萝卜素、酚类化合物和抗氧化活性在储存过程中增加,且分别是未处理组的 6.2 倍、2.5 倍、1.3 倍和 1.5 倍。这些结果表明 UV-C 辐射具有增强健康有益食品化合物积聚的潜力。

3.5.2　LED 红蓝光波长对果蔬保鲜品质的影响

余意等研究了环境温度下 330~800 nm 的不同波长的 LED 光源照射对生菜品质的影响,测试光合色素的吸收高峰,结果如图 3-17 所示,发现光合色素的光吸收高峰集中在红光波段(640~690 nm)和蓝光波段(330~500 nm)而在可见光除红蓝光之外的波段(500~640 nm 和 690~800 nm)吸光度很小。同时,研究发现不同叶色的生菜存在不同的最佳波长。

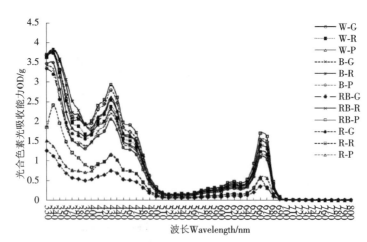

图 3-17　不同 LED 光质照射下三种叶色生菜光吸收曲线

杜爽等以 400~700 nm 的白光 LED、650 nm 的红光 LED 和 470 nm 的蓝光 LED 为不同波长的光处理方式,测试了茄子叶片的叶绿素的吸收量,同时分析了光响应特性,对比研究了不同光质下的光合速率,结果表明单色蓝光下茄子叶片净光合速率显著低于白光对照和红光处理。Linda 等分析白光、红光、蓝光和黑暗条件下的不同光谱特性上对绿芦笋生理生化过程的影响。结果表明,黑暗条件下不同光谱特性对相关生理生化参数无明显影响,在基底部分的糖含量降低,白光在心尖部分的木质素沉积是由于红光和蓝光对木质素合成的协同效应。维生素 C、叶绿素 a 和 b 和类胡萝卜素中的明暗处理在基底部分和心尖部分无太大变化。Gang 等研究了红色和蓝色 LED 照射对采后花椰菜衰老过程的影响。结果表明,红色 LED 照射能有效延缓花椰菜的黄变过程,减少其乙烯生产量并抑制抗坏血酸,而蓝色 LED 照射处理并未显著影响的花椰菜的衰老过程。基于以上结果,作者设计了一种蓝色光比例下降、红色光比例增加的改性白色 LED,在此白色 LED 光照下花椰菜的抗坏血酸生物合成基因(bo-vtc2 和 bo-gldh)和 AsA 再生基因(bo-mdar1 和 bo-mdar2)转录水平升高,致使较高的 AsA 含量较高,即采后花椰菜贮藏的第一天和第二天,抗坏血酸生物合成基因和抗坏血酸再生基因的上调促进了更高的抗坏血酸含量。给出的结果能明显改善花椰菜收获后的营养品质。

Wu 等分别以红色(625~630 nm)和蓝色(465~470 nm)LED 为光源研究了光照辐射对豌豆苗的抗氧化活性的影响,试图确定和比较叶绿素和 β 胡萝卜素含量的变化以及 Trolox 的当量抗氧化能力。经过 96 h 照射后,和白光辐射苗相比,红光辐射苗的茎长度和叶面积显著增加,而蓝光辐射苗的茎长度和苗重显著增加。蓝光辐射苗叶片的叶绿素含量快速增加,但光辐射 96 h 后所有处理组中的叶绿素含量并未表现出明显差异,并且红光辐射苗叶片的 β 胡萝卜素含量最高。240 株幼苗经红光辐射 96 h 后,乙醇和丙酮提取物的 TEAC 值(50 mg/mL)分别达到 106.48 μm 和 81.68 μm,这较其他处理组所得值高。总之,红光辐射明显提高了 β 胡萝卜素的表达水平和植物的抗氧化活性,有利于植物营养品质的增加,同时蓝光辐射强调对苗重和叶绿素含量的作用。Xu 等分别设定 450 nm 蓝光,白色、660 nm 红光(660 nm)的 LED 光中以及无光环境,将发光特性均控制为距离光源 10 cm 处光强为 45 μmol · m² · s⁻¹(输出电压 24 V,输出功率 0.48 W),研究不同光质对番茄的影响。结果表明,共质体在全膨压条件下的在渗透势较低,且蓝光处理下的番茄叶细胞在全膨压下的膨胀潜力更高。番茄叶片的共质体水分数要比蓝色光照射下的水分少,且在初始质壁分离点的渗透势和相对含水量比蓝光处理下低。蓝光处理下的水分流失更多地发生在气孔的蒸腾制作用处,而表皮的蒸腾作用失水量较少。

Dhakal 等为了提高成熟青西红柿的采后品质,将成熟绿色西红柿用蓝色 LED 发射的蓝色光(440~450 nm)预处理 7 d,开发的淡黄色和高水平硬度的,而那些具有从黑暗或红光(650~660 nm)预处理红色 LED 用于成熟和发展红色同期。预处理的西红柿在室温下黑暗的环境下贮藏,并测量贮存后第 7 d、14 d 和 21 d 的叶绿素 a、叶绿素 b、硬度和番茄红素含量。结果表明,在 21 d 的贮藏期内,蓝光预处理的西红柿推迟了其软化,而黑暗环境中的西红柿完全成熟,且产生了番茄红素的积累了。说明了简单的单蓝色波长的照射可以通过延缓果实软化和成熟来延长西红柿的货架寿命。

3.5.3　LED红蓝光光配比对果蔬保鲜品质的影响

1994年,日本采用波长为660 nm的95%红光LED与5%蓝光LED的组合光源栽培生菜,与采用荧光灯栽培相比,组合光源下生菜的地上部鲜重增加较多,但对其他生理、品质指标未做详细的分析研究。常涛涛等研究了不同红蓝光配比对番茄幼苗生长发育的影响,结果表明,红蓝光配比为1:3时番茄幼苗株高最大;红蓝光配比为1:1时,番茄幼苗壮苗指数最高,而比叶面积最小,幼苗植株内可溶性糖、蔗糖和淀粉含量较高。蓝光比例较大或接近于红光的复合光下,叶片叶绿素和类胡萝卜素含量、可溶性蛋白含量、植株鲜重和干重均较高,但叶绿素都较小;单独蓝光照射下幼苗根系活力最高,随着红光比例的增加幼苗根系活力逐步降低。周华等分别研究了红蓝光配比为8:1、4:1及红蓝紫外光配比为20:5:1的三种光配方处理对生菜生长发育和品质的影响。结果表明,红光显著地提高了生菜地上生物量的积累,但降低了其维生素C和粗蛋白质的含量;而蓝光具有明显矮化生菜植株的效果,提高生菜的维生素C和粗蛋白质含量;复合光配比为20:5:1的光强处理组可显著降低生菜的叶面积,提高生素维C含量、粗蛋白质含量和粗纤维含量。

刘文科等研究了不同波段的红蓝单色光及红蓝组合光对豌豆苗生长期的影响。结果表明,四种条件下的光处理对豌豆苗根系生长期的生物量无明显变化,红光条件下的叶绿素a含量最低,而蓝光条件下的叶绿素b最低;但是红蓝单色光对生素维C含量变化影响不大而红蓝组合光显著提高了豌豆苗菜产量及豌豆苗叶片中的维生素C含量。

3.5.4　LED红蓝光光强度对果蔬保鲜品质的影响

谢晶等以芦笋为试验材料,在普通冷藏环境下引入发出光合量子通量密度为20 μmol·m^{-2}·s^{-1}的红色LED,分别测定了芦笋的失重率、维生素C含量、叶绿素含量和可溶性固形物。结果如图3-18到图3-21所示,虽然在贮藏期芦笋失水率较大,但维生素C含量和叶绿素含量未出现剧烈下降,20 μmol·m^{-2}·s^{-1}的红色LED照射能较好地改善芦笋的贮藏品质。

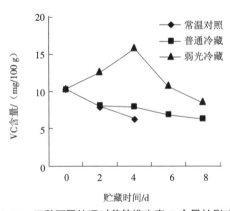

图3-18　三种不同处理对芦笋维生素C含量的影响 [63]

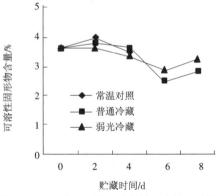

图3-19　三种不同处理对芦笋可溶性固形物含量的影响 [63]

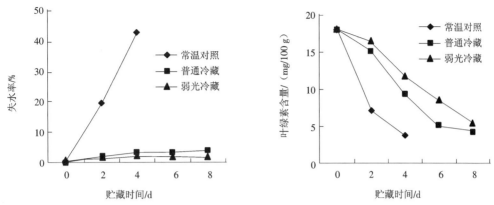

图 3-20　三种不同处理对芦笋失水率的影响 [63]　　图 3-21　三种不同处理对芦笋叶绿素含量的影响 [63]

李晶等分别以 400 μmol·m⁻²·s⁻¹、240 μmol·m⁻²·s⁻¹、50 μmol·m⁻²·s⁻¹ 的光照强度处理菠菜,并分别测定贮藏期内菠菜中叶绿素、类胡萝卜素和叶黄素的变化。结果表明, 400 μmol·m⁻²·s⁻¹ 光照强度增加时,叶绿素含量增加,400 μmol·m⁻²·s⁻¹ 光照强度下叶绿素含量增加,而在 240 μmol·m⁻²·s⁻¹ 光照强度下基本不变,50 μmol·m⁻²·s⁻¹ 光照强度下减少。类胡萝卜素含量随着光照强度的增加而减少;叶黄素含量由高到低依次为低光强、高光强、对照, 20 d 和 30 d 时低光强处理植株含量显著高于高光强和对照植株。总体而言,高光强有利于菠菜叶绿素的合成, 低光强有利于类胡萝卜素的形成。Enrico 等采用红色 LED 和蓝色 LED 获取不同且均匀的光照强度用以研究不同光强对番茄生长发育的影响。结果表明,当光强分别为 300 μmol·m⁻²·s⁻¹、450 μmol·m⁻²·s⁻¹ 和 550 μmol·m⁻²·s⁻¹ 时,植物的鲜重、干重、茎直径和健康指数是较高的,并且光强为 300 μmol·m⁻²·s⁻¹ 时能源效率最高。当光强从 50 μmol·m⁻²·s⁻¹ 增加到 550 μmol·m⁻²·s⁻¹ 时,比叶面积减少了。当光强分别为 300 μmol·m⁻²·s⁻¹ 和 450 μmol·m⁻²·s⁻¹ 时,叶片厚度、栅栏组织和海绵组织变得更大,同时气孔频率和单位叶面积气孔面积也较高。光强为 300 μmol·m⁻²·s⁻¹ 时,净光合速率获得最高值。相比其他光照组处理, 300 μmol·m⁻²·s⁻¹ 的光强更适合番茄幼苗的生长发育,并且采用大于 300 μmol·m⁻²·s⁻¹ 的光强处理番茄幼苗未获得实质性的增益。

Lin 等为了调查三种不同光质对生菜生物量和生菜叶片中叶绿素、类胡萝卜素,可溶性蛋白质、可溶性糖和硝酸盐含量积累的影响,同时试验也评估了新鲜植物的适销感官特性(脆度、甜度、形状和颜色)。用水栽培的生菜植株分为 3 组,分别用红蓝 LED、红蓝白 LED 和荧光灯(作为对照)照射 20 d(播种后 15 d),生长环境为:每天 16 h 光照射周期,白天与夜间温度分别为 24 ℃ 和 20 ℃,相对湿度 75%, CO_2 含量 900,光子通量密度 210 μmol·m⁻²·s⁻¹。结果表明:枝条和根的鲜重、干重以及脆度、甜度和形状在红蓝白 LED 照射处理组和荧光灯照射处理组中比在红蓝 LED 照射处理组中水平更高,同时,和红蓝 LED 照射处理相比,红蓝白 LED 照射处理下可溶性糖含量明显升高,亚硝酸盐含量明显下降。然而, 3 个处理组中生菜叶片的叶绿素、类胡萝卜素和可溶性蛋白质含量并无明显差异。这些结果表明,在生长期间合理补充使用红蓝白 LED 可以加快植物生长、增强植物的营养价值。Johkan 等为研究具有不同的峰值波长和光强的绿色发光二极管(LED)对莴苣光合作用的影响,将绿色

LED 峰值波长分别设定为 510 nm、524 nm 和 532 nm,其对应的光子通量密度分别为 100 μmol·m⁻²·s⁻¹、200 μmol·m⁻²·s⁻¹ 和 300 μmol·m⁻²·s⁻¹。结果表明,100 μmol·m⁻²·s⁻¹ 光强下莴苣植物根系生长比白色荧光灯处理下有所下降,200 μmol·m⁻²·s⁻¹ 光强莴苣植物根系生长有所增加,而 300 μmol·m⁻²·s⁻¹ 光强处理组是所有平行试验组中效果最好的一组。200 μmol·m⁻²·s⁻¹ 光强下莴苣叶片的光合速率高于 200 μmol·m⁻²·s⁻¹ 光强,且 300 μmol·m⁻²·s⁻¹ 光强下的光合速率最高。

3.6　结论

果蔬贮藏技术的核心是保持缓慢且能维持正常生理活动的新陈代谢,减少有机物质的消耗并使果蔬在贮藏后仍有较好的品质和商品性。研究不同光照对果蔬生理活动的影响机理,为果蔬提供适当的贮藏光照条件对于提高果蔬保鲜品质具有重要的意义。很多学者已从短波辐射、光照波长、光配比、光强度及光均匀性等多个方面进行了部分研究。光质具有不同波长的太阳光谱成分,对植物而言,只有波长在 400~700 nm 的光合有效辐射可用于光合作用。光是植物光合作用能量的重要来源,它以环境信号的形式作用于植物,从而调节植物的生长发育进程。植物体内的光敏色素、隐花色素、向光素和 UV-B 受体,在植物光合作用中起着重要作用,它们不仅可以影响植物净光合速率,还能调节叶片气孔的大小和数量。

试验用光照装置由最初的白炽灯、钠光灯等传统光源,发展到半导体 LED,不仅提升了发光效率,降低能耗,使用寿命也得到了提高。目前 LED 技术被广泛应用于光学、电子、农业和医药等领域,但适用于食品保鲜的光照装置种类并不是很多。光照技术以其绿色环保等优点在果蔬保鲜领域中得到广泛应用,研究结果表明光照辅助保鲜技术能降低果蔬失重率、抗褐变、降低发病率、提升硬度和各防御性酶活性、延缓营养物质的分解,延缓果蔬衰老等作用。但目前的试验研究没有涉及所有的果蔬种类,后续的内容还需要学者深入研究,给大家提供更多更有价值的参考,试验研究的结果也能更多地应用到实际生活中去。

参考文献

[1] 朱振家,杨瑞.预冷技术及冷链物流在果蔬产业中的应用及展望 [J].农产品加工,2014 (6):32-34.

[2] 钟伟平.第四讲 果蔬采后特性 [J].云南农业,2013(4):74-75.

[3] 罗海波,何雄,包永华,等.鲜切果蔬品质劣变影响因素及其可能机理 [J].食品科学, 2012,33(15):324-330.

[4] 赵鑫,陈国刚,郭文波.黑提葡萄临界低温高湿贮藏过程中品质变化的研究 [J].中国果菜,2016,36(10):10-14.

[5] 赵杰,佟伟,李振茹,等.不同气调贮藏方式对水蜜桃保鲜效果的影响 [J].中国果树, 2017(3):38-40.

[6] 姚豪杰,马海乐,潘忠礼,等.催化式红外辐射预处理对糙米贮藏稳定性的影响 [J].食品

工业科技,2017,38(11):102-106.

[7]　高静压处理对绿芦笋生理特性和贮藏品质的影响研究 [D]. 秦皇岛:河北科技师范学院,2016.

[8]　李永才,毕阳,麻和平,等. 蔬菜预冷保鲜技术研究 [J]. 保鲜与加工,2006,6(6):23-25.

[9]　李次力,段善海,廖萍. 超声波和涂膜技术在豆角保鲜中的应用 [J]. 食品科技，2001 (4):61-62.

[10]　刘洪竹. 冷热激处理对鲜切蔬菜衰老生理特性的影响 [D]. 天津:天津大学，2014.

[11]　周进. 纳米技术在食品领域中的应用 [J]. 中国食物与营养,2004(2):30-32.

[12]　孙晓云. 塘栖枇杷营养成分测定与气调包装保鲜技术的研究 [D]. 杭州:浙江农林大学,2015.

[13]　李唯,雷逢超,马月,等. 生物拮抗菌在果蔬贮藏保鲜中的应用 [J]. 陕西农业科学,2012,58(4):116-119.

[14]　曾荣,张阿珊,陈金印. 植物源防腐剂在果蔬保鲜中应用研究进展 [J]. 中国食品学报,2011,11(4):161-167.

[15]　张清,沈群. 冰温保鲜平谷大桃的实验研究 [J]. 食品科技,2010(11):70-73.

[16]　张娜,阎瑞香,关文强,等. LED 单色红光对西兰花采后黄化抑制效果的影响 [J]. 光谱学与光谱分析, 2016, 36(4):955-959.

[17]　张骁, 岛崎研一郎. 过氧化氢抑制蓝光诱导的 14-3-3 蛋白与向光素的结合 [J]. 科学通报, 2005, 50(8):836-838.

[18]　陈福禄, 李宏宇, 林辰涛,等. 拟南芥隐花色素突变体抑制子的筛选及其表型分析 [J]. 中国农业科技导报, 2009, 11(3):93-97.

[19]　李韶山, 潘瑞炽. 植物的蓝光效应 [J]. 植物生理学报, 1993(4):248-252.

[20]　RYU J S, KIM J I, KUNKEL T, et al. Phytochrome-specific type 5 phosphatase controls light signal flux by enhancing phytochrome stability and affinity for a signal transducer[J]. Cell, 2005, 120(3):395-406.

[21]　TAYLOR H R, WEST S K, ROSENTHAL F S, et al. Corneal changes associated with chronic UV irradiation[J]. Archives of Ophthalmology, 1989, 107(10):1481-4.

[22]　BAADSGAARD O. In vivo ultraviolet irradiation of human skin results in profound per-turbation of the immune system. Relevance to ultraviolet-induced skin cancer[J]. Archives of Dermatology, 1991, 127(1):99-109.

[23]　LIU J, STEVENS C, KHAN V A, et al. Application of ultraviolet-C light on storage rots and ripening of tomatoes[J]. Journal of Food Protection, 1993, 56(10):868-873.

[24]　LIU L H, ZABARAS D, BENNETT L E, et al. Effects of UV-C, red light and sun light on the carotenoid content and physical qualities of tomatoes during post-harvest storage[J]. Food Chemistry, 2009, 115(2):495-500.

[25]　MAHARAJ R, ARUL J, NADEAU P. UV-C irradiation of tomato and its effects on color and pigments[J]. Advances in Environmental Biology, 2010, 4(2):308-315.

[26] MAU J L, CHEN P R, YANG J H. Ultraviolet irradiation increased vitamin D2 content in edible mushrooms[J]. Journal of Agricultural & Food Chemistry, 1998, 46(12): 5269-5272.

[27] MAHARAJ R, ARUL J, NADEAU P. Effect of photochemical treatment in the preservation of fresh tomato (Lycopersicon esculentum, cv. Capello) by delaying senescence[J]. Postharvest Biology & Technology, 1999, 15(1):13-23.

[28] POMBO M A, DOTTO M C, MARTÍNEZ G A, et al. UV-C irradiation delays strawberry fruit softening and modifies the expression of genes involved in cell wall degradation[J]. Postharvest Biology & Technology, 2009, 51(2):141-148.

[29] KOWALSKI W. Ultraviolet germicidal irradiation handbook[J]. Springer Berlin, 2009: 17-50.

[30] BRADY C J. Fruit Ripening[J]. Anal.rev.plant Physiol, 1987, 38(1):155-178.

[31] CUNNINGHAM M L, JOHNSON J S, GIOVANAZZI S M, et al. Photosensitized production of superoxide anion by monochromatic (290~405 nm) ultraviolet irradiation of nadh and nadph coenzymes[J]. Photochemistry & Photobiology, 2010, 42(2):125-128.

[32] SHAMA G, ALDERSON P. UV hormesis in fruits: a concept ripe for commercialisation[J]. Trends in Food Science & Technology, 2005, 16(4):128-136.

[33] HEMMATY S, MOALLEMI N, NASERI L. Effect of UV-C radiation and hot water on the calcium content and postharvest quality of apples[J]. Spanish Journal of Agricultural Research, 2007, 97(2010):559-568.

[34] SHAMA G. Process challenges in applying low doses of ultraviolet light to fresh produce for eliciting beneficial hormetic responses[J]. Postharvest Biology & Technology, 2007, 44(1):1-8.

[35] GALSTON A W, SAWHNEY R K. Polyamines in plant physiology[J]. Plant Physiology, 1990, 94(2):406-410.

[36] SLOCUM R D, KAUR-SAWHNEY R, GALSTON A W. The physiology and biochemistry of polyamines in plants[J]. Archives of Biochemistry & Biophysics, 1984, 235(2): 283-303.

[37] JIAN L, QIAN Z, YANG C, et al. Use of UV-C treatment to inhibit the microbial growth and maintain the quality of Yali pear[J]. Journal of Food Science, 2010, 75(7): M503-M507.

[38] SHAHIDI F, CHANDRASEKARA A, ZHONG Y. Bioactive phytochemicals in vegetables[M]// Handbook of Vegetables and Vegetable Processing. 2011.

[39] SHAHIDI F, NACZK M, SHAHIDI F, et al. Phenolics in food and nutraceuticals[J]. Phenolics in Food & Nutraceuticals, 2004, 13(3):12-5.

[40] TOMÁS-BARBERÁN F A, ESPÍN J C. Phenolic compounds and related enzymes as determinants of quality in fruits and vegetables[J]. Journal of the Science of Food & Agricul-

ture，2010，81（9）：853-876.

[41]　GONZÁLEZ-AGUILAR G A，VILLEGAS-OCHOA M A，MARTÍNEZ-TÉLLEZ M A，et al. Improving antioxidant capacity of fresh - cut mangoes treated with UV - C[J]. Journal of Food Science，2010，72（3）：S197-S202.

[42]　GHATE V S，NG K S，ZHOU W，et al. Antibacterial effect of light emitting diodes of visible wavelengths on selected food borne pathogens at different illumination temperatures[J]. International Journal of Food Microbiology，2013，166（3）：399-406.

[43]　CAVA E L，SGROPPO S C. Evolution during refrigerated storage of bioactive compounds and quality characteristics of grapefruit [Citrus paradisi，（Macf.）] juice treated with UV-C light[J]. LWT - Food Science and Technology，2015，63（2）：1325-1333.

[44]　ANNA LANTE，FEDERICA TINELLO，MARINO NICOLETTO.UV-A light treatment for controlling enzymatic browning of fresh-cut fruits[J].Innovative Food Science & Emerging Technologies，2016，34：141-147.

[45]　王超. 冰温下 LED 红蓝组合光照射对果蔬采后保鲜的研究 [D]. 天津:天津商业大学，2016.

[46]　张永芳,原嫒. 微波萃取 - 考马斯亮蓝法提取大豆蛋白的工艺研究 [J]. 食品工业，2018,39（09）：44-48.

[47]　BULA R J，MORROW R C，TIBBITTS T W，et al.Light-emitting diodes as a radiation source for plants[J].Hortscience A Publication of the American Society for Horticultural Science,1991,26（2）：203-205.

第4章　微波辅助技术

4.1　技术意义

在过去的几十年里,随着生活水平的不断提高,人们对新鲜、健康食品的需求也逐渐增大。为了保证新鲜食品的质量和安全,在食品工业中采用了许多技术,例如:包装、干燥、冷藏和冷冻等[1][2][3][4][5][6][7][8][9][10][11],其中,冷冻是一种非常流行的保存技术。

食品冻结时,其中的水分发生结晶并转化为冰晶,这个过程决定了冷冻产品的最终质量。冰晶的形成通常分为两个阶段:成核及冰核的生长。细胞在冷冻过程中因为受到渗透压、机械损伤、热应力等因素的影响会发生损伤甚至死亡。细胞损伤有两种形式[12],一种是物理和化学损伤,包括结晶导致的体积膨胀,细胞破裂以及因膜系统损伤而发生的一系列不良生物化学反应[13][14];另一种是由于晶体分布不均匀导致细胞内部的渗透压脱水、收缩和某些细胞组成(如蛋白质和果胶)的变性。这些损伤与冰晶的大小、形状以及分布高度相关,而后者的形成又依赖于冰核的数量和冰晶的生长[15]。

在食品冻结过程中,冰核的形成主要受两个因素的影响:冷冻速率和过冷度。一些研究表明,快速的结晶率和高过冷度可以促使更多冰核及小粒径冰晶的产生。无论是均匀还是不均匀的成核过程,成核率都会随着过冷度的增加而显著提高[16][17][18][19]。众所周知,速冻因为形成小冰晶而改善了冻品质量[20],但其却是一个高能耗过程[21][22]。因此我们面临着挑战,即如何在不增加冰晶大小的情况下降低过程成本,或者在成本没有显著增加时减少冰晶的大小。为了使细胞损伤降到最低的同时又有较少的能耗,出现了一些新型的冷冻方法,例如:微波、超声、电磁场和机械振动等的辅助冻结[23][24][25][26][27]。其中,有关微波辅助冻结技术的研究虽然不多,但仍展现了它在控制冰核数量及冰晶大小方面的巨大潜力。

此外,微波在食品工业中还可以应用在萃取,杀菌以及干燥等方面[28][29][30][31][32][33][34][35][36],且技术已经发展得相对成熟。其中,微波干燥技术得到了广泛的应用,并获得了显著的成果。本书在介绍微波技术在冷冻冷藏中的应用之余也会着重其在干燥方面的发展情况,希冀发现问题,并提出改善方向,为我国食品工业的发展贡献一份微薄之力。

4.2　技术原理

4.2.1　微波的定义及规则

微波是一种频率在300 MHz到300 GHz之间的电磁波,在电磁波谱图中,它们介于低频的无线电波和高频的红外线及可见光之间,因而微波属于非电离辐射。

频率 f 与光速 c 和相应的波长对应,由公式(4-1)表述。在这种情况下,光的传播速度及光波在物质中的波长取决于材料。在真空状态下,因为光速为 $c_0 \approx 3 \times 10^8 \text{ m/s}$,与之相应的微波波长在 1 m 到 1 mm 之间,因此称之为"微波"有些误导,"微波"名称是指其在物质之内的波长在微米范围内的电磁波。

$$c = \lambda \cdot f \tag{4-1}$$

微波范围的频率与用作广播的无线电频率相连,但是微波频率范围内的电磁波也可用于通信,例如移动电话和雷达。为避免出现干扰问题,在工业、医学和科研应用上都有特定的频率范围(成为 ISM),还有某些特定辐射频率仅用于通信领域。ISM 波段位于 433 MHz, 915 MHz 和 2 450 MHz,对于 433 MHz 和 915 MHz 的电磁波来说,前者不常用,而后者在欧洲大陆基本上不允许使用。除了需用频率范围之外,要严格禁止产生微波泄漏。915 MHz 在工业应用方面有很大的优势,而家用微波炉唯一可用的频率是 2 450 MHz。

除了考虑微波交互作用规律外,还有两项安全规则需要注意:

(1)在微波工作环境中,人体可暴露的最大面积或微波最大吸收量的规则;

(2)关于微波设备辐射或泄露最大量的规则。

依据微波对人体产生热效应估算人体暴露于微波中的限量。特别要考虑到一些敏感器官,如眼睛,会有降低热平衡的可能性和视觉集中效应。因此,在大多数国家,一般认为人体暴露安全限量为体表 1 mW/cm^2 。考虑到离子辐射,用术语"比吸收率"来表示人体暴露或吸收微波的量(SAR),该值时入射微波能与体重的商。国际非离子辐射保护委员会[37][38]推荐,SAR 的最高值设定为 0.4 W/kg。

微波设备产生最大辐射量控制在 5 mW/cm^2 ,该值是在距离辐射源 5 cm 处测出的,而此处是微波泄漏量最大的地方。这样,允许泄漏量可以高于暴露的最大限量。但是对于正常泄漏情况下,某处的非集中能量密度与到波源距离的平方的倒数呈比例关系。因此,在距离辐射源 5 cm 处,微波泄漏量维持在 5 mW/cm^2 的范围内,这个限量已经低于距离辐射源 11.2 cm, 1 mW/cm^2 最大暴露限量。

4.2.2　电磁理论

微波是一种电磁波,可用麦克斯韦方程作基本的描述:式(4-2)和式(4-4)表述了非磁单极子作为磁场源(ρ)的情形。而式(4-3)和(4-5)描述了电场和磁场之间的耦合关系。

$$\nabla \cdot \vec{D} = \rho \tag{4-2}$$

$$\nabla \times \vec{E} = -\frac{\partial \vec{B}}{\partial t} \tag{4-3}$$

$$\nabla \cdot \vec{B} = 0 \tag{4-4}$$

$$\nabla \cdot \vec{H} = \vec{j} + \frac{\partial \vec{D}}{\partial t} \tag{4-5}$$

电磁场与物质的相互关系可由物质方程或本构关系式(4-6)~(4-8)表达,其中电容率

或介电常数 ε（是非导电物质与电场 $\vec{E}$ 之间的交互作用），电导率 σ，磁导率 μ（与磁场 $\vec{H}$ 的交互关系）的作用表现在模型中。式中，0 脚标表示真空状态时的数值，因此 ε 和 μ 都是相对值。

$$\vec{D} = \varepsilon_0 \varepsilon \cdot \vec{E} \tag{4-6}$$

$$\vec{B} = \mu_0 \mu \cdot \vec{H} \tag{4-7}$$

$$\vec{j} = \sigma \cdot \vec{E} \tag{4-8}$$

总体而言，所有的物质都是复杂的张量（与方向相关）。但对于食品类物质而言，实际应用中可以适当简化，这是由于食品是非磁性的，其相对磁导率 μ 可以设为 1，电容率张量简化为一复合常数，有实部 ε' 和虚部 ε''，其中包含了电导率 σ。

4.2.2.1　波动方程和边界条件

麦克斯韦方程适用于所有电磁波。为了更加详细而准确地描述电磁波，以麦克斯韦方程为基础，在无电荷（ $\rho = 0$ ）和无电流密度（ $\vec{j} = 0$ ）的简化条件下，则容易导出相应的波动方程（电场或磁场）。这里的推导过程只是在电场中进行，也可以经简单地转化应用于磁场。应用旋度算子（ $\nabla \times$ ），由式（4-3）可以推导出式（4-9）：

$$\nabla \times (\nabla \times \vec{E}) = -\nabla \times \frac{\partial \vec{B}}{\partial t} = -\frac{\partial}{\partial t}(\nabla \times \vec{B}) \tag{4-9}$$

若假设磁导率是常量，代入公式（4-5），应用磁场本构方程（4-7）可转化为式（4-10）：

$$\nabla \times (\nabla \times \vec{E}) = -\mu_0 \mu \frac{\partial}{\partial t}\left(\frac{\partial \vec{D}}{\partial t}\right) \tag{4-10}$$

利用电场的物质方程（4-6），麦克斯韦方程（4-2）的第一部分和矢量恒等式 $\nabla \times (\nabla \times \vec{X}) = \nabla(\nabla \cdot \vec{X}) - \Delta \vec{X}$，就可以得到著名的波动方程：

$$\nabla \vec{E} - \mu_0 \mu \varepsilon_0 \varepsilon \frac{\partial^2 \vec{E}}{\partial t^2} = 0 \tag{4-11}$$

对于含有磁场部分 $\vec{B}$ 的相应波动方程可以用同样的方法导出，把 $\vec{E}$ 用 $\vec{B}$ 代替。与波动方程（4-11）的标准形式比较，可以推出这种情况下的波速方程，定义为：

$$c = \frac{1}{\sqrt{\mu_0 \varepsilon_0 \mu \varepsilon}} = \frac{c_0}{\sqrt{\mu \varepsilon}} \tag{4-12}$$

方程（4-11）可能解的特性可考虑用所谓的线性极化平面波来解释。线性极化指的情况是，例如，只有 1 个组成部分的电场，如只有坐标 z 向的电场 E_z，如果这个方向只与一个局部坐标有关，如 x 轴（和时间），这样的波称为平面波。而且，如果材料参数与频率无关，可由方程（4-11）得到：

$$\frac{\partial^2 E_z}{\partial x^2} - \frac{1}{c^2}\frac{\partial^2 E_z}{\partial t^2} = 0 \tag{4-13}$$

求解该方程的所有函数形式 $f(kx \pm \omega t)$ 可以列出来。对于较为复杂的情况，通常用时谐函数作为方程的解式：

$$\vec{E} = \vec{E_0} \cos(\vec{k}\vec{x} - \omega t)$$

$$\vec{E} = \vec{E_0} \sin(\vec{k}\vec{x} - \omega t)$$

$$\vec{E} = \Re\left\{\vec{E_0} \exp\left[i(\vec{k}\vec{x} - \omega t)\right]\right\} \tag{4-14}$$

这里 $\Re(x)$ 为 x 的实部，$\vec{k}$ 是波矢量，表明了它的传播方向，其绝对值可定义为：

$$\vec{k}^2 = \frac{\omega^2}{c^2} \tag{4-15}$$

式中，$\omega = 2\pi f$ 是波的角频率。

应该注意的是，电场和磁场的独立波动方程，不能完全代替麦克斯韦方程。相反，在进一步条件下，电场和磁场之间具有一定的相关性（表 4-1）。在这一理论中，涉及波的弥散性（材料中光速与频率 ω 的相关性）。考虑到材料内的吸收性，我们不得不引入更复杂的电容率和波矢量，如果允许在公式（4-10）中添加一个有限的电导率 σ，此时电流为 $\vec{j} = \sigma \vec{E}$，则可以代替简单的波动方程（4-11），将其扩展为式：

$$\Delta \vec{E} - \mu_0 \mu \sigma \frac{\partial \vec{E}}{\partial t} - \mu_0 \mu \varepsilon_0 \varepsilon \frac{\partial^2 \vec{E}}{\partial t^2} = 0 \tag{4-16}$$

用时谐函数作为上述方程的解，方程（4-16）可以简化为：

$$\Delta \vec{E} + \omega^2 \mu_0 \mu \varepsilon_0 (\varepsilon - i \frac{\sigma}{\varepsilon_0 \omega}) \vec{E} = 0 \tag{4-17}$$

该方程表明限定的电导率 σ 与电容率的虚部 ε'' 是等价的。

表 4-1　电场与磁场的相关性 [39]

交互性	电场和磁场的相互关系
$\vec{k} \cdot \vec{E_0} = 0$	$\vec{k} \times \vec{E_0} = \omega \cdot \vec{B_0}$
$\vec{k} \cdot \vec{B_0} = 0$	$\vec{k} \cdot \vec{B_0} = -\omega \cdot \mu_0 \mu \cdot \varepsilon_0 \varepsilon \cdot \vec{E_0}$

4.2.2.2　几何光学：反射和折射

考虑平面波从半无限非吸收介质 Ⅰ（$n_1 = \sqrt{\varepsilon_1}$）传播到一种半无限可吸收介质 Ⅱ（$n_2 = \sqrt{\varepsilon_2} = n_{2r} + i n_{2i}$）中的情况。二者磁导率均为 1，两种介质的边界平面应该为 x-y 平面（在 $z = 0$ 时），平面波电场（忽略实部）可写作：

$$\vec{E} = \vec{E_0} \exp[i(\vec{k}\vec{x} - \omega t)] \tag{4-18}$$

根据表 4-1，相应的磁场可定义为：

$$\vec{B} = \frac{1}{\omega} \cdot \vec{B} \times \vec{E} \tag{4-19}$$

该波在波矢量 $\vec{k}$ 的方向传递了能量，用图 4-1 的一条射线描述。并且在这一情况下，表 4-2 中的边界条件（无表面电荷和电流）是适用的，因此，反射波 [式（4-20）] 和折射波 [式（4-21）] 与时间的关系可以表述为：

$$\left.\begin{array}{l} \vec{E_r} = \vec{E_{0r}} \exp[i(\vec{k_r}\vec{x} - \omega t)] \\ \vec{B_r} = \frac{1}{\omega} \cdot \vec{k_r} \times \vec{E_r} \end{array}\right\} (z < 0) \tag{4-20}$$

$$\left.\begin{array}{l} \vec{E}_t = \vec{E}_{0t} \exp[i(\vec{k}_t \vec{x} - \omega t)] \\ \vec{B}_t = \dfrac{1}{\omega} \cdot \vec{k}_t \times \vec{E}_t \end{array}\right\} (z > 0) \qquad (4\text{-}21)$$

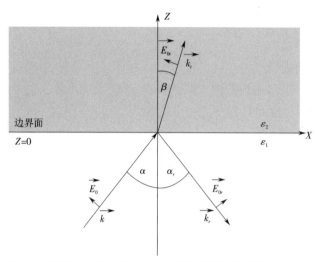

图 4-1　平面波入射作用在有介电边界平面上的反射和折射 [39]

表 4-2　不同情况下的边界条件 [39]

先决条件	边界条件
无表面电荷	$D_\perp$ 连续性
—	$B_\perp$ 连续性
无表面容量	$H_\parallel$ 连续性
—	$E_\parallel$ 连续性
理想导体壁（金属）	$E_\parallel = 0$
理想导体壁（金属）	$B_\perp = 0$

波矢量遵循式（4-22），因而 $\vec{k}$ 和 $\vec{k}_r$ 是实数，但 $\vec{k}_t$ 一般是复杂的。

$$\frac{\vec{k}^2}{n_1^2} = \frac{\vec{k}_r^2}{n_1^2} = \frac{\vec{k}_t^2}{n_2^2} = \frac{\omega^2}{c^2} \qquad (4\text{-}22)$$

扼要说明的是：当 $z > 0$ 时，有解 $\vec{E}_t$；而当 $z < 0$ 时，解是 $\vec{E} + \vec{E}_r$。取入射波的 $\vec{E}$ 和 $\vec{k}$ 为起点，其余的变量 $\vec{E}_r$，$\vec{E}_t$，$\vec{k}_r$，$\vec{k}_t$ 可由表 4-2 中边界条件决定。

在 $z = 0$ 平面，所有波的局部变量 $\vec{E}$，$\vec{E}_r$，$\vec{E}_t$ 是一致的，因此有：

$$k_x x + k_y y = k_{r,x} x + k_{r,y} y = k_{t,x} x + k_{t,y} \qquad (4\text{-}23)$$

如果不限定广泛性，可选择 y 分量为 0，$k_y = 0$，有：

$$k_y = k_{r,y} = k_{t,y} = 0 \qquad (4\text{-}24)$$

$$k_x = k_{r,x} = k_{t,x} \qquad (4\text{-}25)$$

式（4-24）表示了在同一平面（图 4-1 描述的）入射、反射和衍射波矢量，图 4-1 中的角度由下式定义。该方程更具普遍性，由于有 $\vec{k_t}$ 的存在，使 β 变得更复杂。

$$k_x = k \sin \alpha$$
$$k_{t,x} = k_t \sin \beta$$
$$k_{r,x} = k_t \sin \alpha_r \tag{4-26}$$

由等式（4-22），（4-25）和（4-26）可直接推导出反射定律公式：

$$\alpha = \alpha_r \tag{4-27}$$

以及在考虑到弱衰减作用的条件下（$n_{2i} \ll n_{2r}$）的折射定律公式：

$$\frac{\sin \beta}{\sin \alpha} = \frac{n_1}{n_2} \approx \frac{n_1}{n_{2r}} \tag{4-28}$$

为了确定反射波和入射波的强度，需要表 4-2 中边界条件来计算，同时仍设定所有磁导率 $\mu = 1$，可推导出如下等式：

$$[\varepsilon_1 (\vec{E_0} + \vec{E_{0r}}) - \varepsilon_2 \vec{E_{0t}}] \cdot \hat{e}_z = 0 \tag{4-29}$$

$$[\vec{k} \times \vec{E_0} + \vec{k_r} \times \vec{E_{0r}} - \vec{k_t} \times \vec{E_{0t}}] \cdot \hat{e}_z = 0 \tag{4-30}$$

$$[\vec{E_0} + \vec{E_{0r}} - \vec{E_{0t}}] \times \hat{e}_z = 0 \tag{4-31}$$

$$[\vec{k} \times \vec{E_0} + \vec{k_r} \times \vec{E_{0r}} - \vec{k_r} \times \vec{E_{0t}}] \times \hat{e}_z = 0 \tag{4-32}$$

需要区别对待微波线性极性作用的两种正交情况，可构建任何种类的极化作用。第一种情况是电场强度 $\vec{E_0}$（也是传播和反射微波的场）与入射平面平行，$\vec{E_0} \cdot \hat{e}_y = 0$，此处包含了很多信息。而对于入射平面波，$\vec{E_0} = E_0 \cdot \hat{e}_y$ 的第二种正交极化作用情况，这里只是给出了结果。

基于如下事实：全部波向量以及电场向量都处于入射平面波中，该波与 Z 轴平行。则方程（4-30）充分表达了这种情况。由式（4-26）定义的角度，可以导出其余的方程：

$$\varepsilon_1 (\vec{E_0} + \vec{E_{0r}}) \sin \alpha - \varepsilon_2 \vec{E_{0t}} \sin \beta = 0 \tag{4-33}$$

$$(\vec{E_0} - \vec{E_{0r}}) \cos \alpha - \vec{E_{0t}} \cos \beta = 0 \tag{4-34}$$

$$\sqrt{\varepsilon_1} \cdot (\vec{E_0} + \vec{E_{0r}}) - \sqrt{\varepsilon_2} \cdot \vec{E_{0t}} = 0 \tag{4-35}$$

如果考虑折射定律式（4-28）以及 $n = \sqrt{\varepsilon}$，方程（4-35）和式（4-33）是等价的，因此可以忽略其中的一个。其余的方程求得 $\vec{E_{0r}}$ 和 $\vec{E_{0t}}$ 的解，从而导出 Fresnel's 公式：

$$\frac{\vec{E_{0t}}}{\vec{E_0}} = \frac{2\sqrt{\varepsilon_1 \varepsilon_2} \cdot \cos \alpha}{\varepsilon_2 \cos \alpha + \sqrt{\varepsilon_1 (\varepsilon_2 - \varepsilon_1 \sin^2 \alpha)}} \tag{4-36}$$

$$\frac{\vec{E_{0r}}}{\vec{E_0}} = \frac{\varepsilon_2 \cos \alpha - \sqrt{\varepsilon_1 (\varepsilon_2 - \varepsilon_1 \sin^2 \alpha)}}{\varepsilon_2 \cos \alpha + \sqrt{\varepsilon_1 (\varepsilon_2 - \varepsilon_1 \sin^2 \alpha)}} \tag{4-37}$$

场比率平方与反射系数和入射系数相关，两式的总和为 1。

如果电场与入射波正交，类似推导出相应的 Fresnel's 公式：

$$\frac{\vec{E}_{0t}}{\vec{E}_0} = \frac{2\cos\alpha}{\cos\alpha + \sqrt{\frac{\varepsilon_2}{\varepsilon_1} - \sin^2\alpha}} \tag{4-38}$$

$$\frac{\vec{E}_{0r}}{\vec{E}_0} = \frac{\cos\alpha - \sqrt{\frac{\varepsilon_2}{\varepsilon_1} - \sin^2\alpha}}{\cos\alpha + \sqrt{\frac{\varepsilon_2}{\varepsilon_1} - \sin^2\alpha}} \tag{4-39}$$

运用这种方法,特别是等式(4-28),很容易理解凸面物体,像鸡蛋,在其中心几厘米处局部受热的情况,因为微波射线在凸表面产生折射聚散到材料中心。

在微波加热过程中,为了计算物体内部的温度变化,确定功率密度和电磁场起始点很重要。由于一般食品中的磁性与真空状态差别不大,在大多数情况下,电场知识足以计算因能量耗散产生的热量。能量耗散(每单位容积)p_V决定于欧姆损耗,计算公式为:

$$p_V = \frac{1}{2}\Re(E \cdot \vec{j}^*) \tag{4-40}$$

电流密度$\vec{j}$由电导率和式(4-8)中的电场确定。介电常数的虚部与电导率的等价式描述为:

$$\sigma_{\text{总}} = \sigma + \omega\varepsilon_0\varepsilon'' \tag{4-41}$$

能量的最终耗散可以根据总电导率或介电常数的整个虚部(损失因子)写出:

$$p_V = \frac{1}{2}\sigma_{\text{总}} \cdot \left|\vec{E}\right|^2 = \frac{1}{2}\omega\varepsilon_0\varepsilon'' \cdot \left|\vec{E}\right|^2 \tag{4-42}$$

根据电场值平方,可以得出这样的结果,能量弥散深度δ_p只是电场渗透深度δ_E的一半。

$$\delta_p = \frac{1}{\omega} \cdot \sqrt{\frac{1}{2\mu_0\mu\varepsilon_0\varepsilon'\left(\sqrt{1 + \frac{\varepsilon''^{*2}}{\varepsilon'^2}} - 1\right)}} \tag{4-43}$$

4.2.3　食品的介电性

由于材料的介电特性是麦克斯韦方程的主要物理参数,因此,对电磁能作用于材料的效率、电磁场分布以及材料内电磁能向热能的转化都有显著影响。在生物材料中,介电损失的机制通常包括电磁场中材料的极性分子的、电子的和原子的瓦格纳－麦克斯韦效应[40]。在食品中,这些特性反映在游离溶液中带电离子的迁移或完好的植物或动物组织中,像水和酒精这样的小极性分子的旋转,蛋白质侧链的松弛等[41]。由于物质内部原有的分子无规律热运动和相邻分子之间作用,分子的转动受到干扰和限制,产生"摩擦效应"结果一部分能量转化为分子热运动能,即以热的形式表现出来,从而物料被加热。

在食品电介质加热工业实践中,微波频率的主要损失机理都是离子导电和偶极子旋转:

$$\varepsilon'' = \varepsilon_d'' + \varepsilon_\sigma'' = \varepsilon_d'' + \frac{\sigma}{\varepsilon_0\omega} \tag{4-44}$$

下角标的 d 和 σ 代表偶极子旋转和离子导电的作用,分别为: σ(S/m)是离子导电率。ω 是角频率,ε_0(rad/s)是自由空间或真空下(8.854×10^{-12} F/m)的介电常数。

物质的介电特性是通过复杂的介电常数按下面的关系描述为:

$$\varepsilon^* = \varepsilon' - j\varepsilon'' \qquad\qquad (4-45)$$

这里 $j = \sqrt{-1}$,ε^* 指相对于自由空间,实部 ε' 是介电常数,反映了材料在电磁场中储存电能的能力。虚部 ε'' 是电介质的损耗因数,它影响电磁能向热能的转化。介电常数实部和虚部的比率代表另一个重要的参数,即切损角的正切($\tan\delta_e = \varepsilon''/\varepsilon'$),而且介电常数决定食物中微波能的衰减。

当受电磁场作用时,食品中转化的热量与损耗因数 ε'' 的值是成比例的。在不考虑热传递损失的前提下,温度增量(ΔT)可用下式 [42] 计算:

$$\rho C_p \frac{\Delta T}{\Delta t} = 5.563 \times 10^{-11} fE^2 \varepsilon''$$

$$5.564 \times 10^{-11} = 2\pi\varepsilon_0 \qquad\qquad (4-46)$$

其中 C_p(J/(g·K))指材料的比热,ρ(kg/m³)是密度,E(V/m)是电场强度,f(Hz) 是频率,Δt(s) 是时间增量,ΔT(K) 是温度增量。

由于电磁能的耗散,离电介质的表面距离越远,电场强度越弱:

$$E = E_0 e^{-\alpha z} \qquad\qquad (4-47)$$

衰减程度是由衰减系数(α)决定的,而衰减系数又是物质介电特性的函数 [43]:

$$\alpha = \frac{2\pi}{\lambda_0} \left[\frac{1}{2} \varepsilon' \left(\sqrt{1 + \left(\frac{\varepsilon''}{\varepsilon'}\right)^2} \right) - 1 \right]^{\frac{1}{2}} \qquad\qquad (4-48)$$

其中 λ_0 是自由空间波长,$\lambda_0 = \dfrac{c}{f}$,c 是自由空间光速($c = 3 \times 10^8$ m/s)。

按照公式,物质中电磁能转换为热能的量与电场强度的平方成比例。在公式中用功率 P 代替 E,可得到公式:

$$P = P_0 e^{-2\alpha z} \qquad\qquad (4-49)$$

耗散功率衰减到 1/e(欧拉数 e ≈ 2.718)的深度定义为微波的穿透深度,图 4-2 展示了大尺寸材料中的典型穿透深度。食品中微波能的穿透深度用米做单位,可按下式计算:

$$d_p = \frac{c}{2\pi f \sqrt{2\varepsilon' \left[1 + \sqrt{\left(\frac{\varepsilon''}{\varepsilon'}\right)^2 - 1} \right]}} \qquad\qquad (4-50)$$

微波在材料中的穿透深度与频率成反比。也就是说,短波比长波穿透物料的深度要浅。另外,电磁波在含水量高的食品中穿透深度不会太深,因为湿食物内部介电常数和损耗因数相对都很高。在评估一定频率的电磁场是否能对具体食品进行均匀加热时,穿透深度是一个很重要的概念。大尺寸材料中的典型穿透深度如图 4-2 所示。

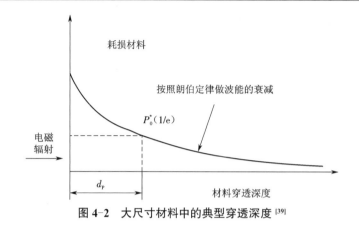

图 4-2 　大尺寸材料中的典型穿透深度 [39]

4.2.4 　水分子的物理性质及特征

食品冻结过程中的主要影响因素是水,且水的相变过程又决定了最终的冻品质量,因此,对于水相关性质特征的理解也至关重要。通常,水分子的几何结构被视为理想四面体,在液态水中两个氢原子之间的键角为 105°,冻结状态下它们之间的角度为 109° 6′[44]。氧与每个氢原子之间的核间距离为 0.96 Å,而氧和氢的范德华半径分别为 1.40 Å 和 1.20 Å[45][46]。氧原子的电负性使得其对氢原子的吸引力比它们之间的吸引力更加强烈。原子间电子密度的这种不对称分布导致每个氢原子带轻微的正电荷,氧原子略带负电荷 [47]。

水因为上述特征而属于具有偶极矩和显著的双极极化度的极性分子 [46]。这种极性使它们彼此相互作用并与最邻近的分子之间通过多个氢键构成网络,形成水分子簇。所以,水在自然状态下,不是以单分子的状态存在的,而是以聚合水的形式存在。每个水分子可形成多达四个氢键。氧可以与两个氢原子形成氢键,而剩余的两个氢原子也都可以与其他分子形成氢键 [44][45]。在这一点上,重要的是要认识到氢键与其他键相比为弱键。因此,液态时,随着氢键的断裂和重整,水结构在不断变化。水分子具有极性并且氢键较弱,如果放置在电场中,它不仅会通过其偶极矩与该场的相互作用作出反应,而且由于该分子具有显著的偶极极化能力,其偶极矩将在电场下得到增强 [44][47]。

而冰是水分子通过氢键相互结合、有序排列形成的低密度且具有一定刚性的六方形晶体结构。显然,冰的介电性远小于液态水。

4.3 　食品介电性的影响因素

4.3.1 　水

湿食品中的水分通常被分成三类:①细胞间的自由水,②处于自由水和结合水之间可移动的水层,③结合水。细胞间的自由水分子的介电性与液态水的介电性很相似,而结合水的介电性却像冰一样。一般说来,当水分含量降低到一个临界值时,食品的介电性也迅速降低。在低于临界水分含量时,由于主要是结合水,此时水分含量变化对损耗因数的影响不大。然而,高温能提高结合水的流动性,从而减小这一临界水分值。

因为损耗因数随水分含量降低而减小,所以食品的干燥部分将电磁能转化为热能的能力降低,而潮湿部分与之相比能将更多的微波能转化为热能。这不仅可以解决热风烘干过程中普遍存在的水分分配不均匀问题(热风烘干食品的内部总是比表面要潮湿些),也会显著缩短烘干时间[48]。

4.3.2　温度和盐含量

温度对食品的介电特性的影响与很多因素相关,包括食品组成,特别是水分和盐含量。

对于含盐的湿食品,通常在无线电射频和低微波频率下,损耗因数随温度升高而增大,这会导致所谓的"热失控"现象[40]。也就是说,食品优先得到加热的区域会因在电磁场中得到加速热化而导致整个食品加热不均。

图 4-3 所示为在 3 000 MHz 下,温度和食品组成对几种所选食品损耗因数变化趋势的影响。所有冷冻食品的损耗因数都很低,但在解冻以后,损耗因数急剧增加,接近自由水。蒸馏水与其他低盐分食品损耗因数在 3 000 MHz 时随温度升高而降低,而高盐分熟火腿的损耗因数则随温度升高而增大。

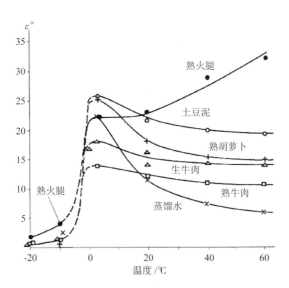

图 4-3　3 000 MHz 下温度对几种食品介电损耗因数(ε'')的影响 [49]

4.3.3　频率与温度、组成的综合影响

表 4-3 表明,不同种食品在两个微波频率下的介电常数和损耗因数是变化的,北美和大部分亚洲国家工业化微波加热采用 915 MHz,全世界家用微波炉采用 2 450 MHz。896 MHz

（在欧洲替代 915 MHz 使用）下食品的介电特性与 915 MHz 时没有明显不同，因此未被列出。

由表可知，蒸馏水和去离子水在 915 MHz 时比 2 450 MHz 具有更小的介电损耗因数，因为频率 2 450 MHz 更接近室温时水分子的松弛时间所对应的频率，但是加了 0.5% 的精制食盐后，离子的导电性大大提高了水的损耗因数值，而且 915 MHz 比 2 450 MHz 增加的更多。冰的损耗因数非常小，微波几乎可以完全穿透。同时，谷物油的介电常数和损耗因数也比自由水要小得多。

苹果的损耗因数相对土豆和芦笋较低，主要是由于相对密度不同（苹果 0.76，土豆 1.03）。苹果中的空气减小了损耗因数，从而提高了 915 MHz 和 2 450 MHz 微波的渗透深度。

表 4-3 中脱水苹果的数据说明水分的去除对介电常数和损耗因数的减小产生了重大影响。一定含水量的脱水苹果，22~60 ℃ 的不同温度对介电性的影响与水分含量在 87.5% 和 10% 之间的影响是不同的。

在 915 MHz 和 2 450 MHz 频率下高蛋白产品介电性的变化与其他成分食品的一样大。熟火腿和熟牛肉的数据证明盐对肉制品介电特性的重要性。熟火腿的损耗因数比熟牛肉大得多。915 MHz 和 2 450 MHz 的微波在火腿中的穿透深度不足 0.5 cm。在选择即食微波食品包装的尺寸和几何形状时，2 450 MHz 微波的穿透深度应该重点加以考虑。

表 4-3　部分食品的介电特性和微波穿透深度 [50][51][52]

食品	温度（℃）	915 MHz			2 450 MHz		
		ε'	ε''	d_p（mm）	ε'	ε''	d_p（mm）
空气		1.0	0		1.0	0	
水							
蒸馏水 / 去离子水	20	79.5	3.8	122.4	78.2	10.3	16.8
0.5% 盐水	23	77.2	20.8	22.2	75.8	15.6	10.9
冰	-12	—	—	—	3.2	0.003	11 615
玉米油	25	2.6	0.18	467	2.5	0.14	220
新鲜果蔬							
苹果（鲜红的）	22	60	9.5	42.6	57	12	12.3
马铃薯	25	65	20	21.3	54	16	9.0
芦笋	21	74	21	21.5	71	16	10.3
脱水水果 a　苹果（鲜红的）水分含量（%，湿基）							
87.5%	22	56.0	8.0	48.9	54.5	11.2	12.9
30.3%	22	14.4	6.0	33.7	10.7	5.5	11.9
9.2%	22	2.2	0.2	38.7	2.2	0.1	28.9
68.7%	60	32.8	9.1	33.1	30.8	7.5	14.5
34.6%	60	22.5	6.8	36.8	19.7	6.6	13.2
11.0%	60	5.3	1.7	71.5	4.5	1.4	29.9

续表

食品	温度(℃)	915 MHz			2 450 MHz		
		ε'	ε''	d_p(mm)	ε'	ε''	d_p(mm)
高蛋白产品:							
酸奶(预煮的)	22	71	21	21.2	68	18	9.0
乳清蛋白凝胶	22	51	17	22.2	40	13	9.6
熟火腿[b]	25	61	96	5.1	60	42	3.8
	50	50	140	3.7	53	55	2.8
熟牛肉[c]	25	76	36	13.0	72	23	9.9
	50	72	49	9.5	68	25	8.9

注:a. 源自 Feng et al.(2002); b. 源自 Mudgett(1985); c. 源自 Bircan and Barringer(2002)

表 4-4 的试验数据说明:温度和盐对两种工业化加工的大众食品介电性的影响[53][54]。在 915 MHz 和 1 800 MHz 频率下,随着温度升高,这些食品的介电常数和微波穿透深度降低,而损耗因数增加。在土豆泥中额外加盐(从 0.8% 到 1.8%),微波穿透深度会显著降低。

表 4-4　两种即食食品的介电特性和穿透深度 [53][54]

食品	温度(℃)	915 MHz			2 450 MHz		
		ε'	ε''	d_p(mm)	ε'	ε''	d_p(mm)
通心面和干酪 含水 60% 含盐 0.6%	20	40.2	21.3	16.0	38.8	17.4	9.7
	40	40.9	27.3	12.8	39.3	19.0	9.0
	60	40.0	32.9	10.7	38.5	20.9	8.1
	80	39.5	39.7	9.1	37.6	23.7	7.2
	100	40.7	48.2	7.8	37.1	27.6	6.2
	121	38.9	57.4	6.7	35.6	31.9	5.4
土豆泥 含水 85.9% 含盐 0.8%	20	64.1	27.1	15.7	65.8	16.3	13.3
	40	65.7	22.8	18.8	63.7	14.4	14.8
	60	62.5	25.2	16.7	60.7	14.7	14.2
	80	59.9	27.6	15.0	58.0	15.4	13.2
	100	57.3	32.0	12.8	55.5	17.4	11.5
	121	54.5	38.1	10.6	52.8	20.1	9.6
土豆泥 含水 85.9% 含盐 1.8%	20	55.1	28.4	14.1	53.5	19.4	10.2
	40	52.8	35.6	11.2	51.7	21.5	9.0
	60	49.4	43.4	9.1	48.3	24.7	7.7
	80	46.1	51.7	7.7	45.2	28.7	6.5
	100	46.7	69.3	6.1	46.3	37.5	5.1
	121	48.7	95.2	4.8	48.8	50.7	4.0

　　表 4-3 和表 4-4 的试验数据表明,不同食品的介电性和微波穿透深度会存在巨大差异,而且这些特性对食品组成、食品结构(例如:空间结构)和温度是相当敏感的。

　　目前,有很多学者做了许多在组成、频率、温度方面预测食品介电性的尝试。Calay 等 [55] 建立了在 915 MHz 和 2 450 MHz 之间的微波频率下,基于水分、盐、脂肪含量和温度参数的预测谷物、水果和蔬菜以及肉制品介电性的通用多项式方程。该方程对 50% 以上的食品材料都有较小的离散系数(R^2 在 0.70~0.82)。Sun 等 [56] 报道了在 2 400 MHz 和 2 500 MHz 的频率范围及 5~65 ℃温度范围内,水分含量超过 60%(湿基)的水果、蔬菜、肉和鱼的介电性。在各自的预测方程中,他们用水分和盐的含量作为主要因素。通过对取得的数据进行整理,他们得出对所有食品建立一个普遍通用的方程式是不可能的这一结论。Yagmaee 和 Durance[57] 建立了在 21 ℃和 2 450 MHz 条件下氯化钠(0~6%,质量分数),D- 山梨醇(0~18%,质量分数)和蔗糖水溶液(0~60%,质量分数)介电性的多项式方程。该方程对单一溶质的溶液具有良好的预测结果,但对于多溶质的混合溶液并不适用。Sipahioglu 和 Barringer[58] 建立了 15 种蔬菜在 2 450 MHz 下以温度、水分和灰分含量为变量的预测方程。

　　总之,现有的文献著作表明,预测混合食品的介电性是很困难的。如果需要某种食品介电性的准确数据,那就只能结合其具体的组成、温度和频率范围进行直接测量 [53]。

4.4　技术的设备构成

　　微波设备除了家用微波炉以外,在工业上可应用的结构还包括:隧道式,窑式和柜式等几种类型,主要应用在食品、制药、木材、化工产品等行业,起到干燥、杀菌、加热、提取的作用。微波设备的结构虽各有不同,但基本部件不变。

4.4.1　微波系统的组成

　　如图 4-4 所示,微波系统一般由三部分组成:微波源、波导、辐射器。

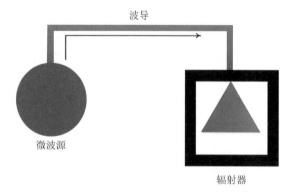

图 4-4　微波装置示意图

4.4.2　各个组成部分功能

4.4.2.1　微波源:磁控管

如图 4-5 所示 [59],磁控管由真空管组成,真空管的中心是一个具有高辐射源,能够发射出电子的阴极,该阴极管周围分布着具有特定结构的阳极,这些阳极形成了谐振腔,并与边缘场耦合而产生微波谐振频率。由于强电场作用,使辐射的电子被迅速加速。但由于存在正交的磁场,电子会发生偏离,结果产生螺旋运动。选择适宜的电磁场强度,可使谐振腔从电子中获得能量。该现象类似于对着空瓶吹口哨获得悦耳的回声。储存的电磁能量可以借助圆环天线,通过谐振腔传输到波导或同轴线中。

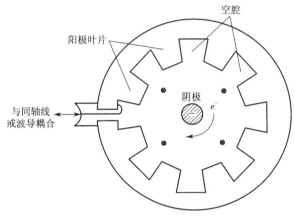

图 4-5　磁控管示意图

磁控管的输出功率由电流或磁场强度来控制。最大功率通常受到阳极温度的限制,要确保阳极不被融化。对于频率为 2.45 GHz 的微波,采用空气或水冷却电极时,功率分别限制为 1.5 kW 和 25 kW[60]。915 MHz 频率磁控管中,有更大的谐振腔(低谐频率意味着更大的波长),这样单位面积可获得更高的能量。现在 2.45 GHz 磁控管的效率大约为70%,主要由于所用较便宜的铁氧磁体的磁通量限制,由于匹配不合理而使得微波加热效率常常较低。

4.4.2.2　波导

电磁波可以利用传播线(如同轴线)和波导来传导。由于波导在传输高频电磁波(包括微波)时有较低的损耗,因而可用于微波能的传输。原则上波导是横截面为圆形或矩形的中空导体,其内部尺寸决定最小传输频率(所谓的介质频率)。

在波导内,波的传输形式称为模式,它决定电磁场在波导内的分布。这些模式可分为横向电波(TE)和横向磁波(TM),分别来描述电场和磁场的传播方向,以图 4-6 为例。

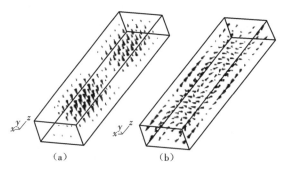

图 4-6　在 **TE10** 矩形波导中电场和磁场形态 [59]

（a）电场　（b）磁场

4.4.2.3　微波辐射器和调谐器

当微波在被加热材料的缝隙中穿行,并最终被阻止时,波导本身就可以作为微波加热的辐射器（如图 4-7 所示）。由于场的位置随时间而变化,因而这种构造被称为行波装置。只有当有壁流线阻隔,且狭缝超过一定的尺寸时,狭缝处才会产生微波辐射,这一辐射也是可以避免的 [60]。

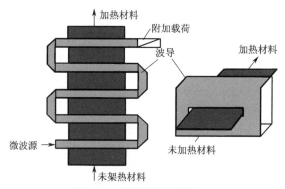

图 4-7　行波装置示意图 [60]

在从辐射器到微波源的传输过程中,为了获得高吸收能和低反射的微波,具有一定负荷的辐射器的阻抗必须与相应的波源和波导的阻抗相匹配,为达到这种状态,引入了调谐器。调谐器是波导的构成部分,用来匹配负载与波导阻抗。调谐器尽量减少能量反射,使得能量与负载达到高效匹配。

由于在加工过程中负荷的变化,要求不断控制这种匹配或对平均载荷优化。因此,要阻止剩余反射能的返回,并防止微波源过热。可使用环形器（与微波穿行有关的装置）,使得入射波通过,而反射波进入附加载荷（多数是水）。另外,通过附加载荷的加热情况,可以确定反射能量。

根据场的结构,一般讲辐射器分为三类:近场辐射器、单模辐射器和多模辐射器（以图 4-8、图 4-9 为例）。

在近场辐射器中,源自角状天线或者狭缝排列的微波直接"撞击"到被加热产品上。能量应该设定在适宜的水平上,使其绝大部分被加热物体所吸收,只有小部分能量传递到产品后面的介质阻挡负载中,转换成热量。在行波装置中,驻波是不存在的。结果是,在平面直角坐标系中,在波的传播方向上,可获得相对均匀的电场(取决于波导的辐射模式)分布。

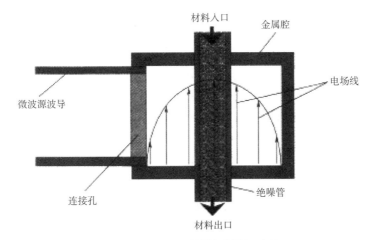

图 4-8　TM010 单模辐射器示意图 [59]

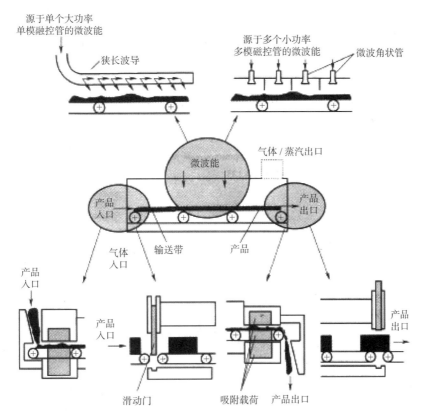

图 4-9　连续带式微波设备(带有不同产品进口和出口及几种微波能量输入方式)[59]

4.5　微波辅助冻结技术的应用

迄今为止,关于微波辅助冻结的实验研究并不多,但都显示了其在获得更小冰晶能力上的巨大潜力。本文将详细描述它的发展历程及最新的研究成果,为以后的工业化设计提供帮助。

1992 年,Hanyu 等 [61] 在金属板接触冻结鱿鱼视网膜的实验中加入了 50 ms 的微波辐射(2.45 GHz),发现与未使用微波辐射相比,样品在邻近由液氮冷却的铜块处有大约 10~20 μm 厚的玻璃化区域,在对鼠肝和心肌样品的微波辅助实验中也验证了玻璃化区域的存在。作者认为产生这种现象的原因是由于电磁辐射中的电场部分与偶极性水分子的相互作用干扰了冰核的形成,并假设这种相互作用是振荡电场施加的转矩打破了水分子在一个群簇中的平衡关系。

Hanyu 等的发现促使 Jackson 等 [62] 考虑到微波辐射在较低冷却速率及低浓度冷冻保护剂的情况下,增强生物材料低温贮藏时玻璃化的潜在可能性并进行了相关研究。

实验设备图 4-10 所示,该设备实现了样品冷却和微波辐射地同步进行。由磁控管产生的微波(1 000 W, 2.45 GHz)进入谐振腔得到极度强烈的振荡电场,通过求解麦克斯韦方程组确定电场极值(即样品)所在的位置。该配置的电场极值点位于距离腔壁 1/4 波长处。考虑到介电材料地通过而在腔壁上设计的开口会干扰腔内的电磁场,引起电场强度的减小。为了避免这个问题,在该谐振腔上匹配了阻气门,也就是一段开口波导,一端设计为无限阻抗防止辐射泄漏,另一端为零阻抗,与谐振腔的金属壁有良好的阻抗匹配,从而使得干扰降到最低。装有 25 mL 液氮的泡沫塑料容器放在腔内的阻气门下方,液氮与谐振腔的上表面齐平。为了防止液氮蒸汽对样品进行预冷,在阻气门底部放置了一根有一定真空度的排气管,从而可以使蒸汽排出,吸引室温空气进入。样品安装在样品夹上,沿着导轨向下浸淹在液氮中,在样品进入液氮之前约 2 s,先对热磁控管中的阴极进行预热使其达到运行温度。实验过程中,有一台定时器设定磁控管的通电时间为 5 s,5 s 过后将自动切断电源。

该研究采用 6 种不同浓度的乙二醇溶液分别在有微波辐射和无微波辐射的情况下用液氮(-196 ℃)冷却,并将最终的固化样品经过处理得到图 4-11、图 4-12 和图 4-13。测试样品由两个圆形载玻片(直径 12 mm,厚度 0.5 mm)夹入 1.5 μL 乙二醇溶液构造而成。

由图可知,微波辐射或增加低温保护剂浓度都可以使结冰显著减少。

对于微波在冷冻过程中的作用机理,作者认为除了 Hanyu 等人的假设,还有另一种可能的机理,即微波辐射干涉了晶体生长的动力过程。为了使冰晶得到生长,分子必须克服液 / 固界面阻力,合并成晶格,因而需要每个分子具有合适的空间方位和能量。对于水来说,所涉及的不再是分子而是分子簇。在这种情况下,晶体快速生长的理想条件是水分子簇的边与面同时也是晶格的边与面。而在给定温度下,微波场产生的扭矩会增加分子簇同分异构体的数量,并因此减少了分子簇合并成一个晶格的可能性,从而使晶体生长速率降低。

未来对微波作用机理的研究仍有待进行,包括研究微波的功率和频率以及低温保护剂的种类和浓度对样品结冰现象的影响。同时除了本次研究中所使用的光学图像分析,也需要寻求新的方法来检测在微波辐射条件下被冷却样品的玻璃态。

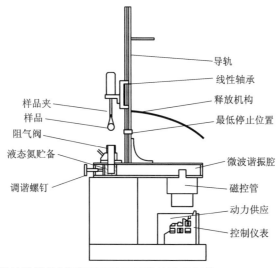

图 4-10　微波装置的剖面示意图（ 矩形微波腔的规格：50 cm × 10 cm × 6 cm ）

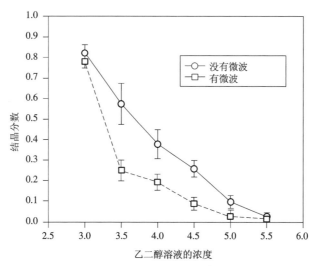

图 4-11　可见冰所占样品的比例随乙二醇溶液摩尔浓度的变化

Xanthakis 等 [23] 设计了一种新型实验装置来研究微波辅助猪里脊的冻结，这也是微波辅助冻结食品的第一个公开研究（ 2014 年 ）。

该装置是由微波炉（ 700 W，2.45 GHz ）、样品架、连接外部冷水浴的换热器以及与电脑相连的实时测温系统组成。样品架和换热器的实际尺寸如图 4-14 所示，所对应的制作材料分别是聚苯乙烯泡沫和具有致密以及高晶性结构的热稳定铸型尼龙（ 对微波辐射具有良好的透明度 ）。换热器的上表面采用钢化玻璃来作为样品和换热器之间的换热面。样品架的顶部由聚苯乙烯制成的盖子封住，避免样品与炉腔的换热。在微波炉的中心位置的中间高度放置换热器，在四个边角处分别放置装有 250 mL 蒸馏水的烧瓶。实验前，冷水浴和样品的初始温度都调整为 1 ℃。实验时，冷水浴以 2 ℃ /min 的冷却速率逐步降至设定温度 -30 ℃，流速为 6 L/min。温度的采样点取样品的中间位置，采集数据的频率为 1 Hz。实验选取了占空比为微波炉平均功率的 0%，40%，50% 以及 60% 的微波辐射，并以其对样品的温度变化及冻结后的微观结构的影响进行了对比分析，结果如图 4-15、图 4-16、图 4-17 所示。

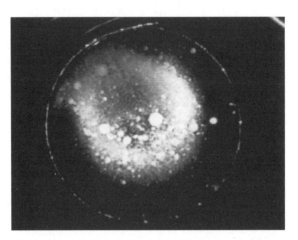

图 4-12　以 4.0 M 乙二醇溶液对照样品(无微波辐射)为代表的结果显示(白色区域是冷却过程中形成的冰)

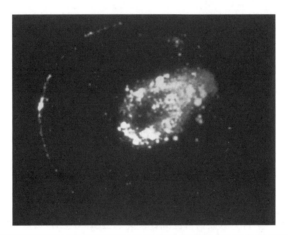

图 4-13　以 4.0 M 乙二醇溶液样品(有微波辐射)为代表的结果显示(白色区域是冷却过程中形成的冰)

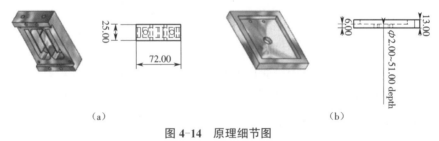

（a） （b）

图 4-14　原理细节图

（a）换热器　（b）样品架(样品放置在样品架中间的空洞)

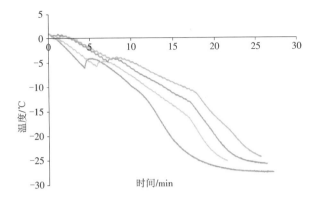

图 4-15 在不同条件下的实时温度曲线

传统冻结(红色曲线);微波辐射(40%—绿色曲线,50%—紫色曲线,60%—蓝色曲线)

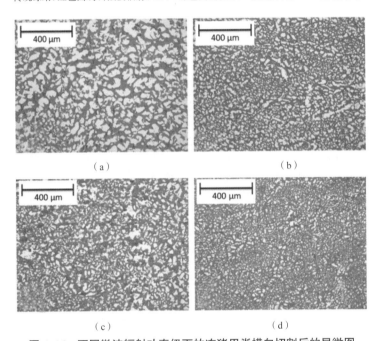

（a） （b）

（c） （d）

图 4-16 不同微波辐射功率级下的冻猪里脊横向切割后的显微图

（a）0% （b）40% （c）50% （d）60%

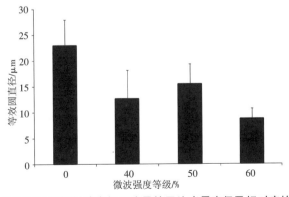

图 4-17 在不同微波辐射功率级下冰晶的平均当量直径及相对应的标准偏差

由图 4-15 可以看出,在微波辐射下,样品温度出现振荡,且振荡逐步衰减;相较传统冷冻,样品的冻结时间更长,并随着功率的增加而增长。图 4-16 中的红色部分是猪里脊的肌肉组织,白色区域是冷冻过程中形成的冰晶。经作者处理后得到图 4-17:不同条件下的冰晶平均当量直径,结果显示,与传统冷冻过程相比,加入微波辐射时所形成冰晶的当量直径都有所减少,且微波功率为 60% 时,其冰晶的平均直径比传统冷冻时减小了大约 62%。

在该研究中,四个烧瓶中的水因吸收了部分辐射能,温度逐渐升高,且微波功率越高,升温速度越快。猪里脊在冻结过程中的冷冻速率和过冷度在微波辐射的作用下都有明显的降低。正如之前所述,在传统冷冻过程中,有两个参数对最后形成的冰晶大小起到了决定性的作用,即过冷度和冻结速率。然而在微波辅助的条件下,虽然两个参数值都相对降低,但是冰晶大小仍有显著改善。

该研究认为所记录的实时温度曲线清楚地显示,在微波作用下,由于水分子扭转时发生摩擦而引入了热效应,在成核及晶体生长阶段出现的温度振荡使冰晶瞬间发生了融化和再生,从而阻止了晶体生长,导致更多更小冰晶的产生,同时潜在的过程换热机理仍有待研究。

Sadot 等 [63] 在 2017 年出版的文章中第一次建立了微波辅助冻结过程的数值模型来深入研究其作用机理。为了提高对微波分布的控制,在垂直方向设定了一段矩形波导(86 mm × 43 mm,TE10 基本模式,2 450 MHz),如图 4-18 所示,该模型选用甲基纤维素凝胶来类比肉产品,它们的热物理和介电性质相近。甲基纤维素凝胶厚 30 mm,长 86 mm,宽 43 mm,完全填充在矩形波导中。假定穿过样品没有耗散的微波将由设置在波导底部的水负载完全吸收。由于聚苯乙烯的热绝缘性,样品底表面的对流换热可以忽略不计。

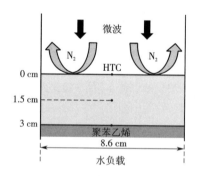

图 4-18　波导中甲基纤维素凝胶的剖面示意图

样品的初始温度设定在 5 ℃,在样品上方施加周期为 30 s 的微波脉冲,如图 4-19 所示。在该系统中,采用温度为 −80 ℃的氮气作为冷却流体,在样品上表面进行换热,对流换热系数为 30 W/(㎡·K),且在整个表面上换热均匀。

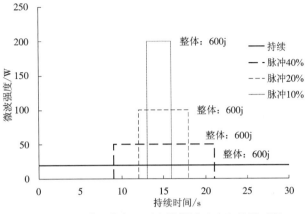

图 4-19　一个周期(30 s)内的微波功率和持续时间

相应的建模公式和边界条件详见参考文献 [63]，模拟软件为 COMSOL Multiphysics 5.2。该模型的可行性也分别通过文献 [64] 和 [65] 得到验证。

通过数值模拟分别得到在 10 min、20 min、50 及 80 min 后的相对介电损耗因子随样品深度的变化，如图 4-20 所示。

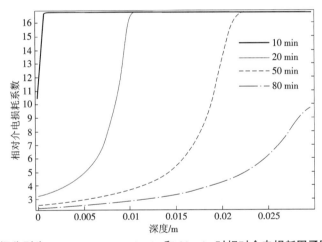

图 4-20　作用时间分别为 10 min, 20 min, 50 min 和 80 min 时相对介电损耗因子随产品深度的变化

与冻结状态相比，样品新鲜时的介电常数和介电损耗因子的值更大。为了观察到由于微波脉冲而产生的温度振荡，对中心轴上底表面位置的温度变化曲线的一小部分进行放大，得到如图 4-21 所示的模拟结果。

可以看出，振荡幅度非常小且与图 4-21(a)的曲线相比，温差不超过 0.1 ℃，由此也可以联想到 Xanthakis 等所获得的实验结果。同时由图可知，随着相变的开始，即在冻结界面 $T = T_{if}$ 时，ΔT 有了明显衰减，参照图 4-20，水相变对样品介电性质的影响，即控制微波能转化为热能的介电损耗因子的减小导致局部生成热的减少。

微波在样品中的生成热正比于相对介电损耗因子和局部电场强度的平方。图 4-22 和图 4-23 分别是样品中心轴上的电场和微波生成热随时间变化的三维图。

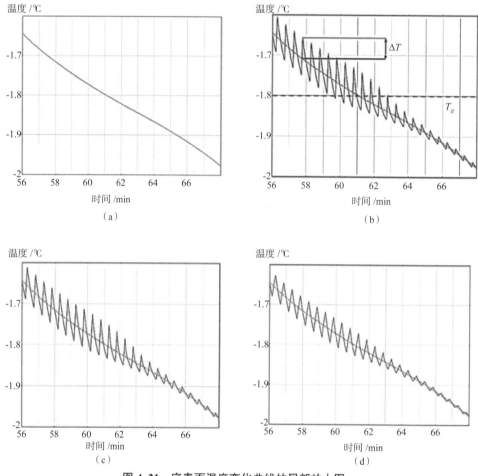

图 4-21　底表面温度变化曲线的局部放大图

（a）连续应用微波；脉冲微波，以周期 30 s 为基础，作用时间分别为（b）10%，（c）20%，（d）40%

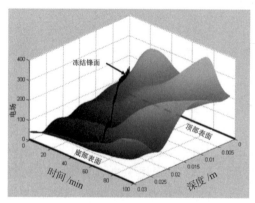

图 4-22　样品中心轴上的电场随深度
和时间变化的三维图

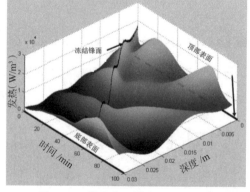

图 4-23　样品中心轴上的生成热随深度
和时间变化的三维图

以冻结锋面为界，新鲜区域电场更弱，而冻结区域的电场更强，相应的生成热在冻结相及相变界面处最大,很明显,在介电损耗因子非常低的冻结相中,电场起到了至关重要的作用。而界面处生成热的极大值是电场和介电损耗因子共同作用的结果,靠近冻结锋面处($T < T_{if}$),其介电性质的变化梯度很大,因此,电场强度虽弱于冻结相却也强于新鲜相,而介电损耗因子虽小于新鲜相却也大于冻结相。

该数值模拟证实了由于微波脉冲而产生的温度振荡,并对其进行了定量分析,振幅接近 0.1 ℃。同时也得到由于相变而引起的介电性质的改变会影响微波能向热能的转化量。

未来的工作计划是去改善这个模型,通过考虑过冷并增加冰晶生长模型来引入在产品中冰晶大小的分布,可以用来研究微波对冻产品质量的影响,进一步帮助工业过程的设计(没有从微波频率的角度去考虑对介电性质的影响)。

4.6　微波辅助干燥技术的应用

微波干燥是利用物料中具有极性的水分子吸收微波后被加热蒸发,从而达到干燥的目的。它具有很多优势:①干燥速率快,时间短;②选择性加热使能量在物料中按需分配,即干燥均匀,能源利用率高;③便于控制,工艺先进;④具有更好的产品质量。而目前微波干燥的主要局限性在于设备费用高,耗电量大。因此这种技术只适合干燥具有高附加值的产品。比方说,对那些用别的方法需要很长时间才能达到去水要求或者不能获得需要的品质(如颜色等)的产品。微波主要是用来提高干燥能力(迅速去除水分而不在物料内部产生温度梯度)或是用于终端干燥,用于去除干燥后期需要花费很长时间才能出来的几个百分点的水分。所以,微波可以和其他传统 / 非传统的食品干燥技术相结合来达到降低能量消耗的目的。

4.6.1　微波辅助冻结干燥

冻结干燥(FD)是一种从热敏性食物(西红柿、覆盆子等)中除湿的常用方法,冻结干燥技术可以阻止化学腐烂并且促进复水。然而,由于冻结干燥时间较长,会导致低生产率及高能源成本[66][67]。为了改善冻结干燥技术的缺陷,微波辐射可以与冻结干燥技术相结合,即微波辅助冻结干燥技术(MFD)。与传统的冻结干燥产品相比,微波辅助冻结干燥技术的主要优点是:①食品处理时间较短,②通过材料时能量快速耗散,③降速干燥期高效干燥,④节能,⑤挥发性保留[66]。Zhou 等[68]使用混合干燥技术——冻结干燥与微波真空干燥复合技术,来对鸭蛋蛋清蛋白进行脱水,结果表明,该复合技术增大了干燥速率,所生的蛋白质粉具有很好的颜色特性以及低松密度。类似地,这种技术也应用在了富士苹果的脱水研究中,与只使用冻结干燥技术相比,这种复合技术将总的冻结干燥时间减少至 40%,且对苹果的营养价值不产生任何影响[69][70]。

脉冲喷射微波辅助冻结干燥技术能够更好地提升干燥的均匀性。例如,为了得到高质量的冻结干燥后的香蕉片,当增大喷射时间间隔时,减少微波能可以适当地改善香蕉片中的温度分布[71]。稳定微波辅助干燥技术所制成的成品具有很好的保色性,增加了成品的复水率和硬度值。因此,使用脉冲喷射微波辅助冻结干燥技术进行产品干燥时,优选稳定喷射微波辅助干燥技术所制成的成品。此外,脉冲喷射微波辅助干燥技术所加工的产品内部组织致密,具有均匀的孔径和孔分布,能够更好地维持原有的形状和体积,这是由于干燥箱壁面与材料间的碰撞以及间歇性的压力变化,造成了干燥样品内部和外部的压力差,并且这种碰撞会导致样品的细胞与细胞之间相互挤压,从而产生更多均匀的蒸汽流动通道 [72]。

4.6.2　微波辅助真空干燥

微波辅助真空干燥技术结合了微波加热和真空干燥的优点 [73][74][75][76][77]:水分快速蒸发,从而减小了干燥产品的化学和物理变化 [78]。Wray 等 [79] 指出,微波真空干燥可以用于一系列产品诸如:蔬菜、水果等。近来,有学者分别使用热风对流干燥(HACD),微波辅助真空干燥和热风对流干燥与微波辅助真空干燥技术相结合的方法研究了冻结 / 解冻蓝莓经脱水处理后的质量指标。结果表明,在蓝莓干燥过程中,与其他方法相比,使用热风对流干燥与微波辅助真空干燥技术相结合的方法,在 90 ℃工况下,蓝莓中的花青素被很好地保留下来,并且具有更高的 DPPH(二苯基苦肼基)自由基清除活性以及抗氧化性 [80]。同时,在脱水过程中,微波辅助真空干燥也是一项加强益生菌及发酵剂存活率和代谢活性的有效技术。例如, Ambros 等 [81] 将副干酪乳杆菌 ssp.F19 用作模型菌株,并在最佳运行工况:微波功率 3~4 W/g,压力 7 mbar,产品温度 30~35 ℃下对模型菌株进行观察,发现 ssp.F19 中的水活性被适当地减少到了细菌细胞存活率和新陈代谢功效均很高的水平。显然,考虑到益生菌和发酵剂微生物的性质,微波辅助真空干燥技术可以很好地延长食品保质期。此外,尽管微波辅助干燥过程减少了固相的热传递,但可以增强在干燥过程中的除湿效果 [79]。

Monteiro 等 [82] 改造了一个包含真空条件的国内微波炉,用于干燥香蕉片、葡萄片、番茄片和胡萝卜片。结果表明,这种微波真空干燥技术用于干燥果蔬是可行的,其成品与冻结干燥的产品特性一致,微波真空干燥只需要 20 min,而冻结干燥则需要 14~16 h。这种微波干燥系统易于装配,成本低,具有灵活性,因此,也可以在家里使用。

4.6.3　间歇性微波辅助对流干燥

对流干燥是用于食品脱水的一项常用的方法。然而,其缺点是干燥速率低,尤其是在降速干燥段,并且其热降解作用也会导致产品的质量下降 [83]。而微波辐射与对流干燥相结合被认为是一项可行的复合技术,在微波辅助对流干燥过程中,微波能促进了产品中水分的蒸发,同时被加热的对流空气则从干燥室中带出水分 [84]。

一般而言,微波加热可以以脉冲的方式成功融入对流干燥,因此,也被称为间歇性微波辅助对流干燥。这种干燥过程需要微波以一定的脉冲投入,并伴随对流干燥过程进行。否则,若持续应用微波加热,生物制品会由于过热而导致产品质量恶化。因此使用间歇性微波辅助对流干燥,可以利用适当的间歇性来控制加热速率,从而通过停止微波能输入,来重新分配产品内的温度和湿度以实现能量效率和产品质量的最大化。比较间歇性微波辅助对流干燥、对流微波干燥、传统的对流干燥以及商业带干燥四种技术在牛至脱水过程中的应用,可以发现,间歇性微波辅助对流干燥技术具有 4.7~11.2 倍的节能效果,而单纯的对流干燥技术干燥过程所用时间是间歇性微波辅助对流干燥处理时间的 4.7~17.3 倍 [85][86][87]。Esturk[88] 比较了间歇性微波辅助对流干燥、微波辅助对流干燥和对流干燥三种技术对撒尔维亚叶干燥过程的性能影响。结果发现:尽管微波辅助对流干燥具有最快的干燥速率,但是干燥后的产品质量最差。在间歇性微波辅助对流干燥过程中,微波功率、脉冲比和温度是获得低能耗和高质量干燥产品的关键性因素。因此,有必要认真选取上述参数以取得高质量的最终产品。

4.6.4　微波辅助渗透脱水

渗透脱水通过半透膜将低浓度溶液中的水分转移到高浓度溶液中,实现除去部分水分的目的,从而使两侧达到平衡 [89]。然而,渗透脱水是耗时比较长的过程,在某些情况下,渗透脱水要耗费 24~48 h,水分活性有微小变化 [89]。通常,若 a_w(水分活性)降低至 0.90 以下的水平,食物含有相当高比例的盐或糖,渗透脱水将无法使用。渗透脱水的优点包括适中的工作温度以及没有蒸发潜热 [90]。此外,其还减少了产品后续完成干燥所需的时间,从而降低了该阶段的质量劣化。微波能可与渗透脱水结合以提供更快速和均匀的加热,使干燥时间最小化并通过改变介电特性来增强溶质吸收。

Patel 和 Sutar[91] 对象足山药切片进行了脉冲—微波—真空渗透干燥,结合的过程产生了具有低水分含量的优质山药切片,其中,微波功率密度为 4 W/g,脉动比为 1.625,显著影响干燥速率常数($p < 0.01$),因此该过程主要受内部传质控制。Lech 等研究了新鲜渗透预处理后的甜菜根切片在高浓度的北美沙果汁中的微波真空干燥动力学特性 [92]。结果表明,随着样品表面积的增加,微波真空干燥和渗透脱水的协同效应可以缩短干燥时间,提高产品质量。与此类似,Wray 和 Ramaswamy[93] 在连续流动介质喷雾(MWODS)条件下结合微波真空干燥(MWV)作为二次干燥操作的微波渗透脱水过程被用于研究新鲜(冷冻的)浆果。与传统的空气干燥相比,该方法可以减少能量消耗和干燥时间。因此,渗透脱水和微波辅助空气干燥的结合为过程控制和产品质量提供了更高的灵活性。

4.6.5　微波辅助红外线干燥

红外(IR)辐射在食品加工中的应用主要是由于其具有即时加热、调节响应快、设备紧凑、产品质量变化少等优点 [94]。然而,IR 加热主要被认为是一种表面加热技术,因为它的穿透力很弱。此外,食物材料长时间暴露于红外辐射会引起膨胀并最终导致材料破裂。将微波能与红外辐射加热相结合可以改善它的弊端,因为微波伴随着体积加热过程具有更大的穿透深度,并且可以使食品内部和外部的温差最小化 [95]。

Öztürk 等 [96] 研究了在香蕉、猕猴桃干燥过程中其介电性和微波—红外加热的相关性。在干燥过程中,上部和下部卤素灯均为(红外功率)$P_{IR} = 600$ W,(微波功率)$P_{MW} = 320$ W 或

420 W。结果发现,对于所有的样品,与常规干燥相比,这种复合干燥技术干燥速度更快(节省时间约 98%),最终含水量更低(0.011~0.15 kg 水 / kg 干物质)。Si 等 [36] 报道的另一项研究中,讨论了微波真空红外干燥过程中,在不同微波功率和真空压力下树莓的干燥动力学特性和质量变化。相比于红外干燥,在最佳条件下,微波真空红外干燥过程产生 2.4 倍优异的脆性值,25.63% 更好的复水特性,17.55% 更好的红青素保留率和 21.21% 更高的 DPPH 自由基清除活性。此外,这种复合干燥方法的处理时间仅为红外干燥的 55.56%。

4.6.6　微波辅助超声波干燥

如今,许多食品加工工艺使用超声波主要是由于超声波产生的有益效果,如食品储藏、辅助热处理以及对食品质量参数的有益影响。通过减少一些下游纯化处理技术步骤,还可以缩减加工成本。因此,超声波已经应用于许多食品加工过程,包括冷冻、干燥、灭菌和提取 [97]。然而,应该指出,超声波的物理化学效应可能对产品的质量造成损伤,质量损伤表现为异味,物理参数的变化和产品组分的退化 [98]。基于理论和实验知识的微波辅助超声波复合食品加工技术可以消除各项技术的缺陷 [99],因此,这种复合技术在食品工业中得到了广泛的应用。微波辅助超声干燥可以将食品内部体积加热,产生蒸汽。进而促使食品内部压力梯度增加,最终使食品内部的水分流向食品外部并且防止产品收缩 [100]。此外,相比于传统的干燥技术,微波辅助超声波干燥技术可以在低温下进行干燥,所以减少了氧化或降解的可能性。Szadzińska 等 [101] 使用微波和超声波复合技术来增强草莓的对流干燥,结果表明:这种复合技术显著地减少了 50% 的能量消耗和 94% 的干燥时间。其中,微波产生了显著的加热效应,而超声波则产生了"振动效应"。除此之外,Szadzińska 等 [102] 还研究了在高功率超声波和微波辅助下进行对流干燥时青椒的干燥动力学特性及质量变化。研究表明:由于声空化和水分子的碰撞,能量消耗减少了近 80%,干燥时间缩短了 80 min,复水率提高,颜色和维生素 C 的保留率增加了 70%。Kowalski 等 [103] 使用超声波和微波辐射辅助对流干燥覆盆子,结果显示干燥时间缩减了 79%,对感官和营养特征的影响微乎其微。

4.7　结论

(1)由以上研究可知,微波辐射和速冻的结合会使物料出现玻璃化状态,而这也是食品储存的理想状态。关于微波的作用机理,研究人员也给出了两个假设:①电磁辐射中振荡电场施加的转矩打破了水分子在一个群簇中的平衡关系从而干扰了冰核的形成;②微波辐射干涉了晶体生长的动力过程,微波场产生的扭矩会增加分子簇同分异构体的数量,并因此减少了分子簇合并成一个晶格的可能性,从而使晶体生长速率降低。然而,这种结合所带来的成本极高,且只适用于研究或应用在某些特殊领域,比如卵母细胞的玻璃化冷冻等,难以实现工业化生产。

微波脉冲辅助食品冻结在降低能耗的同时也显著减少了冰晶的大小。因为在微波长时间的作用下,水分子不断发生扭转产生摩擦而引入了热效应,在成核及晶体生长阶段出现的温度振荡使冰晶瞬间发生了融化和再生,从而阻止了晶体生长,导致更多更小冰晶地产生。

引入的模型分析不仅证实了温度振荡的存在,还揭示了水在不同状态时的介电性质的变化以及由此引起的电场分布的变化,即冻结过程的换热机理。

文献中有关微波辅助冻结的研究所采用的频率都只局限在 2 450 MHz,为避免出现干扰问题,在不同领域都有特定的频率范围,目前国内用于工业加热的频率还包括 915 MHz,因此,未来也可以考虑在这个频率下进行实验研究。在宏观上,要深入探索不同物料不同微波功率以及不同冷却方式对冰晶大小的影响,来进一步帮助工业过程的设计。虽然微波对水所产生的热效应机理得到证实,但微波对水分子簇微观结构的改变以及进而产生的对成核及晶体生长的抑制作用仍有待通过不断进步的技术和逐步完善的实验来证明。除此之外,微波辅助冷冻过程中对物料本身的安全性、营养价值以及感官特征的影响也需要相关研究来支撑。

目前国内外有关微波辅助冻结的研究十分缺乏,从已有的报道中我们可以看到其在降低能耗,保证冻品品质上的巨大优势。在发挥其价值的道路上,我们需要付出更多的努力。

（2）微波辅助干燥是充分利用微波高穿透能力和体积加热等优势,再结合其他干燥方式的优点弥补了各自技术的不足,实现果蔬的高效高品质干燥,并且显著降低了干燥过程的能耗以及处理时间和运行费用,创造了一种双赢的局面。

冷冻干燥的干燥质量是最好的,基本上能保留药品和食品原有的色香味和生物活性。但是冷冻干燥不仅设备昂贵,而且操作费用高,生产能力有限。微波真空干燥技术既降低了干燥温度又加快了干燥速度,具有快速、高效、低温等特点,特别适用于食品、药品和生物制品等热敏物料的干燥,而且设备成本、操作费用低。许多研究表明,微波真空干燥果蔬制品,其色香味及热敏成分的保留率十分接近于冷冻干燥。虽然质构较硬,与冷冻干燥有一定的差距,但干燥时间和成本可大幅度降低。热风对流干燥由于设备简单,仍是目前应用较普遍的方法,且适用于耐热性物料。在干燥的中后期,由于空气与干燥物料之间的传质系数变小,去除剩余的水分需要很长的干燥时间,并且会消耗较多的能量,因此,在干燥过程即将结束阶段施加微波能为最佳的微波对流干燥形式,可以更有效地节约能源。与传统热风对流干燥相比,渗透脱水省去了加热环节,可以在较短时间内除去果蔬中的水分并且不破坏其组织,并且和微波干燥的协同效应可以缩短干燥时间,提高产品质量。

此外,微波和其他新兴食品加工技术（电阻加热、红外线加热、超声波）的复合也增强了食品加工过程的效率以及产品的质量。红外线干燥设备简单,操作容易,干燥时间较短,但穿透深度有限,因而特别适合厚度较薄的物料。而微波的加入刚好弥补这一缺陷,使得红外线干燥的应用的范围更广。微波和超声波分别属于电磁波和机械波,所对应的传递介质有着巨大的差别。将两种干燥工艺结合到一起是一种新颖的设计思路,有关这种复合技术的干燥研究在国内目前很少。但基于以上这些研究,可以预见,该技术对于食品材料的干燥是有益的。

未来应该积极探索微波干燥和其他干燥形式的有效结合方式以及加大对不同种类物料的适用性的研究,从而使得产品质量,能源利用率以及成本达到最优。

参考文献

[1]　SAKOWSKA A, GUZEK D, SUN D W, et al. Effects of 0.5% carbon monoxide in modified atmosphere packagings on selected quality attributes of M. longissimus dorsi beef steaks[J]. Journal of Food Process Engineering, 2017, 40: e12517.

[2]　CUI Z W, SUN L J, CHEN W, et al. Preparation of dry honey by microwave-vacuum drying[J]. Journal of Food Engineering, 2008, 84(4): 582-590.

[3]　PU Y Y, SUN D W. Prediction of moisture content uniformity of microwave-vacuum dried mangoes as affected by different shapes using NIR hyperspectral imaging[J]. Innovative Food Science & Emerging Technologies, 2016, 33: 348-356.

[4]　YANG Q, SUN D W, CHENG W. Development of simplified models for nondestructive hyperspectral imaging monitoring of TVB-N contents in cured meat during drying process[J]. Journal of Food Engineering, 2017, 192: 53-60.

[5]　SUN D W, EAMES I W. Performance characteristics of HCFC-123 ejector refrigeration cycles[J]. International Journal of Energy Research, 1996, 20: 871-885.

[6]　SUN D W, ZHENG L Y. Vacuum cooling technology for the agri-food industry: Past, present and future[J]. Journal of Food Engineering, 1996, 77: 203-214.

[7]　CHENG L, SUN D W, ZHU Z, et al. Emerging techniques for assisting and accelerating food freezing processes: A review of recent research progresses[J]. Critical Reviews in Food Science and Nutrition, 2017, 57(4): 769-781.

[8]　KIANI H, ZHANG Z, DELGADO A, et al. Ultrasound assisted nucleation of some liquid and solid model foods during freezing[J]. Food Research International, 2011, 44(9): 2915-2921.

[9]　MA J, PU H, SUN D W, et al. Application of Vis-NIR hyperspectral imaging in classification between fresh and frozen-thawed pork Longissimus Dorsi muscles[J]. International Journal of Refrigeration-Revue Internationale Du Froid, 2015, 50: 10-18.

[10]　PU H, SUN D W, MA J, et al. Classification of fresh and frozen-thawed pork muscles using visible and near infrared hyperspectral imaging and textural analysis[J]. Meat Science, 2016, 99: 81-88.

[11]　XIE A, SUN D W, ZHU Z, et al. Nondestructive measurements of freezing parameters of frozen porcine meat by NIR hyperspectral imaging[J]. Food and Bioprocess Technology, 2016, 9(9): 1444-1454.

[12]　MAZUR P, LEIBO S P, CHU E H Y. A two-factor hypothesis of freezing injury: Evidence from Chinese hamster tissue-culture cells[J]. Experimental Cell Research, 1972, 71(2): 345-355.

[13]　KADER A A, Neel S. Freezing injury// WFLO commodity storage manual[M]. Califonia,

2008.

[14]　SARAGUSTY J, GACITUA H, ROZENBOIM I, et al. Do physical forces contribute to cryodamage？ [J]Biotechnology and Bioengineering, 2009, 104(4)：719-728.

[15]　PERDRO D S, LAURA O. High-pressure freezing[M]// SUN D W. Emerging technologies for food processing.2nd ed. New York：Academic Press, 2015：515-538.

[16]　BURKE M J, GEORGE M F, BRYANT R G.Water in plant tissues and frost hardiness[M]// R B DUCKWORTH. Water relations of foods. London：Academic Press, 1975：111-135.

[17]　CHEVALIER D, LE-BAIL A, GHOUL M. Freezing and ice crystals formed in a cylindrical food model：part II. Comparison between freezing at atmospheric pressure and pressure-shift freezing[J]. Journal of Food Engineering, 2000, 46：287-293.

[18]　FLETCHER N H. Liquid water and freezing[M]// The chemical physics of ice. London：Cambridge University Press, 1970:73-103.

[19]　VAN HOOK A.Crystallization theory and practice[M]. New York：Reinhold, 1961.

[20]　DEVINE C E, BELL R G, LOVATT S, et al. Red meat[M]// JEREMIAH L E. Freezing effects on food quality. New York, 1996：51-83.

[21]　DEMPSEY P, BANSAL P.The art of air blast freezing：design and efficiency considerations[J]. Appl. Therm, Eng, 2012, 41：71-83.

[22]　CHOUROT J M, MACCHI H, FOURNAISON L, et al. Technical and economical model for the freezing cost comparison of immersion, cryomechanical and air blast freezing processes[J]. Energy Convers. Manag, 2003, 44：559-571.

[23]　XANTHAKIS E, LE-BAIL A, RAMASWAMY H. Development of an innovative microwave assisted food freezing process[J]. Innov. Food Sci. Emerg. Technol, 2014, 26：176-181.

[24]　DALVI-ISFAHAN M, HAMDAMI N, XANTHAKIS E, et al. Review on the control of ice nucleation by ultrasound waves, electric and magnetic fields[J]. J. Food Eng, 2017, 195：222-234.

[25]　LE BAIL A, CHEVALIER D, MUSSA D M, et al. High pressure freezing and thawing of foods：a review[J]. Int. J. Refrigeration, 2002, 25：504-513.

[26]　WOO M, MUJUMDAR A.Effects of electric and magnetic field on freezing and possible relevance in freeze drying[J]. Dry. Technol, 2010, 28：433-443.

[27]　XANTHAKIS E, LE-BAIL A, HAVET M. Freezing combined with electrical and magnetic disturbances[M]. 2nd ed. Emerging Technologies for Food Processing. Elsevier Ltd, 2014.

[28]　张永芳,原媛. 微波萃取 - 考马斯亮蓝法提取大豆蛋白的工艺研究 [J]. 食品工业, 2018, 39(9)：44-48.

[29]　MOHD NAZARNI CHE ISA, AZILAH AJIT, AISHATH NAILA, et al. Effect of micro-

wave assisted hydrodistillation extraction on extracts of Ficus deltoidea[J]. Materials To-day：Proceedings,2018, 5(10).

[30]　CHONG C H, FIGIEL A, LAW C L, et al. Combined drying of apple cubes by using of heat pump, vacuum-microwave, and intermittent techniques. Food and Bioprocess Tech-nology,2014,7(4)：975-989.

[31]　CURET S, ROUAUD O, BOILLEREAUX L. Estimation of dielectric properties of food materials during microwave tempering and heating[J]. Food and Bioprocess Technology, 7 (2)：371-384.

[32]　O'DONNELL C P, TIWARI B K, BOURKE P, et al. Effect of ultrasonic processing on food enzymes of industrial importance[J]. Trends in Food Science & Technology,2010, 21 (7)：358-367.

[33]　ŞTEFĂNOIU G-A, TĂNASE E E, MITELUŢ A C, et al. Unconventional treatments of food：microwave vs. radiofrequency[J]. Agriculture and Agricultural Science Procedia, 2016,10：503-510.

[34]　KIM J, MUN S, KO H, et al. Review of microwave assisted manufacturing technolo-gies[J]. International Journal of Precision Engineering and Manufacturing, 2012,13(12)：2263-2272.

[35]　DE BRUIJN J, RIVAS F, RODRIGUEZ Y, et al. Effect of vacuum microwave drying on the quality and storage stability of strawberries[J]. Journal of Food Processing and Preser-vation,2016, 40(5)：1104-1115.

[36]　SI X, CHEN Q, BI J,et al. Infrared radiation and microwave vacuum combined drying ki-netics and quality of raspberry[J]. Journal of Food Process Engineering, 2016, 39(4)：377-390.

[37]　ICNIRP.Guidelines on limits of exposure to time-varying electric, magnetic and electro-magnetic fields(up to 300 GHz)[J].Health Physics,1998, 74：494-522.

[38]　IRPA. Guidelines on limits of exposure to radiofrequency electromagnetic fields in the fre-quency range from 100 kHz to 300 GHz[J].Health Physice,1998, 54(1)：115-123.

[39]　SCHUBERT H, REGIER M. 食品微波加工技术 [M]. 徐树来,郑先哲,译. 北京：中国轻工业出版社,2008.

[40]　METAXAS A C, MEREDITH R J . Industrial microwave heating[M].London：Peter Pere-grinus,1983.

[41]　GRANT E H, R J SHEPERD, G P SOUTH .Dielectric behaviour of biological molecules in solutions[M]. Oxford：Clarendon Press,1978.

[42]　NELSON S O. Review and assessment of radio-frequency and microwave energy for stored-grain insect control[J]. Trans ASAE,1996, 39：1475-1484.

[43]　VON HIPPEL A . Dielectrics and waves[M]. New York：Wiley,1954.

[44]　VACLAVIK V A, CHRISTIAN E W.Water[M]// Essential of food science. 3rd ed. New

York：Springer，2008:21-31.

[45]　CHAPLIN M. 2013. http://www1.lsbu.ac.uk/water/.

[46]　FENNEMA O R. Water and ice[M]// FENNEMA R.Food chemistry. New York：Marcel Dekker，1996:17-94.

[47]　FINNEY J L. Water?　What's so special about it?　[J]Philosophical Transactions of the Royal Society B-Biological Sciences，2004,359：1145-1163.

[48]　FENG H，TANG J，P CAVALIERI R，et al. Heat and mass transport in microwave hygro-scopic porous materials in a spouted bed[J]. AIChE J,2001,47(7)：1499-1512.

[49]　BENGTSSON N B，P O RISMAN. Dielectric properties of foods at three GHz as deter-mined by a cavity perturbation technique[J]. J Microwave Power and EM Energy，1971，6：107-123.

[50]　TANG J，FENG H，LAU M. Microwave heating in food processing// YANG X H，J TANG. Advances in bioprocess engineering. World Scientific,2002.

[51]　MUDGETT R E. Dielectric properties of foods//DECAREAU R V. Microwaves in the food processing industry[M].New York：Academic Press,1985.

[52]　BIRCAN C，BARRINGER S A. Determination of protein denaturation of muscle foods using the dielectric properties[J]. J Food Sci, 2002,67(1)：202-205.

[53]　GUAN D，CHENG M，WANG Y，et al. Dielectric properties of mashed potatoes relevant to microwave and ratio-frequency pasteurization and sterilization processes[J]. J Food Sci，2004, 69(1)：30-37.

[54]　WANG Y，WIG T，TANG J，et al. Dielectric properties of food relevant to RF and micro-wave pasteurization and sterilization[J]. J Food Eng, 2003,57(3)：257-268.

[55]　CALAY R K，NEWBOROUGH M，PROBERT D，et al. Predicative equations for the di-electric properties of foods[J]. J Food Sci Technol,1995, 29：699-713.

[56]　SUN E，DATTA A，LOBO S. Composition-based prediction of dielectric properties of foods[J]. J Microwave Power and Electromagnetic Energy,1995, 30(4)：205-212.

[57]　YAGMAEE P，DURANCE T D. Predicative equations for dielectric properties of NaCl, D-sorbitol and sucrose solutions and surimi at 2450 MHz[J]. J Food Sci，2002, 67(6)：2207-2211.

[58]　SIPAHIOGLU O，BARRINGER S B. Dielectric properties of vegetables and fruits as a function of temperatures，ashes and moisture content[J]. J Food Sci, 2003, 68(2)：521-527.

[59]　REGIER M，SCHUBERT H. Microwave processing[M]// RICHARDSON P. Thermal technologies in food processing. Cambridge：Woodhead Publishing,2001.

[60]　ROUSSY G，PEARCE J A. Foundations and industrial applications of microwaves and ra-dio frequency fields[M]. Chichester：Wiley,1995.

[61]　HANYU Y，ICHIKAWA M，MATSUMOTO G. An improved cryofixation method：Cryo-

quenching of small tissue blocks during microwave irradiation[J]. J. Microsc, 1992, 165: 225-235.

[62] JACKSON T H, UNGAN A, CRITSER J K, et al. Novelmicrowave technology for cryo-preservation of biomaterials by suppression of apparent ice formation[J]. Cryobiology, 1997, 34: 363-372.

[63] SADOT M, CURET S, ROUAUD O, et al. Numerical modelling of an innovative micro-wave assisted freezing process[J]. Int. J. Refrig, 2017, 80, 66-76.

[64] ROUAUD O, LE-BAIL A. Optimizing combined cryogenic and conventional freezing with respect to mass loss and energy criteria// International congress of refrigeration[M]. Japan: Yokohama, 2015.

[65] CURET S. Traitements micro-ondes et transferts de chaleur en milieu multiphasique. Thèse de l' Université de Nantes, 2008.

[66] DUAN X, LIU W C, REN G Y, et al. Browning behavior of button mushrooms during microwave freeze-drying[J]. Drying Technology, 2016, 34(11): 1373-1379.

[67] JIANG H, ZHANG M, MUJUMDAR A S, et al. Analysis of temperature distribution and SEM images of microwave freeze drying banana chips[J]. Food and Bioprocess Technolo-gy, 2013, 6(5): 1144-1152.

[68] ZHOU B, ZHANG M, FANG Z, et al. A combination of freeze drying and microwave vacuum drying of duck egg white protein powders[J]. Drying Technology, 2014, 32(15): 1840-1847.

[69] LI R, HUANG L, ZHANG M, et al. Freeze drying of apple slices with and without appli-cation of microwaves[J]. Drying Technology, 2014, 32(15): 1769-1776.

[70] LI Y, ZENG R J, LU Q, et al. Ultrasound/microwave-assisted extraction and comparative analysis of bioactive/toxic indole alkaloids in different medicinal parts of Gelsemium ele-gans Benth by ultra-high performance liquid chromatography with MS/MS[J]. Journal of Separation Science, 2014, 37(3): 308-313.

[71] JIANG H, ZHANG M, MUJUMDAR A S, et al. Drying uniformity analysis of pulse-spouted microwave-freeze drying of banana cubes[J]. Drying Technology, 2015, 34 (5): 539-546.

[72] WANG Y, ZHANG M, MUJUMDAR A S, et al. Microwave-assisted pulse-spouted bed freeze-drying of stem lettuce slices-effect on product quality[J]. Food and Bioprocess Tech-nology, 2012, 6(12): 3530-3543.

[73] CUI Z W, XU S Y, SUN D W. Dehydration of garlic slices by combined microwave-vac-uum and air drying[J]. Drying Technology, 2003, 21(7): 1173-1184.

[74] CUI Z W, XU S Y, SUN D W, et al. Temperature changes during microwave-vacuum drying of sliced carrots[J]. Drying Technology, 2005, 23(5): 1057-1074.

[75] PU Y Y, SUN D W. Vis-NIR hyperspectral imaging in visualizing moisture distribution of

mango slices during microwave-vacuum drying[J]. Food Chemistry,2015, 188: 271-278.

[76]　PU Y Y, SUN D W. Prediction of moisture content uniformity of microwave-vacuum dried mangoes as affected by different shapes using NIR hyperspectral imaging[J]. Innovative Food Science and Emerging Technologies,2016, 34: 348-356.

[77]　PU Y-Y, SUN D-W. Combined hot-air and microwave-vacuum drying for improving drying uniformity of mango slices based on hyperspectral imaging visualization of moisture content distribution[J]. Biosystems Engineering, 2017,156: 108-119.

[78]　BÓRQUEZ R, MELO D, SAAVEDRA C. Microwave vacuum drying of strawberries with automatic temperature control[J]. Food and Bioprocess Technology, 2015, 8(2): 266-276.

[79]　WRAY D, RAMASWAMY H S. Novel concepts in microwave drying of foods[J]. Drying Technology, 2015,33(7), 769-783.

[80]　ZIELINSKA M, MICHALSKA A. Microwave-assisted drying of blueberry (Vaccinium corymbosum L.) fruits: Drying kinetics, polyphenols, anthocyanins, antioxidant capacity, color and texture[J]. Food Chemistry,2016, 212: 671-680.

[81]　AMBROS S, BAUER S A W, SHYLKINA L, et al. Microwave vacuum drying of lactic acid Bacteria: Influence of process parameters on survival and acidification activity[J]. Food and Bioprocess Technology,2016, 9(11):1901-1911.

[82]　MONTEIRO R L, CARCIOFI B A M, MARSAIOLI A, et al. How to make a microwave vacuum dryer with turntable[J]. Journal of Food Engineering, 2015,166: 276-284.

[83]　ONWUDE D I, HASHIM N, CHEN G.Recent advances of novel thermal combined hot air drying of agricultural crops[J]. Trends in Food Science & Technology, 2016, 57: 132-145.

[84]　SADEGHI M, MIRZABEIGI K O, MIREEI S A. Mass transfer characteristics during convective, microwave and combined microwave-convective drying of lemon slices[J]. Journal of the Science of Food and Agriculture,2013, 93(3): 471-478.

[85]　KUMA C, JOARDDER M U, FARRELL T W, et al. Mathematical model for intermittent microwave convective drying of food materials[J]. Drying Technology, 2015, 34(8): 962-973.

[86]　SOYSAL Y, ARSLAN M, KESKIN M. Intermittent microwave-convective air drying of oregano[J]. Food Science and Technology International,2009, 15(4):397-406.

[87]　SOYSAL Y, AYHAN Z, ESTÜRK O. Intermittent microwave convective drying of red pepper: Drying kinetics, physical (color and texture) and sensory quality[J]. Biosystems Engineering, 2009,103(4), 455-463.

[88]　ESTURK O. Intermittent and continuous microwave-convective air-drying characteristics of sage (Salvia officinalis) leaves[J]. Food and Bioprocess Technology, 2010, 5(5): 1664-1673.

[89]　AHMED I, QAZI I M, JAMAL S. Developments in osmotic dehydration technique for the preservation of fruits and vegetables[J]. Innovative Food Science & Emerging Technologies, 2016,34: 29-43.

[90]　AZARPAZHOOH E, RAMASWAMY H S. Evaluation of factors influencing microwave osmotic dehydration of apples under continuous flow medium spray (MWODS) conditions[J]. Food and Bioprocess Technology, 2012,5(4): 1265-1277.

[91]　PATEL J H, SUTAR P P. Acceleration of mass transfer rates in osmotic dehydration of elephant foot yam (Amorphophallus paeoniifolius) applying pulsed-microwave-vacuum[J]. Innovative Food Science & Emerging Technologies,2016, 36: 201-211.

[92]　LECH K, FIGIEL A, WOJDYŁO A, et al. Drying kinetics and bioactivity of beetroot slices pretreated in concentrated chokeberry juice and dried with vacuum microwaves[J]. Drying Technology, 2015,33(13): 1644e1653.

[93]　WRAY D, RAMASWAMY H S. Development of a microwave-vacuum based dehydration technique for fresh and microwave-osmotic (MWODS) pretreated whole cranberries (Vaccinium macrocarpon)[J]. Drying Technology, 2015,33(7), 796-807.

[94]　KRISHNAMURTHY K, KHURANA H K, SOOJIN J, et al. Infrared heating in food processing: An overview[J]. Comprehensive Reviews in Food Science and Food Safety, 2008, 7(1):2-13.

[95]　PULIGUNDLA P. Potentials of microwave heating technology for select food processing applications - a brief overview and update[J]. Journal of Food Processing & Technology, 2008, 4(11).

[96]　ÖZTÜRK S, ŞAKIYAN Ö, ÖZLEM A Y.Dielectric properties and microwave and infrared-microwave combination drying characteristics of banana and kiwifruit[J]. Journal of Food Process Engineering,2016.

[97]　TAO Y, SUN D W.Enhancement of food processes by ultrasound: A review[J]. Critical Reviews in Food Science and Nutrition,2015, 55(4): 570-594.

[98]　CHEMAT F, ZILL E H, KHAN M K. Applications of ultrasound in food technology: Processing, preservation and extraction[J]. Ultrasonics Sonochemistry, 2011, 18(4): 813-835.

[99]　CHEN F, ZHANG X, ZHANG Q, et al.Simultaneous synergistic microwaveeultrasonic extraction and hydrolysis for preparation of trans-resveratrol in tree peony seed oil-extracted residues using imidazolium based ionic liquid[J]. Industrial Crops and Products, 2016, 94: 266-280.

[100]　SUMNU G, TURABI E, OZTOP M. Drying of carrots in microwave and halogen lamp-microwave combination ovens[J]. LWT - Food Science and Technology, 2005, 38 (5): 549-553.

[101]　SZADZIŃSKA J, KOWALSKI S J, STASIAK M. Microwave and ultrasound enhance-

ment of convective drying of strawberries: Experimental and modeling efficiency[J]. International Journal of Heat and Mass Transfer,2016, 103: 1065-1074.

[102] SZADZIŃSKA J, LECHTANSKA J, KOWALSKI S J, et al. The effect of high power airborne ultrasound and microwaves on convective drying effectiveness and quality of green pepper[J]. Ultrasonics Sonochemistry, 2017,34: 531-539.

[103] KOWALSKI S J, PAWŁOWSKI A, SZADZIŃSKA J, et al. High power airborne ultrasound assist in combined drying of raspberries[J]. Innovative Food Science & Emerging Technologies,2016, 34: 225-233.

第5章 高压辅助技术

高压可改变水的相变过程,增大其结晶的过冷度,从而形成细小均匀的胞内冰晶并处于完全冻结的状态;与此同时,可充分利用高压对食品的作用效果(例如钝酶、灭菌、凝胶等),开展压力强度及作用时间对不同食品速冻时间、品质等的影响。

5.1 技术意义

高压辅助技术,又称高静压处理技术,一般是指将密封于柔性容器内的食品置以水或其他液体为传压介质的无菌压力系统中,在高压(一般为 100~1 000 MPa)下处理一段时间,以达到杀菌,灭酶和改善食品特性等作用 [1, 2]。超高压处理过程是一个纯物理过程,压力作用均匀,能耗低,有利于环境保护和可持续发展。

与传统的热处理方法相比,高压辅助技术处理食品具有灭菌均匀、瞬时、高效的特点;能够导致酶失去活性,而形成酶蛋白的氨基酸构造不发生变化;使原物质的维生素、色素、香味成分等低分子化合物不发生变化;延长食品的保藏时间 [3]。

高压辅助技术虽然具有许多独特的优势,但发展超高压食品也存在一些制约因素。超高压处理食品过程中需要的压力一般超过 100 MPa,杀灭细菌的孢子更是需要 500 MPa 以上的高压,随着处理压力的升高,对设备的要求也不断地提高。研究超高压处理技术的作用机理和研制安全可靠的超高压设备有利于发展更加节能高效的食品贮藏方法。

5.2 技术原理

高压辅助技术是一个纯物理过程,其处理过程中主要遵循帕斯卡和勒夏特列这两个原理 [4]。

根据帕斯卡原理,在食品超高压加工过程中,液体压力可以瞬间均匀地传递到整个食品。由此可知,超高压加工的效果与食品的几何尺寸、形状、体积等无关,在超高压加工过程中,整个食品将受到均匀的处理,压力传递速度快,不存在压力梯度,这不仅使得食品超高压加工的过程较为简单,而且能量消耗也明显地降低。

勒夏特列原理是指反应平衡将朝着减小施加于系统外部作用力,例如:加热、产品或反应物的添加等影响的方向移动。

根据勒夏特列原理,外部高压会使受压系统的体积减小,反之亦成立。勒夏特列原理表明,在增加压力的条件下,一些导致平衡系统体积减小的作用将会得到加强,包括相变、化学反应以及分子构象的可能变化增加压力将会促进氢键的形成,减小原子间的相互距离,破坏离子键和疏水性相互作用,但对共价键影响小,可有效保留食品因此食品的色、香、味和营养成分。

再根据帕斯卡定律,外加在液体上的压力可以在瞬时以同样的大小传递到系统的各个部分,故而如果对液体在外部施以高压的话,将会改变液态物质的某些物理性质。以水为例,对其在外部施压,当压力达到 200 MPa 时,水的冰点将降至 -20 ℃把室温下的水加压至 100 MPa,将会使其体积减小;30 ℃的水经快速加压至 400 MPa 时将会产生 12 ℃的温升。

同样,食品的高压处理过程中,高压也会改变食品中某些生物高分子物质的空间结构,使生物材料发生某些不可逆的变化。研究发现,食品在液体中,加压,并保持一定的作用时间之后食品中的酶、蛋白质、淀粉等生物高分子物质将分别失活、变性和糊化,对食品达到了杀死其中细菌等微生物的灭菌目的。上述过程是一个纯物理过程,它与传统的食品加热处理工艺机理完全不同。当食品物料在液体介质中体积被压缩之后,形成高分子物质立体结构的氢键、离子键和疏水键等非共价键即发生变化,结果导致蛋白质、淀粉等发生变性,酶失去活性,细菌等微生物被杀死。但在此过程中,高压对形成蛋白质等高分子物质以及维生素、色素和风味物质等低分子物质的共价键无任何影响,故此高压食品很好地保持了原有的营养价值、色泽和天然风味,这一特点正好迎合了现代人类返璞归真、崇尚自然、追求天然低加工食品的消费心理。

5.3　影响因素分析

5.3.1　压力对高压辅助技术的影响

一般条件下,施加的压力越大,加压时间越长,灭菌的效果会越好。江南大学闫春子研究了同超高压处理强度和贮藏时间对淡水鱼(草鱼)冷藏保鲜效果的影响,包括杀菌效果、灭酶效果、以及品质变化等,以期为超高压在淡水鱼中的加工应用提供理论依据。新鲜的海洋品种微生物数可接受性的上限是 7 log CFU/g[5]。

由表 5-1 知,随着处理压力的增大,菌落总数呈现一直下降的趋势。新鲜草鱼片的菌落总数在 5.75 log CFU /g,经过 200 MPa、300 MPa 的超高压处理后,菌落总数有显著性差异($p<0.05$)。400~600 MPa 的超高压处理后,草鱼片菌落总数继续下降,最高下降了 3 个数量级。

表 5-1　不同超高压处理强度对草鱼片菌落总数的影响

压力值(MPa)	0	200	300	400	500	600
菌落总数(log CFU/g)	5.75 ± 0.45^A	4.45 ± 0.85^B	3.30 ± 0.15^C	2.93 ± 0.84^C	2.54 ± 0.18^C	2.08 ± 0.33^C

5.3.2　保压时间对高压辅助技术的影响

压力保持不变的条件下延长物料高压处理的时间并不一定灭菌的效果都会提高 [5]。

由图 5-1 知,对照组贮藏 3 d 的时候,菌落总数为 5.92 log CFU /g,贮藏 6 d 之后菌落总数超过上限 7 log CFU/g。贮藏期内,高压之后又处理的草鱼片,在 200 MPa 压力下并没有明显的差异性,只是相比对照组菌落数总数有所下降, 300 MPa 以上的超高压处理,草鱼肉中菌落总数的变化是显著降低的($p<0.05$),最高降低了 4 个数量级。可以看出,压力越大,菌落总数越少,越有利于抑制菌落总数的生长。超高压 500 MPa 处理之后的样品,经检测后表明在 21 d 时菌落总数还不到 7 log CFU /g,而对照组在第 6 d 已经超过了 7 log CFU/g,由此可以得出,超高压处理可以延长鱼肉货架期达到 15 d。

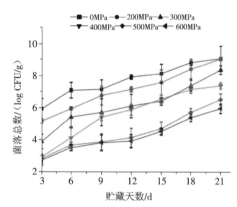

图 5-1　超高压处理对草鱼片 4 ℃保藏期内菌落总数的影响

5.3.3　温度对高压技术的影响

江南大学的王庆新 [6] 研究了贮藏温度对微加工茭白货架期保鲜的影响,微加工茭白在不同的贮藏温度下,呼吸强度的变化趋势如图 5-2 所示。从图中可以看出,随着贮藏温度的上升,贮藏初期呼吸强度的下降程度越小,并且在贮藏后期呼吸强度上升。20℃贮藏时,贮藏至第 3 d 后,呼吸强度开始上升;10℃贮藏时,呼吸强度在第 5 d 后开始上升。这表明贮藏温度越高,呼吸强度最低值出现的时间越早。低温贮藏(4℃)可以有效地抑制微加工茭白的呼吸强度,对于延长其贮藏期极为有利。

微加工茭白在不同的贮藏温度下,维生素 C 含量均呈下降趋势,并且贮藏温度越高,维生素 C 含量下降越快(如图 5-3 所示)。贮藏至第 7 d,贮藏温度分别为 20℃、10℃ 和 4℃ 时的维生素 C 保留率分别为 30.7%、41.8% 和 56.3%。因此,在不致使果蔬发生冷害的温度范围内,降低贮藏温度,有利于延缓维生素 C 含量的下降,提高微加工茭白的贮藏品质。

不同贮藏温度条件下,叶绿素含量随贮藏时间的变化如图 5-4 所示。可以看出,叶绿素含量基本呈逐渐减少的趋势,贮藏温度越高,下降速度越快。贮藏至第 7 d,贮藏温度为 20℃ 时,叶绿素含量仅为初始含量的 65.5%;10℃贮藏时,为 73.2%;4℃贮藏时,为 90.3%。这些结果表明,低温贮藏可以抑制叶绿素的降解,有利于保持果蔬的贮藏品质。

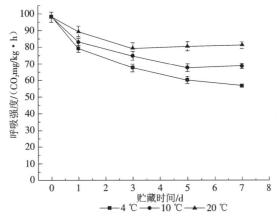

图 5-2　贮藏温度对微加工茭白呼吸强度的影响

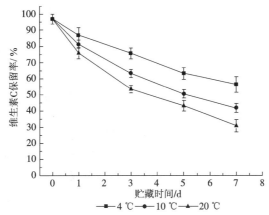

图 5-3　贮藏温度对微加工茭白维生素 C 含量的影响

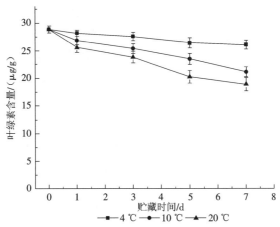

图 5-4　贮藏温度对微加工茭白叶绿素含量的影响

5.3.4　pH 值对高压辅助技术的影响

许多研究发现压力会改变介质的 pH，从而使得微生物生长的 pH 范围缩小，介质 pH 的变化会使微生物生长环境劣变，加速微生物的死亡速率。河南科技学院的马瑞芬[7] 研究了超高压处理对生鲜调理鸡肉 pH 值的影响。不同压力的处理对生鲜调理鸡肉 pH 的影响如图 5-5 所示。

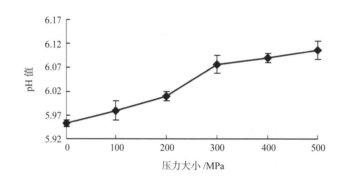

图 5-5　不同压力处理对生鲜调理鸡肉 pH 值的影响

由图 5-5 可知，高压处理组的 pH 值均比对照组高。不同压力处理可导致样品 pH 值上升，但不显著（$p>0.05$），且 pH 值并不随压力的增加而有规律地增加。压力低于 300 MPa 时上升迅速，超过 300 MPa，pH 值上升迟缓。马汉军等 [8] 研究了高压（0~500 MPa）对鸡肉丸 pH 的影响，表明 300 MPa 以下鸡肉丸的 pH 值显著增加，与本研究结果一致。Angsupanich[9] 研究了压力对鳟鱼 pH 值的影响，结果发现 200 MPa 以上压力处理导致了pH 值上升，他们认为这是高压破坏了蛋白质的立体结构，使酸性基团减少所致。随着压力的增加，样品 pH 值不断增加，但压力达到一定值时，pH 值上升迟缓。综合考虑，高压辅助技术适合应用于生鲜调理鸡肉中进行保鲜，若配合调理中使用的香辛料（含有天然的抗氧化物质、抗菌防腐保鲜成分以及天然色素，如多酚类、类黄酮、辣椒素、大蒜素、红曲、姜黄等），以及护色剂和保水剂共同作用，将会得到更理想的保鲜效果，并达到最大限度地保持生鲜调理鸡肉品质的目的。

图 5-6 为各处理组冷藏期间 pH 值的变化。由图可知，贮藏初期，与对照组相比，高压处理后样品 pH 值均有所上升。在贮藏过程中，各处理组的 pH 呈现先下降后上升的趋势。这与邓记松 [10] 研究高压对牡蛎和海参 pH 的影响结果相似。pH 值下降可能是贮藏阶段乳酸菌大量繁殖，利用样品的营养物质发酵产酸所致；贮藏后期 pH 值升高，这是由于鸡肉蛋白质在微生物的作用下分解，产生碱性物质氨和胺类物质所造成的。

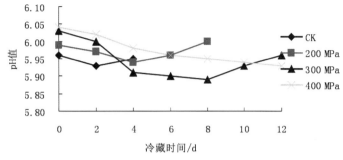

图 5-6　各处理组冷藏期间 pH 值的变化

5.3.5　食物成分对高压辅助技术的影响

高压对水的影响对于食品中的水分而言,由于溶质的存在食品中水的冻结点较纯水低,相应的冻结点曲线也向下移。高压冻结和高压解冻正是基于压力所导致的食品中水分的固液相变化,通过改变压力使水分冻结或冰解冻。水分含量大的食品其压缩性与水相似。绝热压缩能导致水(或水溶液)的温度上升,上升幅度为每 100 MPa 2~3 ℃决定于初期温度和压力上升速度。同样,压力的释放也导致温度以同样幅度下降,这种温度变化可通过水与食品和压力容器之间的热交换减少到最低程度。水在高压下的这种特性表明了低温高压加工不会对加工的食品产生任何热损伤,而且低温高压的杀菌效率较常温下的高。水相间的转变(尤其熔化与结晶之间)也受压力的影响,在 210 MPa 压力下, −22 ℃时水仍然为液态,这是由于压力能抑制冰晶(Ⅰ型)形成时体积的增加。

5.3.5.1　高压对蛋白质结构的影响

蛋白质在高压下会凝固变性,这种现象称为蛋白质的压力凝固。压力凝固的蛋白质消化性与热力凝固的相同。蛋白质一般具有四级结构 A 一级结构是由多种氨基酸以肽键连成链状的高分子物质,迄今为止还没有高压对蛋白质一级结构影响的报道。二级结构是由多肽链形成的 α 螺旋、β 转角、β 折叠片及胶原螺旋等结构,它靠多肽链内或肽链间的氢键稳定其结构,高压对这一级结构会产生影响。在很高压力下(高于 700 MPa),二级结构将发生变化,从而导致非不可逆变性,这依赖于压缩率和二级结构变化的程度。目前的研究结果一般认为,高压所导致的蛋白质变性是由于其破坏了稳定蛋白质高级结构的弱的作用——非共价键,从而使这些结构遭到破坏或发生改变。在蛋白质结构中除以共价键结合为主外,还有离子键、氢键、疏水键结合和双硫键等较弱的结合。蛋白质经高压处理后,其疏水结合及离子结合会因体积的缩小而被切断,于是立体结构崩溃而导致蛋白质变性。压力的高低和作用时间的长短是影响蛋白质能否产生不可逆变性的主要因素,由于不同的蛋白质其大小和结构不同,所以对高压的耐性也不相同。

高压下蛋白质结构的变化同样也受环境条件的影响, pH 值、离子强度、糖分等条件不同,蛋白质所表现的耐压性也不同。高压对蛋白质有关特性的影响可以反映在蛋白质功能特性的变化上,如蛋白质溶液的外观状态、稳定性、溶解性、乳化性等的变化以及蛋白质溶胶形成凝胶的能力,凝胶的持水性和硬度等方面。

另外,在高温时,压力能够稳定蛋白质,使其热变性温度提高;而在室温时,温度能稳定蛋白质提高蛋白质变性压力。虽然压力对蛋白质的影响十分复杂,但在生物技术领域的应用前景十分广阔,尤其是食品加工处理和保藏,主要包括:①通过解链和聚合(低温凝胶化、肌肉蛋白质在低盐或无盐时形成凝胶、乳化食品中流变性变化)对质地和结构的重组;②通过解链、离解或蛋白质水解提高肉的嫩度;③通过解链(即蛋白酶抑制剂、漂烫蔬菜)钝化毒物和酶;④通过解链增加蛋白质食品对蛋白酶的敏感度,提高可消化性和降低过敏性;⑤通过解链增加蛋白质结合特种配基的能力,增加分子表面疏水特性(结合风味物质、色素、维生素、无机化合物和盐等)。

5.3.5.2　高压对酶的影响

酶是一种特殊的蛋白质,高压对酶蛋白的结构(构象)的改变或破坏肯定会影响酶的活性,虽然一般说来,超过 300 MPa 的高压处理,可使酶和其他蛋白质一样产生不可逆的变性,但欲使酶完全失活往往需要较高的压力和较长的时间,因此,单纯靠高压处理达到完全灭酶是相当困难的。高压对酶活性的影响主要是通过改变酶与底物的构象和性质而起作用的,这方面的研究生化学家比食品专家进行得更深入,他们从不同的角度进行了探讨,其中涉及酶促反应机理复杂的立体化学的内容,有人用锁和钥匙的关系来解释高压对酶促反应的影响,认为高压处理使酶和底物的分子构象发生改变,最后导致酶促反应的变化,这些变化有的是促进酶促反应,也有的是抑制催化反应。酶的本质是一种蛋白质,其进行催化时并不是整个分子参加作用,与催化作用直接有关的是酶蛋白质分子中很少的一部分,即酶的活性中心。高压处理可以引起蛋白质的变性,即高压对维持酶空间结构的盐键、氢键、疏水键等起破坏作用。肽键伸展成不规则线状多肽,活性部位不复存在,酶也就失去了催化活力,即酶失活的机理是高压对蛋白质高分子的次级键的破坏作用,所以高压对酶的活力的抑制是一个渐变的过程,当压力低于临界值时,酶的活性中心结构可逆恢复,酶活力不受影响;而当压力值超过临界值时,活力将发生不可逆永久性失活。

5.3.5.3　高压对淀粉和多糖的影响

多糖对食品的结构和质地极为重要。这方面的研究主要见于高压对淀粉物质的影响,首先不同的淀粉对高压的耐性或者说不同淀粉在高压下的变化可能不同,如小麦和玉米淀粉对高压较敏感,而马铃薯淀粉的耐压性较强,又如马铃薯淀粉经处理的晶体结构在高压处理后会消失。多数淀粉经高压处理后糊化温度有所升高,对淀粉酶的敏感性也增加,从而使淀粉的消化率提高。高压可使淀粉改性,常温下加压到 400~600 MPa 透明的黏稠糊状物,且吸水量也发生改变。原因是压力使淀粉分子的长链断裂,分子结构发生改变。Mercier 等研究了高压对淀粉粒结构的影响以及高压处理后,淀粉对淀粉酶的敏感性变化。他们认为,淀粉含水量是决定高压影响大小的关键因素,高压可以提高淀粉的糊化温度。有研究表明,对土豆、玉米和小麦淀粉进行高压处理后,它们对淀粉酶的敏感性不受影响;而在 45 ℃ 或 60 ℃ 进行高压处理,可以提高它们对淀粉酶的感受性,从而提高淀粉酶的消化,而热处理对淀粉酶的影响却很小。Muhr 等报道高压处理后马铃薯、小麦和光皮豌豆的淀粉糊化温度上升。Hayashi 和 Hayashida 发现,马铃薯淀粉对高压具有较强的抵抗力,而小麦及玉米淀粉易受高压影响。Hibi 等研究了高压下多种淀粉晶体结构的变化,发现水稻、玉米淀粉的晶体结构在高压下消失,而马铃薯淀粉的晶体结构则几乎没有变化。青山等采用高压作为破坏细胞壁的手段,促进淀粉粒的膨化、糊化、改良陈米的品质,使米饭的黏性香气和光泽度升高,而且还可以缩短煮饭时间。李汴生对卡拉胶、琼脂、黄原胶等分子量大、在溶液中呈折叠卷曲状的多糖胶体进行研究,发现高压处理造成多糖分子一定程度的伸展,极性基团外露,使其电荷量增加,溶剂化作用加强,溶液的黏度增加。而果胶、海藻酸钠等分子量小、呈简单线形的多糖胶体,处理后溶液的黏度基本无变化。高压处理后多糖分子结构的伸展,还导致多糖溶液的弹性相对降低。高压处理后的卡拉胶溶液所形成的凝胶的持水性增强增大,但琼脂凝胶的持水性降低;卡拉胶凝胶分子间氢键加强、结晶度增大、熔点提高、强度有所提高,但琼脂凝胶的强度下降。

5.3.6　微生物成分对高压辅助技术的影响

在超高压条件下微生物主要受到两方面的影响。①超高压改变了细胞外形,细胞质与细胞壁分离,细胞壁增厚,甚至消失。细胞的这些变化轻则会影响微生物的生命活动代谢,重则引起微生物死亡。②超高压使细胞膜的通透性增大,功能出现丧失。超高压对微生物的这两个影响,将导致微生物代谢的紊乱,从而抑制微生物的生长和繁殖。青岛科技大学的宋吉昌研究了高压辅助技术对海参中微生物成分的影响。

霉菌是丝状真菌的俗称,意即“发霉的真菌”,构成霉菌体的基本单位称为菌丝,呈长管状,宽度 2~10 μm,可不断自前端生长并分枝。构成霉菌营养体的基本单位是菌丝。菌丝是一种管状的细丝,把它放在显微镜下观察,很像一根透明胶管,它的直径一般为 3~10 μm,比细菌和放线菌的细胞粗几倍到几十倍。菌丝可伸长并产生分枝,许多分枝的菌丝相互交织在一起,就叫菌丝体。

酵母菌是单细胞真核微生物。酵母菌细胞的形态通常有球形、卵圆形、腊肠形、椭圆形、柠檬形或藕节形等。比细菌的单细胞个体要大得多,一般为 1~5 μm。酵母菌无鞭毛,不能游动。酵母菌具有典型的真核细胞结构,有细胞壁、细胞膜、细胞核、细胞质、液泡、线粒体等。霉菌和酵母菌广泛分布于自然界,土壤、空气及水中都有它们的菌体及孢子存在,因而在食品和药品生产、贮藏等各个环节均可造成污染,引起食品和药品变质,危害人体健康,有些霉菌毒素更是重要的致癌物质。因此,霉菌和酵母菌数的检测在卫生学上具有重要意义。

5.3.6.1　压力对海参中霉菌和酵母的影响

超高压处理海参的压力与霉菌和酵母数的关系如图 5-7。如图 5-7 所示,新鲜海参的初始霉菌和酵母的数量为 8 000 cfu/g。当处理压力小于 200 MPa 时,随着压力的增大,残存霉菌和酵母总数显著降低。处理压力为 300 MPa 时,残存于海参中的霉菌和酵母总数为 90 cfu/g,可以杀灭 98.88% 的霉菌和酵母。这说明霉菌和酵母的耐压性较差,应用较低的处理压力就可以达到很好的杀灭效果。

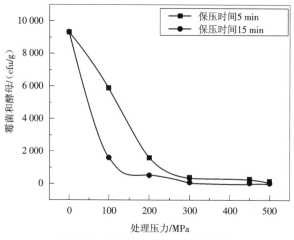

图 5-7　压力对霉菌和酵母的影响

大肠杆菌,细胞杆状、近球形到长杆状。直径约 0.5~3.1 μm,长约 2 μm。单个,成对和呈短链排列。两端钝圆,周生鞭毛,可运动,一般无荚膜,不形成芽孢。菌落圆形,白色或黄白色,平滑、有光泽、地坪或微凸起,边缘整齐到波状。它可使牛奶迅速产酸、凝固、不胨化、明胶不液化;产生吲哚,甲基红阳性,不利用柠檬酸盐;发酵葡萄糖、乳酸产气。最适温度下培养 20 min 可繁殖一代。大肠杆菌是人和动物肠道中的正常寄居菌,一般不致病,但当侵入盲肠、胆囊、腹腔、泌尿系统时,可引发炎症。该菌是粪便中的主要菌种,因此他是食品和饮用水中粪便污染的指示菌。在工业上,可用来制备 L- 天冬酰胺酶,是治疗白血病的药物,还可利用其产生的酰胺酶制造新型的青霉素,利用其谷氨酸脱酶测定谷氨酸的含量等。在科学研究方面,大肠杆菌是研究遗传工程的好材料。此外,水质监测将其数量作为检测水质状况和污染程度的重要指标。链球菌呈球形或椭圆形,直径 0.6~ 1.0 μm,呈链状排列,长短不一,从 4~8 个至 20~30 个菌细胞组成不等,链的长短与细菌的种类及生长环境有关。在液体培养基中易呈长链,固体培养基中常呈短链,由于链球菌能产生脱链酶,所以正常情况下链球菌的链不能无限延长。多数菌株在血清肉汤中培养 2~4 h 易形成透明质酸的荚膜,继续培养后消失。该菌不形成芽孢,无鞭毛,易被普通的碱性染料着色,革兰氏阳性,老龄培养或被中性粒细胞吞噬后,转为革兰氏阴性。在血平板上形成灰白色、半透明、表面光滑、边缘整齐、直径 0.5~0.75 mm 的细小菌落,不同菌株溶血不一。溶血性链球菌在自然界中分布较广,存在于水、空气、尘埃、粪便及健康人和动物的口腔、鼻腔、咽喉中,可通过直接接触、空气飞沫传播或通过皮肤、黏膜伤口感染,被污染的食品如奶、肉、蛋及其制品也会对人类进行感染。

5.3.6.2　压力对海参中大肠杆菌的影响

压力对大肠杆菌的影响如图 5-8 所示。新鲜海参的初始大肠杆菌群的数量为 3 400 MPN/100 g。压力小于 300 MPa,压力对大肠杆菌群总数的影响基本遵循一级反应动力学,施加压力大小与大肠菌群的存活量呈类线性反比关系;处理压力为 300 MPa,保压时间为 15 min 时,大肠杆菌群的存活率只有 2.1%;处理压力大于 300 MPa,处理压力对大肠杆菌群数的影响很小,压力为 450 MPa 时,大肠杆菌群数为 40 MPN/100 g。

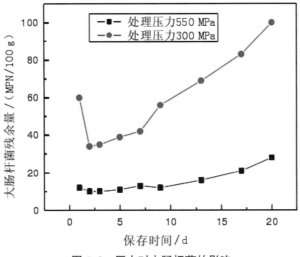

图 5-8　压力对大肠杆菌的影响

重复施压对革兰氏阴性菌的影响分析可以得出,使用重复施压的处理方式能够增强对革兰氏阴性菌的杀灭作用。因此,进一步研究重复施压对海参中微生物的影响,以进一步降低处理压力就尤为重要了。

保压时间均为 15 min。处理压力低于 340 MPa 时,多次重复加压在杀灭微生物方面具有较大的优势;海参样本经 340 MPa,二次重复加压与 400 MPa,一次加压后的菌落总数含量基本相当(如图 5-9 所示);当处理压力为 400 MPa 时,一次加压后海参中菌落总数减少了 99.1%,二次加压使菌落总数减少 99.3%,400 MPa 时施压次数对灭菌的影响并不明显,断定多次重复加压适用于处理压力小于 400 MPa 的条件。因此,确定正交试验中处理压力小于 400 MPa。

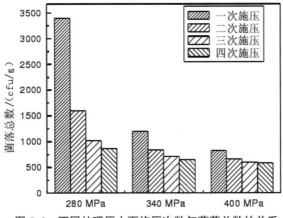

图 5-9　不同处理压力下施压次数与菌落总数的关系

5.3.7　施压方式对高压辅助技术的影响

超高压会改变生物体内高分子中的非共价键,使得蛋白酶变性,淀粉糊化,酶失活。分别研究不同压力强度和冷藏时间对蛋白酶的影响。图 5-10(a)~(f)分别为组织蛋白酶 B、组织蛋白酶 L、组织蛋白酶 D、钙激活酶、胶原蛋白酶、肌原纤维结合型丝氨酸蛋白酶(MBSP)的活性变化。

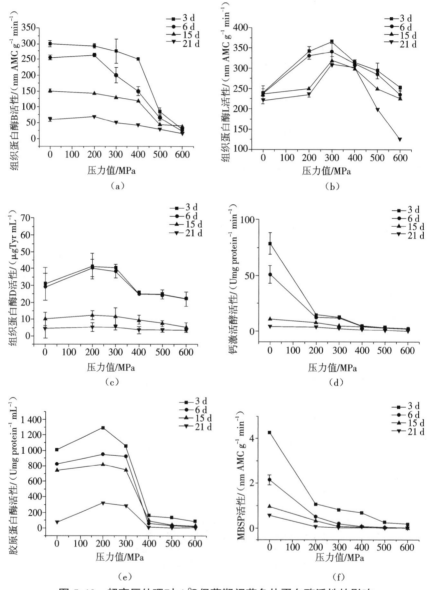

图 5-10　超高压处理对 4 ℃保藏期间草鱼片蛋白酶活性的影响

(a)组织蛋白酶 B 的活性变化　(b)组织蛋白酶 L 的活性变化　(c)组织蛋白酶 D 的活性变化　(d)钙激活酶的活性变化　(e)胶原蛋白酶的活性变化　(f)MBSP 的活性变化

由图 5-10(a)知,随着压力的增大,组织蛋白酶 B 的活性随着压力的增大呈下降趋势,组织蛋白酶 B 活性的变化可能是因为超高压导致溶酶体破坏,溶酶体的酶释放到细胞质和细胞间的空间[11]。随着冷藏时间的延长,组织蛋白酶 B 的活性持续下降,下降幅度越来越大,超高压 300 MPa 处理下,冷藏期间组织蛋白酶 B 的酶活分别下降了 28%、52%、82%。当贮藏到 21 d 时,酶的活性趋于稳定。组织蛋白酶 B 是一种软化肌肉组织的酶,经过超高压处理之后,组织蛋白酶 B 的活性减弱,软化肌肉组织的能力下降,草鱼肉硬度提高。由图 5-10(b)知,在超高压处理下,组织蛋白酶 L 的活性呈现出先增强后减弱的趋势。在低压下,会促进组织蛋白酶 L 的活性,可能是因为溶酶体中的酶经过高压之后被释放出来。

随着贮藏时间的延长,组织蛋白酶 L 含量先增加后降低,300 MPa 处发生了明显的变化。这说明 300 MPa 的超高压处理可以抑制组织蛋白酶 L 的变化。海鲈鱼经过超高压之后,溶酶体蛋白酶释放出来,导致酶的活性增强[12]。组织蛋白酶 D 被认为是淡水鱼致死后,降解蛋白质的最重要的酶[13]。由图 5-10(c)知在整个贮藏期内,组织蛋白酶 D 的活性呈下降趋势。钙激活酶是一种能够水解肌原纤维蛋白质的重要的蛋白酶,可以影响致死后鱼肉肌肉的质构。由图 5-10(d)知,随着压力的不断增大,钙激活酶含量逐渐减弱,钙激活酶的活性下降是超高压处理之后,钙激活酶的两个亚基(76 kPa 和 78 kPa)分离导致。由图 5-10(e)知,胶原蛋白酶在低压下,随着压力的增大,活性是逐渐升高的,是因为在压力下产生了酶活性中心的凝聚作用。在 200 MPa 以后,随着压力的增加,酶活性是逐渐减弱的,压力继续升高,这种凝聚作用被分散,导致活性下降,且随着贮藏天数的增加,酶活性也是逐渐减降的。由图 5-10(f)知,MBSP 活性随着压力的增大呈现出一直降低的趋势。600 MPa 处理下基本达到灭酶的效果,灭酶率达到 97%。贮藏 7 d 时,变化幅度较大,降低的明显。贮藏到 14 d 和 21 d 的时候,活性基本接近零。从整体来看,草鱼中关键酶的活性在超高压下没有反弹,均比开始时活性小。说明超高压处理是不可逆的,超高压可以很好地抑制蛋白酶的活性。高于 200 MPa 的超高压处理可以显著抑制钙激活酶和 MBSP 的活性。高于 300 MPa 的超高压处理可以显著抑制组织蛋白酶 B、组织蛋白酶 L、胶原蛋白酶的活性。超高压既可以显著抑制微生物的增长,又可以显著抑制蛋白酶的酶活。

经过超高压处理后,草鱼肉的汁液流失率是逐渐减小的,随着压力的增大,其汁液流失率是越来越小的。随着贮藏时间的延长,草鱼肉汁液流失率呈现一直增大的趋势,鱼肉持水的能力呈现一直下降的趋势。但是经过高压处理后汁液流失率明显低于未经过高压处理后的。鱼肉的持水能力随着处理压力的增大呈现先增大后下降的趋势,经过超高压处理,鱼肉蛋白发生降解,从而使得肌间纤维增长,由于肌纤维和肌丝间的空隙增大,从而更好地保留水分,降低水分丢失。随着压力的不断增大,蛋白变性程度增大,原来包裹的水分子外漏,进而导致持水性下降[13]。在贮藏期,经过超高压处理的和未经过超高压处理的鱼肉的持水性都呈现出减小的趋势,可能是因为随着处理强度和贮藏时间的延长,蛋白质分子结构发生了变化,结合能力减弱,持水性下降。在贮藏期间,经过超高压处理的草鱼肉比未经过超高压处理的草鱼肉持水性下降速度越缓慢,这充分表明,超高压可以缓解草鱼片持水性下降的速度,从而有效地缓解鱼肉质构变差的趋势。

食物的感官评价,对人们是否购买该食品具有重大的影响,感官评价越高,则购买力越强。随着压力强度的增大,超高压处理情况下与未经过高压处理情况下相比,鱼肉的感官品质稍有改善,贮藏期内前 9 d,超高压 200 MPa 处理组感官评分最优。贮藏后期,超高压 600 MPa 处理的草鱼片的感官得分最低,经过超高压处理的感官得分均低于未经过高压处理的情况下。这说明,超高压处理可以改善草鱼片的感官品质,提高人们的可接受度。

江南大学的王庆新[6] 研究了超高压处理对微加工茭白货架期影响的研究。研究了超高压处理对茭白酶活性的影响。苯丙氨酸解氨酶(PAL)和过氧化物酶(POD)是果蔬贮藏过程中木质素合成导致老化的关键酶类[14]。压力对茭白 POD 和 PAL 活性的影响如图 5-11 所示。

由图 5-11 知,当压力低于 200 MPa 时,随着压力的升高,茭白中过氧化物酶的活性与未经过高压处理的对照样酶活性相比没有降低,相反有一定的升高;压力为 200 MPa 时,酶的相对活性达到最大值,为 110.2%;200 MPa 以后,过氧化物酶活性随压力的升高而下降。苯丙氨酸解氨酶活性的变化与过氧化物酶相似,在压力为 200 MPa 时,酶的相对活性达到最大值,随后,酶的相对活性随着压力的增加迅速降低。该结论与 1998 年 Hendrickx 等提出的超高压对酶的作用效果可分为两方面:一方面较低的压力能激活一些酶,另一方面非常高的压力能导致酶失活的结论是一致的[15]。对于加压过程中酶活性的异常升高,可以认为这是由于低压下酶的构象没有太大的变化,酶没有失去活力;相反,压力促使酶从附着而被束缚的状态中解离出来,提高了酶的活性;在压力作用下细胞膜被损坏或改变了膜的通透性,使细胞内部的酶泄露出来,也会导致酶活性比对照样还高。酶的化学本质是一种蛋白质,其生物活性与其三维结构有关。酶的生物活性产生于活性中心,活性中心是由分子的三维结构产生的,即使是一个微小的变化也能导致活力的丧失,并改变酶的功能性质。高压辅助技术的一个独特性质在于它只作用于非共价键,而保证共价键的完好。在本实验的条件下,当压力超过 200 MPa 时,由于高压的作用,维持酶的空间结构的盐键、氢键、疏水键等被破坏,导致蛋白质的空间结构崩溃,但是蛋白质的一级结构和二级结构基本不受高压作用的影响。由于蛋白质的三级结构是形成酶活性中心的基础,高压作用导致三级结构崩溃时,酶蛋白的构象和活性中心不再存在,从而改变其催化活性。随着压力的增加,酶逐渐失活。

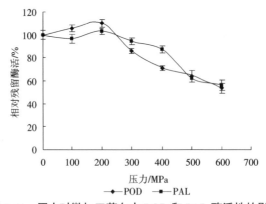

图 5-11 压力对微加工茭白中 POD 和 PAL 酶活性的影响

保压时间对微加工茭白酶活性的影响,图 5-12 为保压时间对茭白 POD 和 PAL 活性的影响。

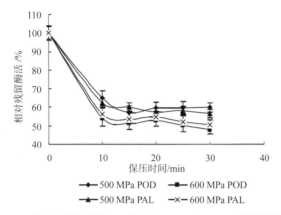

图 5-12　保压时间对微加工茭白中 POD 和 PAL 酶活性的影响

由图 5-12 知,利用 500 MPa 和 600 MPa 的高压作用 10 min,茭白中过氧化物酶和苯丙氨酸解氨酶的活力显著降低;进一步延长保压时间,酶活的降低逐渐减缓,过氧化物酶和苯丙氨酸解氨酶的活力趋于稳定。600 MPa 的超高压保持 10 min,POD 和 PAL 的相对残留酶活分别为 53.9% 和 56.2%,而保压时间超过 10 min 时,POD 和 PAL 的酶活趋于稳定,丧失缓慢,保压时间 20 min、30 min 与 10 min 之间无明显差异($p>0.05$),这表明茭白中过氧化物酶和苯丙氨酸解氨酶的残留活性随着保压时间的延长会达到一个较低水平,进一步延长保压时间对相对残留酶活影响甚微。

可溶性和不溶性固形物的含量也是评价果蔬品质的指标之一。可溶性固形物含量,不仅能反映植物组织的含糖量,还与植物组织细胞的持水能力有关。可溶性固形物含量高,可以提高细胞的渗透压,防止水分渗透到细胞壁以外,因而保水能力强,这对于防止果蔬采后水分损失和保持商品性状具有重要意义。超高压处理对茭白可溶性固形物含量的影响如图 5-13 所示,经过超高压处理后,茭白的溶性固形物含量有所增加,在保压时间超过 10 min 后,可溶性固形物的含量趋于稳定,进一步延长保压时间对茭白可溶性固形物含量的影响甚微。高压处理 10 min 与 20 min,30 min 之间并无显著差异($p>0.05$)。

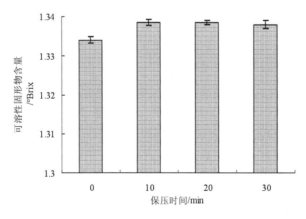

图 5-13　超高压处理对微加工茭白中可溶性固形物含量变化的影响

　　贮藏温度是影响果蔬品质的重要因素之一,随着贮藏温度的提高,果蔬的呼吸强度增强,细胞质膜相对透性上升,水分、维生素和叶绿素等会迅速减少,反之,降低贮藏温度,果蔬的贮藏期将大大延长,贮藏品质受到较好的保护。低温贮藏是果蔬货架期保鲜的有效手段,但是过低的温度又会造成果蔬的冷害。果蔬采收后仍然会进行一系列的生理活动,其中水分蒸腾作用是影响果蔬品质的一个重要因素。制果蔬的蒸腾作用,保持一定的水分是果蔬保鲜的关键因素之一。茭白采收时的含水量一般在93%左右。采收后由于茭白组织幼嫩,保护组织不发达,水分极易蒸发散失,导致嫩茎失重。失重的原因是呼吸作用引起的有机物质的消耗及蒸发作用引起的失水。由于失水,果蔬组织细胞失去原有的饱满状态,呈现萎蔫、皱缩状态,且光泽消退,使保鲜果蔬的商品价值大大下降。超高压作用下微加工茭白的失重率如图5-14所示,微加工茭白的失重率在贮藏初期较高,在第5 d基本达到最高,后期趋于稳定。超高压处理组的茭白失重率在贮藏期间内一直低于对照组,贮藏至第5 d,对照组和超高压处理组茭白的失重率分别达到10.9%和7.2%。两者有显著差异($p<0.05$)。可见,超高压处理后,茭白的失重率得到了有效的控制,保鲜效果更好。

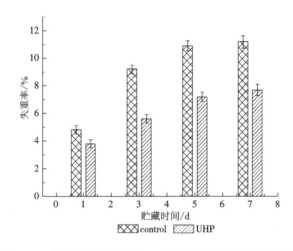

图 5-14　超高压处理对微加工茭白贮藏期间失重率的影响

　　色泽是肉制品的重要食用品质之一,消费者判断肉质颜色往往是首要的标准。肉制品颜色的深浅和肉制品中肌红蛋白含量的多少有关,取决于肌红蛋白与氧合肌红蛋白、高铁肌红蛋白之间的比例,其中肌红蛋白为紫红色、氧合肌红蛋白呈鲜红色、高铁肌红蛋白为褐色。

　　高压处理肉制品可导致其颜色的改变,一般情况下,经过高压处理的肉制品其明度值(L^*)会增加,肉制品颜色会变亮;红度值(a^*)会下降;而黄度值(b^*)则基本保持不变。经研究表明压力高于400 MPa时L^*值基本保持稳定,a^*值下降的速度呈减缓趋势[16]。另外研究还表明高压处理使肌红蛋白的含量降低,高铁肌红蛋白的含量增加,当压力在以上时高铁肌红蛋白所占的比例会明显增加[17]。

　　吉林农业大学的梁超研究了鹅肉的超高压保鲜。

　　压力对鹅肉样品色泽的影响,如图5-15所示。

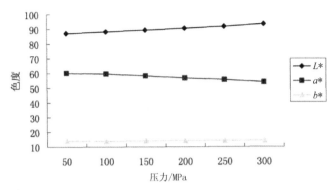

图 5-15　不同压力条件下压力对样品色度的影响

由图 5-15 知,随着压力的升高,明度值(L^*)呈增大的趋势,红度值(a^*)呈减小的趋势,而压力大小黄度值(b^*)的改变不明显。压力 250 MPa 为时,样品变白的效果开始明显。

压力对鹅肉样品值的影响,如图 5-16 所示。

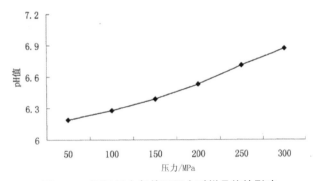

图 5-16　不同压力条件下压力对样品值的影响

由图 5-15 可知,增加压力会使得样品的 pH 值上升,并随着压力的升高 pH 值的变化趋势增大。pH 值上升,会使得肌肉中细胞膜的结缔组织软化。

压力对鹅肉样品菌落总数的影响,如图 5-17 所示。

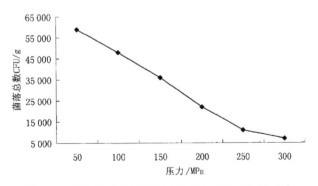

图 5-17　不同压力条件下压力对样品菌落总数的影响

由图 5-17 可知,随着压力的增大,菌落总数呈明显降低的趋势,当压力高于时,菌落总数基本保持稳定,之后增加压力,压力对菌落总数的影响不大。

5.4 装置及设备

5.4.1 高压辅助技术装置的特点

目前国外常见的食品加压装置由高压容器和压力发生器(又称加减压系统)两大部分组成,高压容器是整个装置的核心,它承受的操作压力可高达数百甚至上千 MPa,循环载荷次数多(2.5 次 /h),工作条件极其苛刻,为保证安全生产,其容积不宜过大(1~50 L)[3, 18]。高压容器及其密封结构的设计必须正确合理地选用材料,保证其足够的力学强度,高的断裂韧性,低的回火脆性和时效脆性,一定的抗应力腐蚀及腐蚀疲劳性能 [19]。鉴于食品加工工业中的特殊要求,即要有一定的处理能力和较短的单位生产时间,有效保证产品的高质量要求,故而要设法缩短生产附加时间(如密封装置的开启时间),把装置设计成便于快装快卸操作的轻便形式。

超高压容器的密封结构是整个超高压设备中一个重要的组成部分,超高压容器的正常运行在很大的程度上取决于密封结构的完善性。近年来,随着化工等有关工业部门对超高压容器的密封结构提出了新要求,诸如容器的大型化,要求密封口径越来越大;容器开启频繁,要求结构轻巧装拆方便;容器内往往是易燃易爆介质,密封可靠性要求特别高等,促使超高压容器的密封技术迅速发展。衡量超高压密封结构的优劣,主要依据以下几个原则:

①在正常操作和压力、温度波动的情况下,都能保证容器的密封;

②结构简单,装拆和检修方便;

③加工制造方便;

④密封结构紧凑,密封元件少,占有高压空间小;

⑤所需的紧固件简单轻巧,以减少锻件吨位和尺寸,

⑥能多次重复使用。

5.4.2 超高压食品处理装置的分类

超高压食品处理装置使用的压媒主要是水,容器产生高压的方式可以分为两种:一是外部加压式,高压泵与高压容器分开设置,高压泵将压媒经配管送入容器产生高压,具有高压容积利用率高,相对造价低的优点,适用于大中型生产装置;二是内部加压式,高压容器内的活塞压缩压媒产生高压,具有整体性好的优点,可防止介质对食品的污染;根据油压装置与高压容器连接形式还可以分为分体型和一体型(如图 5-18 所示 [20])。两种加压方式的特征对比如表 5-2 所示。

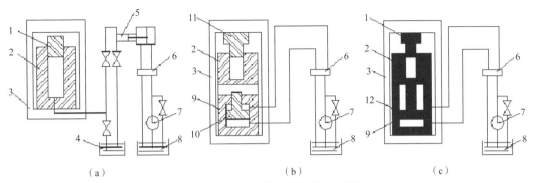

图 5-18 高压装置的两种加压方式简图

(a)外部加压式 (b)内部加压式——分体式 (c)内部加压式——一体式

1—顶盖;2—高压容器;3—承压框架;4—压媒槽;5—高压泵(增压泵);6—换向阀;7—油压泵;8—油槽;9—油压缸;
10—低压活塞;11—活塞顶盖;12—高压活塞

表 5-2 两种不同加压方式的特征对照表 [4]

	外部加压式	内部加压式
结构	承压框架内仅有高压容器,结构简单	液压缸、高压容器均纳入承压框架
容积体积	容积恒定,利用率高	容积随外压减小,利用率低
高压泵及高压配管	有高压泵及高压配管	用液压缸代替高压泵,无高压配管
保压性	只要容器内压媒泄露量小于高压泵排量,即可保压保压性好	只有容器内压媒泄露体积小于高压塞行程扫过的面积,才能保压
维修	高压容器为静密封,使用寿命长,维修较易,但高压泵维修较难	高压容器与活塞之间为滑动密封,维修较难,而液压缸压力较低,易维修
油污染问题	对处理物料或包装基本无污染	分体型无,一体型有污染可能
适用场合	适用于大容量生产装置	适用于更高压力,小容量,研究开发

日本在超高压装置的实用化研究上一直处于领先地位,近年来研制出一种小型内外筒双层结构高压装置(如图 5-19[21] 所示,属于内部加压式,外筒是油压缸并兼有存放高压内筒的功能,故无须高压泵及高压配管,缩小了整体结构,内筒更换方便。

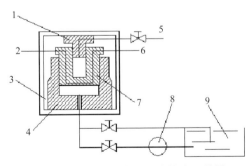

图 5-19 内部加压式双层结构高压装置

1—活塞顶盖;2—加热剂(制冷剂)入口;3—承压框架;4—外筒(油压缸);5—排气阀;6—加热剂(制冷剂)出口;7—高压内筒;
8—油压泵;9—油槽

超高压处理食品的方式可以分为两种方式:超高压静态处理方式和超高压动态处理方式。食品的超高压静态处理方式是将食品密封后置于超高压容器中,以水或其他液体为加压介质,加压到设定压力值并静态保压一段时间,从而获得处理后的超高压食品的一种处理方式,主要适用于小批量固、液体食品的生产。食品的超高压动态处理方式是将液态或液固混合物食品或微生物直接加压到预定压力,然后通过超高压对撞发生装置,直接进行超高压力释放,在发生装置中形成超高压射流对撞,从而把物质乳化破碎和超高压快速灭菌。超高压动态处理方式具有能耗低、可连续生产、易产业化的优点,适用于液态或液固混合物固体含量不超过 35% 的物质处理,其处理工艺也比较简单;但是不能处理固体食品和流动性差的液态食品。

5.4.3　超高压容器的设计

为了避免压力容器由于设计不当而引起破坏事故,确保超高压容器在使用中的安全可靠,各主要工业国相继制定并不断完善高压容器的设计规范。

最高工作压力和设计压力是超高压容器设计中最重要的两个设计指标。最高工作压力是指容器在工作过程中可能产生的最高表压力,包括在正常操作下因压力波动而出现的最高值,但不考虑因化学反应而出现的不正常的最大压力值,也不应包括在容器出口处发生的爆炸而出现的最大压力值。设计压力是指在相应设计温度下用以确定容器壳壁计算厚度及其元件尺寸的压力,即容器在一定温度下可承受的最大内压。设计压力一般可取最大卸载压力或由设计人员决定,根据经验,设计压力值一般为最大工作压力值的 1.1 倍。

除了最高工作压力和设计压力,卸载压力和设计温度在超高压设计中也起着重要的作用。卸载压力即安全泄放装置(即爆破膜、爆破片或安全阀)在最大操作温度下的爆破或起跳压力,最大卸载压力不得超过该温度下的设计压力。在工作过程中,容器在相应的设计压力下壳壁或元件金属可能达到的最高或最低温度为设计温度。对于用水蒸气、热水或其他形式加热或冷却的壳壁,必须根据实验值或从模拟容器实验中实测壁温值作为设计温度,并需在容器上设置测温点。

另外,安全系数也是压力容器设计的一项基本参数,即为压力容器在使用期间可能出现的破坏因素提供适当的安全裕度。破坏因素主要包括材料性能可能存在的偏差、估算载荷的状态及数值的误差、设计计算方法的准确性(即其近似程度)、制造加工和检验经验的结果及手段的可靠性,以及其他未能估计到的因素。安全系数在超高压容器设计中使用广泛,使用场合及操作情况各不相同,应按不同的场合而有所区别。

设计超高压容器时以爆破失效理论为设计标准,安全系数的计算由 Faupel 公式得出的破坏压力来确定。Faupel 公式主要考虑了实际材料加工之后出现的硬化现象,大量实验表明,实际容器实测爆破值的下限是 Faupel 公式计算值的 85%。由此可以认为,当安全系数取 3 时,实际容器的安全系数的最下限值为 2.55;当安全系数取 2.5 时,应为 2.125。另外,在不考虑其他因素的情况下,按 Faupel 公式确定的爆破压力取安全系数为 1.25,则破坏概率几乎为 0.01%,即可靠程度为 99.99%;若安全系数取 1.4,则破坏概率几乎达零。

日本日立公司制作所对超高压管的静强度安全系数的规定,以爆破压力为基准(爆破压力与设计压力之比)的安全系数为 2.5,同时必须满足全屈服压力为基准(全屈服压力与设计压力之比)的安全系数必须大于或等于 2。并规定爆破压力按 Faupel 公式计算,全屈服压力按 Nadai 公式计算。安全系数还与材料有关,当材料的屈强比小于 0.75 时,则应取以全屈服压力为基准的安全系数;当材料的屈强比大于 0.75 时,则应取爆破压力为基准的安全系数。

5.4.3.1　筒体壁厚的设计

超高压容器筒体的材料必须满足机械强度高、塑性和冲击韧性好、断裂韧性值高、疲劳强度高、可锻性好的基本要求。在选择材料时,首先应考虑到主要的性能及要求,也就是在一定的具体情况下首先从符合设备的工作条件来选择。

（1）估算径比(K),确定筒体尺寸

$$P_B = n_b \cdot P \tag{5-1}$$

Faupel 公式

$$P_B = \frac{2}{\sqrt{3}} \sigma_s \left(2 - \frac{\sigma_s}{\sigma_b}\right) \ln K \tag{5-2}$$

径比

$$K = e^{\frac{\sqrt{3}}{2} \frac{n_b P}{\sigma_s} \frac{1}{2 - \frac{\sigma_s}{\sigma_b}}} \tag{5-3}$$

（2）内壁当量应力

$$\sigma_{eq} = \frac{\sqrt{3} P K^2}{K^2 - 1} \tag{5-4}$$

（3）内壁屈服时所需的应力

$$P_s = \frac{\sigma_s}{\sqrt{3}} \frac{K^2 - 1}{K^2} \tag{5-5}$$

（4）全屈服压力

$$P_c = \frac{2}{\sqrt{3}} \sigma_s \ln K \tag{5-6}$$

全屈服安全系数

$$n_c = \frac{P_c}{P} \tag{5-7}$$

5.4.3.2　筒体的自增强处理

自增强处理是指筒体在使用之前进行加压处理,其压力超过内壁发生屈服的压力(初始屈服压力),使筒体内壁附近沿一定厚度产生塑性变形,形成内层塑性区,而筒体外壁附近仍处于弹性状态,形成外层弹性区。当压力卸除后,筒体内层塑性区将有残余变形存在,而外层弹性区受到内层塑性区残余变形的阻挡而不能完全恢复,使内层塑性区受到外层弹性区的压缩而产生残余压应力,而外层弹性区由于收缩受到阻挡而产生残余拉应力。自增强处理后的厚壁圆筒,产生内层受压,外层受拉的预应力。当筒体承受工作压力后,由工作压力产生的拉应力与筒体的预应力叠加,结果使内层应力降低,外层应力有所提高,沿壁厚方向的应力分布均匀化,弹性操作范围扩大。

1)自增强压力计算

厚壁圆筒进行自增强处理时,自增强压力必须大于筒体内壁的初始屈服压力,使筒体内层成为塑性区,外层仍为弹性区。设筒体塑性区与弹性区交界面半径为 R_c,自增强压力为 P_A。

理想弹塑性界面半径

$$b = \frac{D_i}{2} e^{\frac{\sqrt{3}}{2\sigma_s} \frac{E}{E'} P} \tag{5-8}$$

$$A = \sqrt{3} \frac{E}{E'} \frac{P}{\sigma_s} \tag{5-9}$$

$$B = e^A \tag{5-10}$$

最适合的自增强压力

$$P_A = \frac{\sigma_s}{\sqrt{3}}[1 + A - \frac{B}{K^2}] \tag{5-11}$$

若自增强压力大于最大自增强压力,会发生反向屈服,因此要确定反向屈服造成的弹塑性变形半径 b,

$$\ln \frac{b}{r_i} = (\frac{b}{r_o})^2 - 1 + \ln \frac{r_o}{b_i} \tag{5-12}$$

自增强压力为:

$$P_A = \frac{\sigma_s}{\sqrt{3}}[1 - (\frac{b'}{r_o})^2 + 2\ln \frac{b'}{r_i}] \tag{5-13}$$

2)自增强筒壁的应力分析

在工作压力下筒体内壁的应力

$$\sigma_x^P = \frac{K^2 + 1}{K^2 - 1} P$$
$$\sigma_y^P = \frac{1 - K^2}{K^2 - 1} P \tag{5-14}$$
$$\sigma_z^P = \frac{1}{K^2 - 1} P$$

在自增强压力下筒体内壁的应力

$$\sigma_x = \frac{\sigma_s}{\sqrt{3}}(\frac{b'}{r_o})^2(1 + \frac{r_o^2}{r^2})$$
$$\sigma_y = \frac{\sigma_s}{\sqrt{3}}(\frac{b'}{r_o})^2(1 - \frac{r_o^2}{r^2}) \tag{5-15}$$
$$\sigma_z = \frac{\sigma_s}{\sqrt{3}}(\frac{b'}{r_o})^2$$

在卸除自增强压力后,压力变化产生的筒体内壁应力:

$$\sigma_x' = -P_A + \frac{2\sigma_s}{\sqrt{3}}(1 + \frac{r^2}{r_i^2}) - \frac{P_A}{K^2-1}(1 + \frac{r_o^2}{r^2})$$

$$\sigma_y' = -P_A + \frac{2\sigma_s}{\sqrt{3}}\ln\frac{r}{r_i} - \frac{P_A}{K^2-1}(1 - \frac{r_o^2}{r^2}) \tag{5-16}$$

$$\sigma_z' = -P_A + \frac{\sigma_s}{\sqrt{3}} + \frac{2\sigma_s}{\sqrt{3}}\ln\frac{r}{r_i} - \frac{P_A}{K^2-1}$$

经过自增强处理的厚壁圆筒,在工作压力作用下的合成应力可由自增强处理后筒壁中的残余应力与工作压力下引起的应力叠加求得,即

$$\sum\sigma_x = \sigma_x^P + \sigma_x'$$

$$\sum\sigma_y = \sigma_y^P + \sigma_y' \tag{5-17}$$

$$\sum\sigma_z = \sigma_z^P + \sigma_z'$$

$$q = \frac{1}{\sqrt{2}}\sqrt{(\sigma_x - \sigma_y)^2 + (\sigma_y - \sigma_z)^2 + (\sigma_z - \sigma_x)^2} \tag{5-18}$$

5.4.3.3　封头的设计计算

食品加工过程中需要不断地开启高压容器的端盖,故其密封结构要求很高,既要装拆方便快捷,又要密封可靠。容器端盖结构形式采用带有大螺纹的圆形平盖加自紧密封相结合的结构形式。

1）封头厚度计算

根据工作情况需要,拟选用圆形平盖结构,根据圆形平盖厚度计算公式可得:

$$\delta_P = D_C\sqrt{\frac{K_P}{[\sigma]'\phi}} \tag{5-19}$$

式中　D_C——平盖的计算直径(mm);

　　　K——结构特征参数,此处取为 0.25;

　　　δ_p——平盖的计算厚度(mm)。

2）筒体端部内螺纹的校核

筒体端部尺寸确定之后,强度计算仅作校核之用。带齿的筒体端部,仅需校核图 5-20 的 $Q-Q$ 断面的当量应力是否小于材料的许用应力,即

$$\sigma_{eq} = \sigma_u + \sigma \leqslant [\sigma]^r \tag{5-20}$$

这是由于内压引起的轴向载荷与密封垫密封力的轴向载荷作用在螺纹上或者由密封垫作用在筒体的端部上,由于轴向力相对于端部中性面偏心,势必在 $a—a$ 环向断面上产生弯曲应力,即式中的 σ_u。如果 σ_u 值与由轴向载荷在 $a—a$ 环向断面上产生的拉应力之和小于材料设计温度下的许用应力,则可认为筒体端部强度足够。

弯曲应力

$$\sigma_u = \frac{3(Q_1 - Q_0)(d_B - d_i)}{2\pi d_i t_1^2 n} \tag{5-21}$$

式中　Q_0——由内压引起的轴向载荷;

Q_1——密封垫密封的轴向载荷；

t_1——螺距；

n——螺纹圈数；

d_B——螺纹顶圆直径；

d_1——螺纹根圆直径。

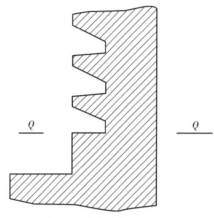

图 5-20　容器端部螺纹部分图

5.4.3.4　增压器的设计

1）液压缸简介

液压缸是液压系统中最重要的执行元件，它将液压能转变为机械能，实现直线往复运动。液压缸结构简单，配制灵活，设计、制造比较容易，使用维修方便，所以比液压马达、摆动马达等执行元件应用更广泛。液压缸与各种传动机构相配合，完成复杂的机械运动，从而进一步扩大了它的应用范围。

为了适用主机的需要，液压缸的规格、品种日趋齐全，结构上也在不断改进。例如用于仪器仪表和生活设施的液压缸，其直径仅在 4 mm 左右。配置在大型机械设备上的液压缸直径可达 1.8 m 以上，有的长度超过 30 m，有的吨位高达万吨以上。

据有关资料统计，液压缸的产值约占液压元件总产值的 20%。其中在工程机械、矿山机械上的用量最大，其次是金属切削机床、锻压机床、注塑机。此外，其在船舶、飞机、农业机械、冶金设备及其他自动化设备装置中也有大量应用。专业化生产是当前液压缸生产的特点之一。专业化生产不仅能提高生产效率、缩短生产周期、降低成本，更重要的是能提高质量，保证性能指标的稳定。特别是用电子计算机进行辅助设计、工艺准备和管理，能有效地组织专业化生产。液压缸是液压传动的执行元件，它与主机和主机上的机构有着直接的联系，对于不同的机种和机构，液压缸具有不同的用途和工作要求。因此，在设计前做好调查研究工作及备齐必要的原始资料和设计依据是必要的，其中主要包括：主机的用途和工作条件；工作机构的特点、负荷情况、行程大小和动作要求；液压系统所选定的工作压力和流量；有关国家标准和技术规范等。

液压缸的设计内容和步骤大致如下。

（1）液压缸类型和各部分结构形式的选择。

（2）基本参数的确定。基本参数主要包括液压缸的工作负荷、工作速度和速比、工作行程和导向长度、缸筒内径及活塞杆直径等。

（3）结构强度计算和验算。其中包括缸筒壁厚的强度计算,活塞杆强度和稳定性验算,以及各部分连接结构的强度计算。

（4）导向、密封、防尘、排气和缓冲装置的设计。应当指出,对于不同类型和机构的液压缸,其设计内容必然有所不同而且各参数之间往往具有各种内在联系,需要综合考虑才能获得比较满意的结果,所以设计步骤不是固定不变的。

2）增压器的设计及分析

增压式液压缸又称增压器,在某些短时或局部需要高压液体的液压系统中常用增压器与低压大流量泵配合使用来节约设备费用。增压器可在增压回路中提高液体的压力。低压 $1\,Pa$ 的液体推动增压器大活塞,大活塞又推动与其连接在一起的小活塞而获得高压 $2\,Pa$ 的液体。增压器的特性方程为:

$$
\begin{aligned}
\frac{P_2}{P_1} &= \frac{D^2}{d^2}\eta_m = K\eta_m \\[2mm]
\frac{Q_2}{Q_1} &= \frac{d^2}{D^2}\eta_v = \frac{1}{K}\eta_v
\end{aligned}
\tag{5-22}
$$

式中　P_2——增压器的输出压力（Pa）;

　　　P_1——增压器的输入压力（Pa）;

　　　K——增压比;

　　　η_m——增压器的机械效率;

　　　D——增压器的大活塞直径（m）;

　　　d——增压器的小活塞直径（m）;

　　　Q_2——增压器的输出流量（m³/s）;

　　　Q_1——增压器的输入流量（m³/s）;

　　　η_m——增压器的容积效率。

5.4.3.5　缸筒的设计计算

缸筒是液压缸的主要零件,它与缸盖活塞等零件构成密闭的容腔,形成内压,推动活塞运动。设计缸筒不仅要保证液压缸的作用力、速度和有效行程,而且必须保证液压缸有足够的强度和刚度,以便抵抗液压力和其他外力的作用。特别是近年来液压系统的工作压力越来越高,因而缸筒的强度和刚度设计也就显得越来越重要,要求更全面的考虑受力情况,进行精确的计算。另外,缸筒与活塞之间的相对运动,既要滑动自如,又要保持密封,所以必须具有一定的集合精度、表面光洁度和配合精度。

对增压缸设高压处内径为 d,压力为 P_2。则对于低压处的压力及活塞面积根据增压比由图 5-21 可以计算出来。

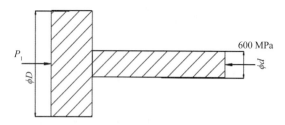

图 5-21 增压器的活塞结构图

设增压器的增压比为 1 : 27,机械效率 η_m =96%。

则低压处活塞直径为

$$D=\sqrt{Kd^2} \tag{5-23}$$

低压处的压力为

$$P_1 = \frac{P_2}{K\eta_m} \tag{5-24}$$

1)高压缸筒设计计算

材料选用 PCrNi3MoVA,设高压缸筒内径 D_i;外径 D_o;壁厚 δ。

$$K=\frac{D_o}{D_i} \tag{5-25}$$

内壁当量应力

$$\sigma_{eq} = \frac{\sqrt{3}PK^2}{K^2-1} \tag{5-26}$$

内壁屈服时所需的压力

$$P_s = \frac{\sigma_s}{\sqrt{3}}\frac{K^2-1}{K^2} \tag{5-27}$$

全屈服压力

$$P_s = \frac{2}{\sqrt{3}}\sigma_s \ln K \tag{5-28}$$

爆破压力采用 Faupel 公式

$$P_B = \frac{2}{\sqrt{3}}\sigma_s(2-\frac{\sigma_s}{\sigma_b})\ln K \tag{5-29}$$

2)低压缸筒设计计算

对增压器低压缸,材料仍选用 PCrNi3MoVA。其壁厚可用下式计算:

$$\delta = \frac{P_1 D_i}{2[\sigma]^r\phi - P_1} \tag{5-30}$$

3)缸筒的技术要求

缸筒内径公差等级和表面光洁度。缸筒和活塞一般采用基孔制的间隙配合。活塞采用橡胶密封时,缸筒内径可采用 h8,h9 公差等级,与活塞组成 H8/f7,H8/f8,H8/g8,H8/h7,H8/h8,H9/g8,H9/h8,H9/h9 等不同的间隙配合。缸筒内孔表面光洁度取 8~10。采用活塞环密封时,缸筒内径公差等级一般取 H7,他可与活塞组成 H7/g6,H7/g7,H7/h6,H7/h7 等不同的间隙配合。内孔表面光洁度取 8~9。缸筒的形位公差。缸筒内径的圆度、圆柱度误差不大于直径尺寸公差的一半。缸筒轴线的直线度误差在 500 mm 长度上不大于 0.03 mm,缸筒端面对轴线的直线度、圆跳动 100 mm 直径上不大于 0.04 mm。安装部位的技术要求。缸筒安装缸盖的螺纹应采用 2a 级精度的公制螺纹。

采用耳环安装方式时,耳环孔的轴线对缸筒轴线的位置度误差不大 0.03 mm,垂直度误差在 100 mm 长度上不大于 0.1 mm。采用轴销式安装方法时,轴销的轴线与缸筒轴线的位置度误差不大于 0.1 mm,垂直度误差在 100 mm 不大于 0.1 mm。其他技术要求。缸筒内径端部倒角 15~30,或倒 R3 以上的圆角;光洁度不低于 7, 34 以免装配时损伤密封件;缸筒端部需焊接时,缸筒内部的工作表面距焊缝不得小于 20 mm;热处理调制硬度一般为 HB241~285;为了防腐蚀,提高寿命,缸筒内径可以镀铬,镀层厚度一般为 0.03~0.05 mm,然后进行研磨式抛光,缸筒外露表面可涂耐油油漆。

5.4.3.6　活塞杆的设计计算

活塞杆是液压缸的主要元件,它须具有足够的强度和刚度,以便承受拉力、压力、弯曲力、振动和冲击等载荷的作用。同时还要注意它对活塞有效工作面积的影响,保证液压缸达到所要求的作用力和运动速度。

活塞杆一般用棒料。冷拉棒材可以大大减少加工余量,甚至可以不加工。冷拉棒材的规格及允差可查表得到。

活塞是将液压能转化为机械能的主要零件,它的有效工作面积直接影响液压缸的作用力和运动速度。活塞往复运动与缸筒内壁摩擦,应该采用精度较高的间隙配合。配合间隙过大不仅会引起内部泄漏,降低容积效率,而且会加速密封件的老化。

活塞按照结构特点,可分为普通活塞、整体活塞、装配活塞、耐磨活塞、烧焊铜合金活塞等不同形式。本系统采用普通式活塞,其结构简单,活塞可拆卸,用螺纹、螺钉或卡键与活塞杆连接。

活塞的外径基本偏差一般采用 f、g、h 等,橡胶密封活塞公差等级可选用 7、8、9 级,活塞环密封时采用 6、7 级,间隙密封时可采用 6 级,皮革密封时采用 8、9、10 级。活塞外径的光洁度取 7~8。

5.5　应用场合及食品种类

目前,高压辅助技术的研究主要集中在灭菌、保鲜及改善风味等方面。随着高压辅助技术的成熟和超高压设备的大型化、自动化,以及人们对绿色食品的呼声和检验要求的日益提高,超高压食品必将进入市场引起广大消费者的青睐。可以预见,高压辅助技术将在以下几个方面获得应用[22]。

(1)高压辅助技术应用于肉制品的加工。经研究发现,与常规加工方法相比,经超高压处理后的肉制品在柔嫩度、风味、色泽及成熟度方面均得到改善,同时延长了肉制品的保藏期。例如,对廉价质粗的牛肉进行常温 250 MPa 处理,结果得到嫩化的牛肉制品。对鸡肉和鱼肉进行 300 MPa,10 min 的处理,结果得到类似于轻微烹饪的组织状态。

（2）高压辅助技术应用于水产加工。常用的热处理、干制处理往往会改变水产品原有的风味、色泽、良好的口感与质地,并且水产品保藏期较短。研究表明,超高压处理可保持水产品原有的新鲜风味。例如,在 600 MPa 下处理 10 min,可使水产品中的酶完全失活,其结果是对甲壳类水产品,外观呈红色,内部为白色,并完全呈变性状态,细菌量大大减少,但仍保持原有生鲜味。600 MPa、15 min 处理可以极大地抑制微生物生长和脂肪氧化,降低挥发性盐基氮、三甲胺[23]的含量。

（3）高压辅助技术应用于果蔬加工。超高压食品处理技术将首先用来延长果蔬的保藏期,经处理后的果蔬将拥有更好的品质和更高的安全性。另外,还可以避免在水果加工过程中频繁使用高温而使产品产生烹调味。Butz 等[24]的研究证明,经高压处理后的果蔬中有益成分不会丢失,高压处理在保持水果产品新鲜的前提下起到杀菌灭酶的作用。Horie 的研究发现,经超高压处理的草莓酱可保留 95% 的氨基酸,并且口感和风味明显优于加热处理的果酱[25]。Boyton 等[26]对真空包装的杧果片进行压力为 300 MPa 和 600 MPa 的超高压处理,并于 3 ℃下贮藏,经 9 周的贮藏,新鲜杧果的色泽、结构及其他感官指标基本没有变化,微生物指标分别为 102 cfu/mL 和 103 cfu/mL。潘见等将高压辅助技术应用于草莓汁的加工,研究发现, 350 MPa 的高压可杀灭全部的大肠杆菌、霉菌和酵母,经 500 MPa 处理后,菌落总数还可降至 30 cfu/mL,达到了国家食品卫生标准要求。而早在 1990 年 4 月,日本就推出了不用加热的果酱,首次作为加压食品出售。实际生产时,在室温下,加压到 400~900 MPa 的压力,保持 10~30 min 即可得到果酱产品。感官评价结果是加压处理的果浆比加热法味道更好。

（4）其他方面的应用。高压辅助技术应用与保健品的加工,不但可以大大缩短营养成分的提取时间,还可以提高热敏性营养成分的提取率。研究发现,同一种功能性保健食品,用高压技术进行加工,比热加工营养成分提高 30% 左右。超压技术应用于啤酒的保鲜可以明显改善其在生产、运输、贮藏、销售时的固有品质。货架期延长[26]。高压辅助技术还可以应用于陈米改良、液体蛋加工[27-30]等领域。

5.6　结论

超高压食品保鲜技术拥有传统保鲜方法所无法比拟的优势,日本及欧美国家在超高压处理食品上已经逐渐展开了深入的研究,部分成果已经投入工业应用,在国内超高压技术的应用仍然在初始阶段,具有广阔的发展前景。

阻碍超高压在国内应用的因素主要有:国产超高压设备性能不稳定,易损坏;实现超高压的设备耗资较大,又有落后但能够替代超高压的传统技术存在;超高压设备大多数是间歇式的,没有实现连续性的生产,这可能会影响实际生产的效率;国家法规的相关标准参数的制定没有参照超高压;科研工作者对超高压的研究不够透彻;还有就是我国食品深加工水平较低。但是随着我国人民物质生活条件的提高,对食品营养健康的要求也会越来越高,能够良好保持加工食品营养及风味、色泽的超高压技术越来越被人们重视。因此,未来国内的超高压技术的研究和应用必将会更为深入和普遍。

　　高压辅助技术作为一种高新技术,尚有许多现象、机理不明,尚需大量的基础实验研究：①如何有效提高高压切换冻结食品的稳定性,使其在运输、销售过程中保持较小的冰晶体,尽可能避免重结晶的发生;②水饺、汤圆、馒头等中国传统食品是常见的食品,速冻产品正提供了其食用的便利性,其中冰晶体大小也是影响冻品品质的因素,而利用高压切换冻结改善品质的探究还是空白,因此高压切换冻结在中国传统食品上的应用将会是一次创新;③高压对食品成分影响的研究现已有很多,但是在对高压切换冻结法的探究过程中,只对蛋白质有相关报道,在以后的研究中可以对食品中其他的功能性成分进行探究。

参考文献

[1]　吴怀祥. 高压食品加工 [J]. 食品科学, 1996, 17(11)：3-9.

[2]　JOHNSTON D. High pressure：A new dimension to food processing [J]. Chemistry and Industry, 1994, 13：499-501.

[3]　宋吉昌. 食品超高压保鲜技术理论及实验研究 [D]. 青岛：青岛科技大学, 2009.

[4]　毛明. 基于恒压式超高压技术的黄瓜汁杀菌与保鲜研究 [D]. 杭州：浙江大学, 2012.

[5]　TEIXEIRA B, MARQUES A, MENDES R, et al. Effects of high-pressure processing on the quality of sea bass(Dicentrarchus labrax)fillets during refrigerated storage [J]. Food & Bioprocess Technology, 2014, 7(5)：1333-1343.

[6]　王庆新. 超高压处理对微加工茭白货架期影响的研究 [D]. 无锡：江南大学, 2008.

[7]　马瑞芬. 超高压处理对生鲜调理鸡肉品质的影响 [D]. 新乡：河南科技学院, 2013.

[8]　马汉军, 周光宏, 潘润淑, 等. 高压处理对鸡肉丸品质的影响 [J]. 食品科学, 2009, 30（ 19 ）：128-130.

[9]　ANGSUPANICH K, LEDWARD D A. High pressure treatment effects on cod(Gadus morhua)muscle [J]. Food Chemistry, 1998, 63(1)：39-50.

[10]　邓记松. 超高压处理海珍品保鲜实验研究 [D]. 大连：大连理工大学, 2009.

[11]　TEIXEIRA B, FIDALGO L, MENDES R, et al. Changes of enzymes activity and protein profiles caused by high-pressure processing in sea bass(Dicentrarchus labrax)fillets [J]. Journal of Agricultural & Food Chemistry, 2013, 61(11)：2851-2860.

[12]　CHÉRET R, CHAPLEAU N, DELBARRE-LADRAT C, et al. Effects of high pressure on texture and microstructure of sea bass(Dicentrarchus labrax L.)fillets [J]. Journal of Food Science, 2010, 70(8)：e477-e483.

[13]　PAZOS M, MÉNDEZ L, FIDALGO L, et al. Effect of high-pressure processing of atlantic mackerel(Scomber scombrus)on biochemical changes during commercial frozen storage [J]. Food & Bioprocess Technology, 2015, 8(10)：2159-2170.

[14]　肖丽霞. 绿竹笋采前品质相关影响因素和采后生理特性研究 [D]. 北京：中国农业大学, 2005.

[15] OEY I. Effects of high pressure on enzymes [J]. Trends in Food Science & Technology, 1998, 9(5): 197-203.

[16] 马汉军, 周光宏, 徐幸莲, 等. 高压处理对牛肉肌红蛋白及颜色变化的影响 [J]. 食品科学, 2004, 25(12): 36-39.

[17] 段旭昌, 李绍峰, 张建新, 等. 超高压处理对牛肉加工特性的影响 [J]. 西北农林科技大学学报(自然科学版), 2005, 33(10): 62-66.

[18] 励建荣, 夏道宗. 超高压技术在食品工业中的应用 [J]. 食品工业科技, 2002, 23(7): 79-81.

[19] 高令怡. 日本超高压设备技术标准现状综述 [J]. 石油工程建设, 1994, 3: 7-12.

[20] 赵立川, 唐玉德, 祁振强. 超高压食品加工及其装置 [J]. 河北工业科技, 2002, 19 (2): 21-28.

[21] 杨薇, 张绍荣. 超高压装置在食品工业中的应用 [J]. 云南工业大学学报, 1999, 1: 19-22.

[22] 薄纯智. 超高压食品处理效果的实验与模拟研究 [D]. 大连: 大连理工大学, 2007.

[23] 章银良, 夏文水. 超高压对腌鱼保藏的影响 [J]. 安徽农业科学, 2007, 35(9): 2636-2638.

[24] BUTZ P, FERNANDEZ G A, LINDAUER G R, et al. Influence of ultra high pressure processing on fruit and vegetable products [J]. Journal of Food Engineering, 2003, 56 (2): 233-236.

[25] 刘士钢. 高压处理技术在食品保藏中的应用 [J]. 食品科学, 1996, 17(1): 20-22.

[26] BOYNTON B B, SIMS C A, SARGENT S, et al. Quality and stability of precut mangos and carambolas subjected to high-pressure processing [J]. Journal of Food Science, 2010, 67(1): 409-415.

[27] PONCE E, PLA R, CAPELLAS M, et al. Inactivation of escherichia coli inoculated in liquid whole egg by high hydrostatic pressure [J]. Journal of Food Protection, 1998, 61 (1): 119.

[28] LEE D U, HEINZ V, KNORR D. Evaluation of Processing criteria for the high pressure treatment of liquid whole egg: Rheological study [J]. LWT - Food Science and Technology, 1999, 32(5): 299-304.

[29] SUN H J, DING Q, ZHANG B, et al. Effect of ultra-high pressure on sterilization and physical properties of whole duck egg liquid [J]. Food Science, 2011, 32(3): 23-26.

[30] AHMED J, RAMASWAMY H S, ALLI I, et al. Effect of high pressure on rheological characteristics of liquid egg [J]. LWT - Food Science and Technology, 2003, 36(5): 517-524.

第6章　气调贮藏保鲜技术

气调冷藏是在冷藏的基础上设置气调设备,通过调节库内氧气、二氧化碳、氮气等气体的组分而抑制果蔬的新陈代谢,抑制微生物呼吸作用,从而更好地保持果蔬的新鲜度及商品性的贮藏技术。本章将调研分析气调成分对不同果蔬储藏器、品质等的影响。

6.1　技术意义

随着人们对食品安全的日益重视,消费者对食物的品质要求也越来越高,人们开始关注食品的外观、口感、营养价值等因素。因此,如何综合运用各种食品的保鲜方法,使食品更能满足人们对新鲜的需求是未来研究的重点[1-3]。

采用添加剂对食品进行保鲜,有着效率高、成本低、操作简便的优点,但防腐剂的剂量过多有副作用,有时甚至会影响使用者的健康,剂量太少又很难达到防腐的效果;冷冻保鲜可以使食品的保质期更长,但会影响食物的口感,保鲜效果较差;高温灭菌可以保证较长的保质期,然而对食物的原本的外貌以及口感等都会有较大的影响,而且会破坏食物的营养成分。气调保鲜采用物理方式维持产品品质,延长贮藏寿命,不会改变食物的成分[4-7],也不会对人体产生副作用,与普通冷藏相比,其贮存期延长 1 倍,同时可以使果蔬的鲜脆性、营养成分及硬度、色泽、重量等与新采摘状态相差无几,具有极佳的贮存效果[8]。

在果蔬方面,气调贮藏是在低温的基础上,通过改变环境中气体成分的相对比例,使果蔬呼吸作用降低,营养物质消耗减少,抑制贮藏物的代谢作用和微生物的活动,同时抑制乙烯的产生和乙烯的生理作用,从而达到减缓其衰老过程,维持其较好品质以及延长贮藏寿命的目的。

在肉类、海鲜方面,气调贮藏通过改变气体成分,破坏或改变微生物赖以生存的环境,抑制鲜肉等贮藏时霉菌、真菌的繁殖,保证食品的新鲜度、口感以及食物的营养成分,同时也能更好地保证肉品的色泽,使其更容易被消费者接受。

目前国际上的气调库已成规模,但我国的气调保鲜库的发展比较缓慢,据统计,尽管我国目前有各类农产品保鲜库 3 万多座,但其中只有 5%~7% 使用了气调技术;发达国家通过气调保鲜的生鲜农产品占食用农产品总储藏量的 80% 以上,而我国则不到 2%。因此,我国国内气调保鲜技术的发展还暂时处于初级阶段[9,10]。

6.2　技术原理

气调贮藏(Modified Atmosphere Storage,MAS)是指在特定的气体环境中的冷藏方法。正常大气中氧含量为 20.9%,二氧化碳含量为 0.03%,而气调贮藏则是在低温贮藏的基础上,调节空气中氧、二氧化碳的含量,即改变贮藏环境的气体成分降低氧的含量至 2%~5%,

提高二氧化碳的含量到 0~5%,这样的贮藏环境能尽可能地维持果蔬在被采摘时的状态,减少损失,且保鲜期长,无污染;与冷藏相比,气调贮藏保鲜技术更趋完善。新鲜果蔬在采摘后,仍进行着旺盛的呼吸作用和蒸发作用,从空气中吸取氧气,分解消耗自身的营养物质,产生二氧化碳、水和热量。而呼吸期间的主要营养物质是糖,因此呼吸反应主要是糖的氧化反应 [11]。

由于呼吸要消耗果蔬采摘后自身的营养物质,所以延长果蔬贮藏期的关键是降低呼吸速率。贮藏环境中气体成分的变化对果蔬采摘后生理状态有着显著的影响:低氧含量能够有效地抑制呼吸作用,在一定程度上减少蒸发作用,微生物生长;适当高浓度的二氧化碳可以减缓呼吸作用,对呼吸跃变型果蔬有推迟呼吸跃变启动的效应,从而,延缓果蔬的后熟和衰老。乙烯是一种果蔬催熟剂,能激发呼吸强度上升,加快果蔬成熟过程的发展和完成,控制或减少乙烯浓度对推迟果蔬后熟是十分有利的。降低温度也可以降低果蔬呼吸速率,并可抑制蒸发作用和微生物的生长,而对某些冷害敏感的果蔬来说,即使其贮藏温度处于最低的安全温度,其呼吸速率仍然很高 [12-14]。实践表明:采用气调贮藏法才能有效地抑制果蔬的呼吸作用,延缓衰老(成熟和老化)及有关的生理学和生物化学变化,达到延长果蔬贮藏保鲜的目的。

CO_2 是起保鲜作用的主要气体,它的主要作用是抑制食品微生物的生长和繁殖。CO_2 既溶于水,又溶于脂肪,并且在水中的溶解性随温度的降低而迅速提高。CO_2 能与食品中的水结合生成弱酸($CO_2(g)+H_2O \rightleftharpoons HCO_3^- +H^+ \rightleftharpoons CO_3^{2-}+2H^+$),由于 H^+ 的存在,食品及微生物体内的 pH 值降低,形成的酸性条件对微生物生长有抑制作用。同时,CO_2 能通过渗透作用影响细菌细胞膜的结构,增加膜对离子的渗透力,干扰细胞正常代谢,使细菌生长受到抑制。

O_2 的主要作用是维持氧合肌红蛋白,气调中氧分压的大小对肌肉中肌红蛋白的形成有重要影响,适当的氧浓度可以使肉色鲜艳 [15, 16]。而且 O_2 能够抑制厌氧细菌的生长,但 O_2 含量过多也为多种需氧有害菌的生长和繁殖创造了良好的环境,并会促进不饱和脂肪酸的氧化,从而加速食品的腐败。

N_2 不影响肉的色泽,也不抑制细菌生长,但能防止氧化酸败、霉菌的生长和寄生虫害。由于 N_2 溶解度较低,因此可以作为填充气体,防止由于 O_2 消耗和 CO_2 大量溶于肉中而导致的包装形变。

气调贮藏的关键是要将温度、氧和二氧化碳浓度三者配合得当。不是所有的果蔬都适宜于气调贮藏,也不是所有的果蔬都能用同样的温湿度条件和气体成分比例来贮藏,种类和品种不同对气体环境的适应能力差别很大,如鸭梨有 1% 的二氧化碳就会使其造成伤害,而京白梨在二氧化碳浓度高达 10% 也无伤害 [17],樱桃甚至能在 20%~50% 的二氧化碳环境中贮藏。对某种果蔬产品在气调贮藏之前,需做大量的实验研究,获得其生理与生化特性的相关资料,寻找出与之适应的温、湿度条件以及氧、二氧化碳浓度,得出最佳的气调技术指标之后,才能进行大规模气调贮藏。

6.3　技术种类

6.3.1　塑料薄膜帐气调法

利用塑料薄膜对氧气和二氧化碳有不同渗透性和对水透过率低的原理来抑制果蔬在贮藏过程中的呼吸作用和水蒸发作用的贮藏方法。塑料薄膜一般选用 0.12 mm 厚的无毒聚氯乙烯薄膜或 0.075~0.2 mm 厚的聚乙烯塑料薄膜。塑料薄膜对气体具有选择性渗透，可使袋内的气体成分自然地形成气调贮藏状态，从而达到推迟果蔬营养物质消耗的效果，延缓衰老。对于需要快速降氧气的塑料帐，封帐后用机械降氧气机快速实现气调条件。由于果蔬呼吸作用仍然存在，帐内二氧化碳浓度会不断升高，因此应定期用专门仪器进行气体检测，以便及时调整气体成分的配比。大帐体积根据贮藏量而定。单帐的贮藏量要小于 5 000 kg，大帐可做成尖顶式或平顶式。大帐密闭后为保持帐内适宜的气体比例和浓度，要经常观察帐内气体浓度的变化，当 CO_2 过高或 O_2 过低时，打开大帐的袖口使新鲜空气进入。必要时通过袖口向帐内充入 N_2 来快速降低 O_2 的含量，或通入其他气体调节帐内的气体成分。

6.3.2　硅窗气调法

在塑料袋或塑料大帐上粘嵌一定面积的硅橡胶膜，利用硅橡胶本身对 CO_2 和 O_2 的透过率不同来调节气体，贮藏一段时间后，袋（帐）内 CO_2 和 O_2 会自动维持在一定范围内，达到保藏效果。

硅橡胶是一种有机硅高分子聚合物，它是由有取代基的硅氧烷单体聚合而成，以硅氧键相连形成柔软易曲的长链，长链之间以弱电性松散的交联在一起[18]，这种结构使硅橡胶具有特殊的透气性。硅橡胶薄膜对 CO_2 的透过率是同厚度聚乙烯膜的 200~300 倍，是聚氯乙烯膜的 20 000 倍；硅橡胶薄膜对气体具有选择透性，其对 N_2，O_2，CO_2 的透性比为 1：2：12，同时对乙烯和一些芳香物质也有较大的透性。由于硅橡胶具有较大的 CO_2 与 O_2 的透性比，且袋内 CO_2 的进出量与袋内的浓度正相关，因此贮藏一段时间后，袋内 CO_2 和 O_2 进出达到动态平衡。

这种气调系统可在传统微型冷库的基础上，通过增加硅窗气调大帐，降氧设备和二氧化碳脱除设备及分析仪器等将普通冷藏库全面升级为气调库。一般几吨一二十吨的贮藏库只需增加投资 1.5 万~1.9 万元，而贮藏效果可以大大延长[19, 20]，可以完全达到标准大型气调库的贮藏质量。气调大帐多采用 10~15 丝的无毒 PVC 保鲜膜，根据贮藏品种、贮藏量所需要的气体指标计算出硅窗面积，把硅窗分成均等 4~6 块，热合于大帐的中下部（离地面 1.5 m 最适宜）。降氧采用氮气钢瓶，有资金条件的业户也可购置 3~5 m³/h 的制氮机，帐内过高的二氧化碳可用二氧化碳脱除机。通过如上措施，可用最低的成本将贮藏环境中气体配比调整至理想指标下所要求的配比。一个实例对比,若采用配有普通气调系统的微型冷库贮藏冬枣,冬枣 5 个月就开始变红,并伴有少量酒精味且部分冬枣腐烂,而额外采用上述措施贮藏 3~4 个月,冬枣完好如初,经济效益十分可观。

6.3.3 催化燃烧降氧气调法

用催化燃烧降氧机以汽油、石油液化气等燃料与从贮藏环境中(库内)抽出的高氧气体混合进行催化燃烧反应,反应后无氧气体重新返回气调库内,如此循环,直到把库内气体含氧量降到要求值。当然这种燃烧方法及果蔬的呼吸作用会使库内二氧化碳浓度升高,这时可以配合采用二氧化碳脱除机降低二氧化碳浓度。燃烧降氧系统示意图如图 6-1所示。

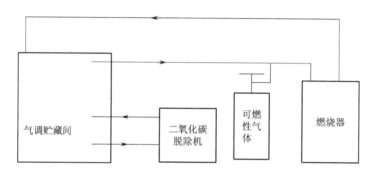

图 6-1 燃烧降氧系统示意图

6.3.4 充氮降氧气调法

强制性地向贮藏库内充入 N_2 来置换空气,将 O_2 稀释至要求的指标,也可以用 N_2 置换含量过高的 CO_2。所用氮气的来源一般有 2 种,即采用液氮钢瓶充氮或碳分子筛制氮机充氮,其中第 2 种方法一般用于大型的气调库。上述气调方法应用时应根据具体使用要求选择。如:小批量、多品种的果蔬气调贮藏保鲜,宜用塑料薄膜帐或硅窗薄膜帐;大批量、整进整出、单一品种的果蔬气调则宜用整库快速降氧气调库[21,22,23]。

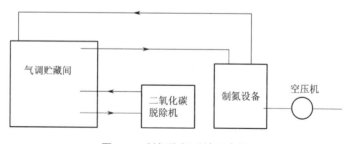

图 6-2 制氮降氧系统示意图

6.3.5 自然降氧法

利用贮藏产品自身的呼吸作用来降低密闭贮藏环境中的 O_2 浓度,提高 CO_2 浓度。这种降氧法的速度取决于贮藏产品的呼吸强度,相对于人工降氧法要缓慢得多。常用的方法有放风法和调气法。调气法是在自然降氧条件下, O_2 和 CO_2 气体指标总和等于 21%,如果增加专门的 CO_2 拖出设备,可以实现双低指标的控制。放风法是指当 O_2 和 CO_2 达到贮藏极限指标时,每隔一定的时间,开启贮藏袋或气调库,换入部分新鲜空气,再进行密封贮藏。该方法简便,但气体含量不稳定,对于一些抗性较强的果蔬采用此方法较好。

6.4 装置及设备

气调库是在冷藏库的基础上发展起来的,主要用于新鲜果蔬的长期贮藏。不同品种的果蔬特性各不相同,对气调贮藏要求的条件也不同,一般气调库主要由库体、气调系统、气体净化系统、加湿装置及温湿度、气体成分检测系统等组成,如图 6-3 所示。

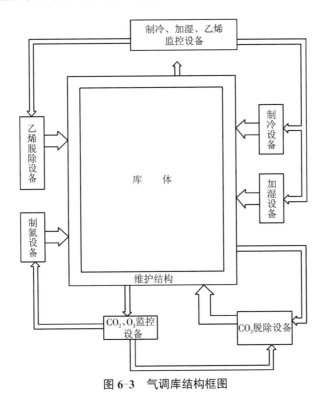

图 6-3　气调库结构框图

气调库库体要求具有良好的隔热性,减少外界热量对库内温度的影响,更重要的是要求具有良好的气密性,减少或消除外界空气对库内气体成分的压力,保证库内气体成分调节速度快,波动幅度小,从而提高贮藏质量,降低贮藏成本。气调库库体主要由气密层和保温层组成。气调保鲜库按冷库的建筑结构可分为 3 种类型:装配式、砖混式、夹套式。装配式气调库围护结构选用彩镀聚氨酯夹心板组装而成,具有隔热、防潮和气密的作用。该类库建筑速度快,美观大方,但造价略高,是目前国内外新建气调库最常用的类型 [24]。气调库采用专门的气调门,该门应具有良好的保温性和气密性。图 6-4 所示为装配式气调库体外形。

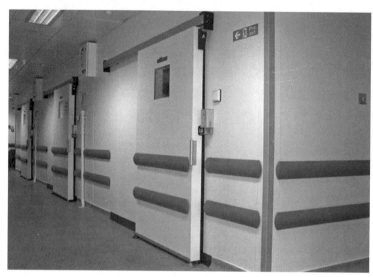

图 6-4　装配式气调库体外形

要使气调库达到所要求的气体成分并保持相对稳定,除了要有符合要求的气密性库体外,还要有相应气体调节设备、管道、阀门所组成的系统,即气调系统。整个气调系统包括制氮系统、二氧化碳脱除系统、乙烯脱除系统、温度、湿度及气体成分自动检测控制系统。

6.4.1　制氮系统

制氮机大体上经历了催化燃烧制氮—碳分子筛吸附制氮—中空纤维膜分离制氮的发展过程。目前普遍采用碳分子筛和中空纤维膜分离制氮。

中空纤维制氮机出现于 20 世纪 80 年代 [25-27],它是一种新型的制氮设备,制取的氮气纯净,机械结构简单,自动控制程度高,体积小、效率高,是现在应用最广泛的制氮机类型之一。由聚砜、乙基纤维素、三醋酸纤维素、磺化聚砜以及聚硅氧烷等制成的中空纤维膜组是中空纤维制氮机的核心部件。膜组由上百万根发丝般粗细的中空纤维并列缠绕而成。每根中空纤维壁为两层:一层是耐压性极强的多孔性材料层,起到机械支撑和提供通道的作用,另一层是起分离作用的分子膜层。用空气压缩机使混合气体通过中空纤维膜时,由于各种气体在膜中溶解度和扩散系数不同,导致不同气体在膜中的相对渗透速率不同。渗透速率相对快的气体有 H_2O、H_2、He、CO_2、O_2 等,这些气体称为"快气";渗透速率相对慢的气体有 N_2、CO、Ar 等,这些气体称为"慢气"。混合气体在膜两侧压力差的作用下,"快气"快速透过高压内侧经由纤维壁渗出,进入膜的一侧被富集并被排出膜组;"慢气"则被膜滞留在膜的另一侧被富集,由膜组的另一端输出,从而达到空气中 O_2、N_2 分离的目的。图 6-5 为中空纤维膜分离器的结构示意图。

　　中空纤维膜制氮机占地面积小,易安装,操作方便,能快速得到富氮空气。但是其对气源质量要求严格,必须严格按照要求设置过滤装置,按规定更换滤芯。图 6-6 为重庆某公司产中空纤维膜制氮机。

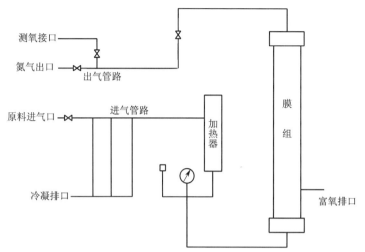

图 6-5　中空纤维膜分离器的结构示意图

图 6-6　中空纤维膜制氮机

6.4.2　二氧化碳脱除系统

　　主要用于控制气调库中二氧化碳含量。适量的二氧化碳对果蔬起保护作用,使贮藏保鲜效果良好。但是,二氧化碳浓度过高,则会对果蔬造成伤害[28, 29],因此脱除(洗涤)过量的二氧化碳,调节和控制好二氧化碳浓度,对提高果蔬贮藏质量非常重要。

要除去气调库中的 CO_2 有很多方法,目前主要使用活性炭、硅橡胶等吸附剂吸附。活性炭在贮藏库中可以把高浓度的 CO_2 吸附,又可在 CO_2 浓度低的空气中将 CO_2 脱附。即当 CO_2 的浓度升高后,把气调库中的空气通入活性炭吸附器进行吸附,然后再吸入新鲜空气使 CO_2 脱附,使活性炭再生。这样,吸附和脱附可以交替进行。活性炭吸附器有单塔式(间断式)和双塔式(连续式)两种[30]。单塔式意为 CO_2 的吸附和脱附互相交替进行,库内 CO_2 浓度较高的气体被抽进吸附装置中,经活性炭吸附后,再将吸附后的低 CO_2 气体送回库房,达到脱除 CO_2 的目的。当工作一段时间后,活性炭达到饱和状态,再也不能吸附 CO_2,这时另一套循环系统启动,将新鲜空气吸入,使被吸附的 CO_2 脱附,并随空气排入大气,如此吸附脱附交替进行,即达到脱除库内多余 CO_2 的目的。图 6-7 为活性炭式 CO_2 脱除器。

图 6-7　活性炭式 CO_2 脱除器

6.4.3　乙烯脱除系统

乙烯是果蔬在成熟和后熟过程中自身产生并释放出来的一种气体,是一种促进呼吸、加快后熟的植物激素[31,32],对采后贮藏的水果有催熟作用。在对乙烯敏感的水果贮藏中,应将乙烯去除。因此果蔬贮藏中既要设法抑制乙烯产生,又要消除贮藏库内乙烯积累。

脱除乙烯的方法很多,有水洗法、稀释法、吸附法,化学法、催化法等,目前主要使用的方法有高锰酸钾($KMnO_4$)氧化法和高温催化法。

高锰酸钾氧化法是一种化学除乙烯法,它是用高锰酸钾($KMnO_4$)水溶液浸渍多孔材料如氧化铝、分子筛、蛭石、碎砖块、泡沫混凝土等,然后将此载体放入库内、包装箱内或闭路循环系统中,利用高锰酸钾的强氧化作用将乙烯脱除。目前我国使用的脱除乙烯的保鲜剂多为这种产品。这种方法虽然简单,但脱除效率低,还要经常更换载体(包括重新吸收高锰酸钾),而高锰酸钾对人体皮肤和物体有很强的腐蚀作用,不便于现代化气调库的作业。这种方法一般用于小型气调库或简易的保鲜。

高温催化法是根据高温催化的原理,把气体加热至 250 ℃左右,在催化剂的参与下将乙烯分解成水和二氧化碳。

再通过闭路循环系统将脱除乙烯后的气体又送入气调库,如此反复,达到脱除乙烯的目的。这是一种高效脱除乙烯的方法,与化学脱除法相比,这种方法一次性投资较大,但可以连续自动运转,脱除效率高 [33]。同时,还可将果蔬、切花等产品所释放的多种有害物质和芳香气体除掉,如醇类、醛类、酮类和烃类等。

6.4.4　加湿装置

增大贮藏环境中的相对湿度,缩小贮藏环境与贮藏水果之间的水蒸气分压差,对于减少果蔬的干耗和保持果蔬的鲜脆有着重要意义。由于气调库结构的气密性及运行期间不允许开门,尽管外界空气中的水蒸气分压差大,但外界渗透到库内的水蒸气量是十分有限的,没有气调库的渗透量大。气调库内相对湿度的增大,主要是降温引起的。在含湿量不变的情况下,库内温度降低,引起水蒸气饱和分压降低,库内相对湿度增大。由于库内冷却设备的表面温度比库温低,使较多量的水蒸气在冷却盘管表面上结露和结霜,故库内气体中的水蒸气分压不能达到饱和分压。在长期的贮藏中,若库中气体的相对湿度偏低,就会使果蔬的水分蒸发增加,引起干耗。

通常是用加湿的方法来维持库内空气的相对湿度,使之不致太低。按照气调贮藏的要求,库内的相对湿度最好能保持在 90%~95% 之间。由于果蔬气调贮藏期限较长(通常为普通贮藏时间的 1.5~2 倍),果蔬水分蒸发较高。为了抑制果蔬水分蒸发,要求气调冷库中介质的相对湿度高于普通冷库的相对湿度。近年来国内从业人员在气调库加湿方面设计了许多方案,但均不够理想。水混合加湿、超声波加湿和离心雾化加湿是目前气调库中常见的三种加湿方式 [34]。

6.4.5　温度、湿度及气体成分自动检测控制系统

检测控制系统的主要作用为:对气调库内的温度、湿度、O_2、CO_2 气体进行实时检查测量和显示,以确定是否符合气调技术指标要求,并进行自动(人工)调节,使之处于最佳气调参数状态。在自动化程度较高的现代气调库中,一般采用自动检测控制设备,它由(温度、湿度、O_2、CO_2)传感器、控制器、计算机及取样管、阀等组成,整个系统全部由一台中央控制计算机实现远距离实时监控,既可以获取各个分库内的 O_2、CO_2、温度、湿度数据,显示运行曲线,自动打印记录和启动或关闭各系统,同时还能根据库内物料情况随时改变控制参数。

一个设计良好的气调库在运行过程中,可在库内部实现小于 0.5 ℃的温差。为此,需选用精度大于 0.2 ℃的电子控温仪来控制库温。温度传感器的数量和放置位置对气调库温度的良好控制也是很重要的。

最少的推荐探头数目为:在 50 t 或以下的贮藏库中放 3 个,在 100 t 库中放 4 个,在更大的库内放 5 个或 6 个,其中一个探头应用来监控库内自由循环的空气温度,对于吊顶式冷风

机,探头应安装在从货物到冷风机入口之间的空间内。其余的探头放置在不同位置的果蔬处,以测量果蔬的实际温度。

6.4.6 气调库的特点

气调库是在果蔬冷库的基础上发展起来的,一方面与果蔬冷库有许多相似之处,另一方面又与果蔬冷库有较大的区别,主要表现在:气调库的容积、气密性、安全性、层数。下面将依此四特点分别介绍。

6.4.6.1 气调库容积大小

在欧美国家,气调库贮藏间单间容积通常在50~200 t之间[35-38],比如英国苹果气调库贮藏单间的容积大约为100 t,在欧洲约为200 t,但蔬菜气调库的单间容积通常在200~500 t之间,在北美单间容量更大,一般在600 t左右。根据我国目前的情况,以30~100 t为一个开间,一个建库单元最少2间,但一般不超过10间。

6.4.6.2 气调库的气密性

气调库必须要有良好的气密性,这是气调库建筑结构区别于普通果蔬冷库的一个最重要的特点。普通冷库对气密性几乎没有特殊要求,而气调库对于气密性来说至关重要。

这是因为要在气调库内形成要求的气体成分,并在果蔬贮藏期间较长时间地维持设定的指标,减免库内外气体的渗气交换,气调库就必须具有良好的气密性。

为此,在气调库门安装、气密层施工过程中,一定要认真细致,发现可疑部位应及时检查和补救。对于由砖混结构的土建库而建造的气调库,如出现大面积的突起或脱落,往往是由于维护结构表面干燥性不够所引起的,在施工前,一定要注意维护结构的干燥性。气调库施工质量验收的一个重要方面是气密性试验,目前广泛应用的是压力测试法,它有测试方法简便,测试仪器简单,结果直观等优点。压力测试法又有正压法和负压法之分,通常采用正压法,以避免采用负压法测试导致气密层脱落。迄今,国际上对气调库气密性测试还未形成统一的标准,我国目前也没有发布气调库气密测试的国家标准。但采用正压测试法,统计"半降压时间",是国外常用的气密性试验标准和结果的表示方式。

6.4.6.3 气调库的安全性

在气调库的建筑设计中还必须考虑气调库的安全性。这是由于气调库是一种密闭式冷库,当库内温度升降时,其气体压力也随之变化,常使库内外形成气压差。据资料介绍,当库外温度高于库内温度1 ℃时,外界大气将对维护2库板产生40 Pa压力,温差越大,压力差越大。此外,在气调设备运行、加湿及气调库气密性试验过程中,都会在维护结构的两侧形成气压差。若不将压力差及时消除或控制在一定范围内,将对维护结构产生危害。

气调库通常会装有气压平衡袋和安全阀,以使压力限制在设计的安全范围内。气压平衡袋(简称气调袋)的体积约为库房容积的0.5%~1.0%,采用质地柔软不透气又不易老化的材料制成。国外推荐的安全压力数值为 ±190 Pa。所以,每间库房还应安装一个气压平衡安全阀(简称平衡阀),在库内外压差大于 190 Pa 时,库内外的气体将发生交换,防止库体结构发生破坏。平衡阀分干式和水封式两种,直接与库体相通。在一般情况下平衡袋起调节作用,只有当平衡袋容量不足以调节库内压力变化时,平衡阀才起作用。

此外,在一些国家如荷兰,通过给贮藏室定期充氮气,使气调袋一直处于半膨胀状态,保持恒定的正压,有助于减少大气渗漏到贮藏室中 [39]。

6.4.6.4　气调库的层数

气调库一般应建成单层建筑。一般果蔬冷库根据实际情况,可以建成单层或多层建筑物,但气调库多建成单层地面建筑物。这是因为果蔬在库内运输、堆码和贮藏时,地面要承受很大的荷载,如果采用多层建筑,一方面气密处理比较复杂,另一方面在气调库使用过程中容易造成气密层破坏。较大的气调库的建筑高度一般在 7 m 左右。

6.4.7　气调库的合理使用及管理

6.4.7.1　合理有效的利用空间

气调库的容积利用系数要比普通冷库高,有人将其描述为"高装满堆",这是气调库建筑设计和运行管理上的一个特点。所谓"高装满堆"是指装入气调库的果蔬应具有较大的装货密度,除留出必要的通风和检查通道外,还应尽量减少气调库的自由空间。因为,气调库内的自由空间越小,意味着库内的气体存量越少,这样一方面可以适当减少气调设备的运行数量,另一方面可以加快气调速度,缩短气调时间,减少能耗,并使果蔬尽早进入气调贮藏状态。

6.4.7.2　快进整出

气调贮藏要求果蔬入库速度快,尽快装满、封库并及时调气,让果蔬在尽可能短的时间内进入气调状态。平时管理中也不能像普通冷库那样随便进出货物,否则库内的气体成分就会经常变动,从而减弱或失去气调贮藏的作用。果蔬在出库时最好一次出完或在短期内分批出完。由于气调库内的气体成分与大气环境中的成分完全不同,气调库均应配备氧气瓶或背负式氧气发生器,人员进入正在运行的气调库时必须佩带供氧装置。当货物出库时,应首先将库门打开一段时间,让库内外气体成分进行平衡,确保人身安全。

6.4.7.3　良好的空气循环

气调库在降温过程中,英国推荐的循环速率范围为:在果蔬入库初期,每小时空气交换次数为 30~50 倍空库容积,因此本公司在实用中常选用双速风机或多个轴流风机可以独立控制的方案。在冷却阶段,风量大一些,冷却速度快,当温度下降到初始值的一半或更小后,空气交换次数可控制在每小时 15~20 次。

6.5　气调对果蔬的影响

6.5.1　气调对酶合成和活性的影响

气调可影响一系列酶的生理活动,如有关有机酸、碳水化合物、脂肪酸或其他贮藏物质代谢的酶类;调节果实成熟过程,水解细胞壁和促进衰老的酶类等。气调可抑制成熟酶的活性,如油梨成熟期间纤维素酶、多聚半乳糖醛酸酶等的活性[40],在气调贮藏(O_2 体积分数为 2.5%)中只是空气贮藏的 50%~60%。高 CO_2 和低 O_2 对多酚氧化酶活性有抑制作用,因此抑制了组织的褐变。图 6-8 为动态气调、静态气调和普通贮藏对蓝莓酶促系统的影响。

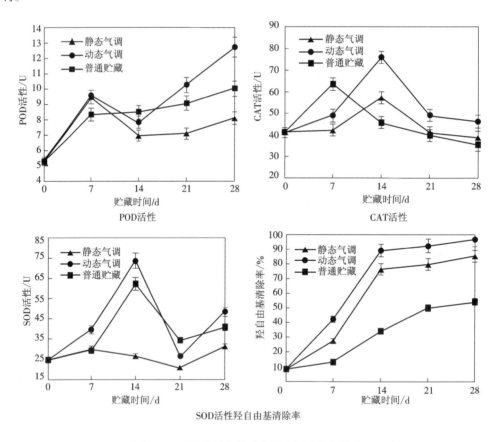

图 6-8　不同处理方式对蓝莓酶促系统的影响

不同处理方式对蓝莓酶促系统的影响见图 6-9。样品的 POD 活性均呈不同程度的上升趋势,但能明显看出经动态气调处理的样品其 POD 活性显著好于普通贮藏组。在贮藏结束时,动态气调、静态气调、普通贮藏的 POD 活性分别是处理前的 2.39、1.517、1.876 倍。

果实衰老的根本原因在于活性氧的积累,CAT 和 SOD 都是活性氧的清除剂,SOD 能在植物衰老的过程中清除组织内的活性氧,维持活性氧代谢的平衡,保护膜结构,从而延缓衰老;CAT 能够催化分解组织内的 H_2O_2,从而降低 H_2O 的产生。贮藏期间蓝莓的 CAT 活性均呈先上升后下降的趋势,但经处理的蓝莓由于 CO_2 的初期抑制,上升较缓慢,在第 14 d 时上升到最大峰值,其中动态气调组更有利于 CAT 活性的提高和保持,而普通贮藏组在初期上升后就开始快速下降。3 组样品的 SOD 活性在贮藏期间呈现先上升后下降的趋势,但 2 个处理组的最大峰值分别在第 14 天达到了 73.704 U,62.687 U,而普通组的最大峰值 29.789 U 出现在第 7 d,显著低于处理组。动态气调组又在第 14,28 d 显著高于静态处理组。

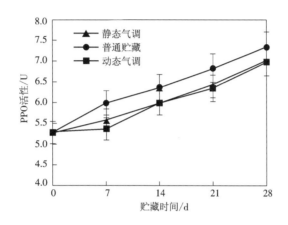

图 6-9　不同处理方式对蓝莓抗性酶活性的影响

6.5.2　气调对乙烯生物合成的影响

CO_2 和 O_2 延迟农产品成熟主要是对乙烯作用的抑制。低 O_2 控制乙烯产生的主要原因是 ACC 生成乙烯的过程是一个需氧过程,在氮气中乙烯是不能合成的。高浓度的 CO_2 延缓了乙烯对成熟的刺激作用。用鸭梨进行气调贮藏的实验表明 [41],对照果缓慢降温到(0 ± 0.5)℃,经过 54 d 贮藏后,转入 20 ℃后熟过程,乙烯跃变峰已过,而气调处理仍有明显的乙烯峰。对呼吸强度的影响气调降低果蔬呼吸强度,推迟呼吸跃变的启动,延长呼吸跃变的历程,甚至不出现跃变上升。低 O_2 抑制呼吸主要因为减少呼吸过程最后一步电子的氧化,抑制了电子传递链与氧化磷酸化相伴而生的 ATP 的产生,从而降低了代谢活性 [42]。CO_2 则主要影响糖酵解和三羧酸循环中的酶。

图 6-10 为不同 CO_2 浓度下的乙烯释放速率,可以看出 CO_2 浓度 0.5% 时,在储 180 d 后能明显降低黄金梨乙烯的释放速率。

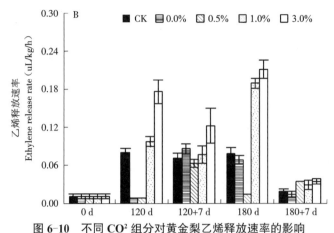

图 6-10 不同 CO_2 组分对黄金梨乙烯释放速率的影响

（注：120+7,180+7 分别表示在气调条件下贮藏 120 d,180 d 后 20℃放置 7 d 货架期）

6.5.3 气调对农产品风味和可溶性固形物的影响

可溶性固形物主要指溶容性糖类物质或其他可溶物质。低 O_2 与高 CO_2 环境可引起无氧呼吸,引起乙醇和乙醛的升高。其他非乙烯挥发物在该环境中也升高。其原因可能是乙醛调节的结果,因为乙醛的积累影响 6-磷酸葡萄糖脱氢酶、乙醇脱氢酶、乳酸脱氢酶、核糖核酸酶,从而调节各种非乙烯挥发物的生成。Wanhiett Saluukhe[43] 等用 5% O_2 和不同浓度 CO_2 在低温下贮藏桃,大量测定的数据表明,气调贮藏果实的可溶性固形物含量比普通冷藏果实的要高。

表 6-2 为不同气调组分的气调贮藏和传统贮藏的对比,对总体来看,部分处理贮藏前期上升不明显,贮藏期间,各气调处理可溶性固形物含量均大于 CK 组,这表明气调处理可有效保持早酥梨可溶性固形物含量,其中处理 2、3、6 效果明显。

表 6-1 样品处理方法缩略名称

样品处理方法缩略名	气调气体参数
对照组（CK 组）	O_2 21%+CO_2 0.03%
处理 1	O_2 1%~2%+CO_2 1%~2%
处理 2	O_2 3%~4%+CO_2 1%~2%
处理 3	O_2 5%~6%+CO_2 1%~2%
处理 4	O_2 1%~2%+CO_2 3%~4%
处理 5	O_2 3%~4%+CO_2 3%~4%
处理 6	O_2 5%~6%+CO_2 3%~4%
处理 7	O_2 3%~4%+CO_2 5%~6%
处理 8	O_2 5%~6%+CO_2 5%~6%
处理 9	O_2 7%~8%+CO_2 8%~9%

表 6-2 不同气调处理对早酥梨贮藏期可溶性固形物含量的影响(%)

处理方法	贮藏时间(d)				
	0	60	120	180	240
CK 组	11.8 ± 0.3*	11.90 ± 0.16CDa	11.00 ± 0.13Eb	11.17 ± 0.05Bb	10.50 ± 0.04Be
处理 1	11.8 ± 0.3ab	11.71 ± 0.48CDab	11.23 ± 0.08Ee	11.77 ± 0.34Aab	10.90 ± 0.12Ba
处理 2	11.8 ± 0.3a	11.59 ± 0.07Da	11.90 ± 0.21Ab	11.53 ± 0.13ABa	11.62 ± 0.04Aa
处理 3	11.8 ± 0.3b	12.45 ± 0.07Aa	11.90 ± 0.12ABab	11.81 ± 0.35Ab	11.65 ± 0.42Ab
处理 4	11.8 ± 0.3a	11.93 ± 0.26CDa	12.20 ± 0.18Aa	11.54 ± 0.54ABab	10.80 ± 0.62Be
处理 5	11.8 ± 0.3a	11.64 ± 0.13CDab	11.30 ± 0.17DEb	11.47 ± 0.08ABab	10.90 ± 0.21Bb
处理 6	11.8 ± 0.3a	11.73 ± 0.10	11.58 ± 0.23CDab	11.23 ± 0.29Bab	11.53 ± 0.09Ae
处理 7	11.8 ± 0.3b	12.31 ± 0.11ABa	11.84 ± 0.30BCb	11.17 ± 0.21Bc	10.90 ± 0.07Be
处理 8	11.8 ± 0.3a	12.01 ± 0.14BCa	11.86 ± 0.11BCa	11.72 ± 0.08Aa	11.00 ± 0.33Bb
处理 9	11.8 ± 0.3a	11.96 ± 0.10BCDa	12.06 ± 0.13ABa	11.79 ± 0.09Aa	10.70 ± 0.10Bb

6.5.4 气调对脂肪、维生素等的影响

产品在长期贮藏过程中,脂肪容易发生自动氧化作用,降解为醛、酮和羧酸等低分子化合物,导致产品发生氧化酸败。采用低氧或充氮或真空,就可以使氧化酸败减弱或不发生,这不仅可防止产品因脂肪氧化酸败产生的异味,还防止产品颜色变化,同时减少了脂溶性维生素的损失。王春生[44]等人发现猕猴桃果实的维生素 C 含量与果实后熟进程有关,随着果实后熟软化,维生素 C 含量降低,而气调贮藏果实维生素 C 含量显著高于 0 ℃冷藏处理(如图 6-11 所示)。低氧还可以抑制叶绿素的降解达到保绿的目的;减少抗坏血酸的损失,提高产品的营养价值;降低不溶性果胶物质减少的速度,保持产品的硬度等。

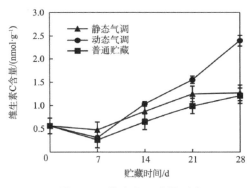

图 6-11 维生素 C 含量对比

6.5.5 气调对病害的影响

气调可以降低病害发生,减少产品腐烂。好氧性微生物在低氧环境下生长繁殖受到抑

制,在 O_2 体积分数为 6%~8% 的环境中,有些霉菌就停止生长或发育受阻。适宜的低 O_2 与高 CO_2 环境可以抑制某些果蔬生理病害和病理性病害发生发展的作用,减少产品贮藏中腐烂损失。如苹果的虎皮病随着 O_2 浓度下降而减轻。刘学彬等[45]对板栗进行硅窗气调贮藏实验,此方法有效降低果实失重和腐烂率,经过 120 d 气调贮藏,失水率为 3%,腐烂率为 3.52%,分别比对照降低了 91.46% 和 90.76%(图 6-12)。

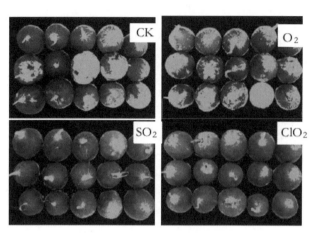

图 6-12　气调与普通贮藏的对比

　　各气调处理对甜瓜果实产生不同影响,其中,糖度、硬度在统计学上并无显著性差异,而高氧气调组果实的颜色变化最小,但不能抑制霉菌的生长; ClO_2 处理组的失重率最低,并在一定程度上控制了甜瓜的腐败; SO_2 处理组的腐烂指数及霉变指数最低,分别比对照组降低了 43% 和 70%,硬度最高,无漂白伤害。因此, SO_2 气调处理有利于降低薄皮甜瓜的腐烂率,延长果实货架期。

6.6　影响气调效果的因素

6.6.1　贮藏温度对气调效果的影响

　　贮藏温度是影响果蔬寿命的重要因素,低温条件能降低果蔬的蒸腾作用、氧化速度、呼吸作用,抑制微生物的生长。在某一临界温度以下时,微生物的活动会完全停止。以水果为例,随着温度的升高,水果果实内水分子的运动速度加快,蒸发速度相应加快。呼吸作用产生的热量由水果表面向自由空间中释放,造成环境中近水果表面和远水果表面存在温度差,形成气体对流。气体流动则会加速水果内部水分的蒸发,使水果失水萎蔫。且当温度升高时,水果的呼吸速率加快,果实内的营养物质消耗相应加快,因而加速了细胞和组织的分解与衰亡。在果蔬的正常生理温度范围内,且保证其不会发生冷害的条件下,温度越低,贮藏效果越好。

在不同的温度条件下气调贮藏黄瓜 30 d,结果在 10~13 ℃下,绿色好瓜率为 95%;在 20 ℃下,绿色好瓜率仅为 25%,其余为半绿或完全变黄,没有烂瓜;在 5 ℃ ~7 ℃下,虽然全部保持绿色,却有 70% 发生冷害病和腐烂。

果蔬的气调贮藏中,选择的温度通常要比普通空气冷藏温度高 1~3 ℃。因为这些植物组织在 0 ℃附近的低温下对 CO_2 很敏感,容易发生 CO_2 伤害,在稍高的温度下,这种伤害就可以避免。水果的气调贮藏温度,除香蕉、柑橘等较高外,一般在 0~3.5 ℃的范围。蔬菜的气调温度控制点应高一些。

6.6.2　食品质量及微生物环境对气调效果的影响

食品的腐败变质主要由微生物引起,食品在包装前表面所沾染的微生物的种类及数量与食品的保质期关系密切。微生物的生长除了受温度影响以外,还与食品的水分活度有关,不同类群微生物生长繁殖的最低水分活度范围是:大多数细菌为 0.99~0.94,大多数霉菌为 0.94~0.80,大多数耐盐细菌为 0.75。耐干燥霉菌和耐高渗透压酵母为 0.65~0.60;在水分活度低于 0.60 时,绝大多数微生物就无法生长。

根据微生物代谢对氧的需求量,可分为好氧型、兼性厌氧型和厌氧型微生物。好氧型微生物是指生命体只有在有氧的条件下才能正常生长,其包含部分好氧细菌和霉菌,对于这些微生物,CO_2 浓度低于 10% 即可抑制其生长。其中 CO_2 对不同菌属的霉菌的抑制效果也有所差异,例如青霉属比曲霉属对 CO_2 的耐受性更强。兼性厌氧型微生物是指在有氧和无氧环境下均可生存的微生物,比如酵母菌,当氧气缺乏时这类微生物通过将糖类转化为二氧化碳和乙醇来生存,因此 CO_2 对其的抑制作用将有所降低。厌氧型微生物指的是在无氧条件下比在有氧条件下生长好的微生物,比如梭状芽孢杆菌在无氧条件下繁殖迅速,可分解糖类,引起果蔬等食品的产气性变质和蛋白质变质。若此类微生物存在的情况下,大量的 CO_2 会促进系统中氧含量的降低,反而不利于抑制此类微生物的生长。

根据上述的分析,贮藏物品的不同,填充 CO_2 的作用也不尽相同:对于鱼肉海鲜类的食物,重点在于抑制微生物的繁殖;而果蔬食品则以抑制呼吸作用、减缓成熟度为目的。以往研究结果表明,提高 CO_2 的含量能加强其抑制微生物繁殖的能力,而且随着含量的提高,抑制作用会逐渐增强。同时,应视贮藏物的初始微生物种类、数量具体确定填充浓度。若贮藏物的初始微生物以好氧细菌或霉菌为主,填充低于 10% 的 CO_2 即可表现出抑制作用,20%~30% 的 CO_2 能较好地抑制多数好氧微生物,当 CO_2 含量达到 50% 以上,其抑制效果的增强便不再显著。针对果蔬等食品,提高 CO_2 含量能降低成熟速率,抑制叶绿素的分解,以保持果蔬新鲜的品质。但若 CO_2 含量过高反而会引起果蔬的呼吸障碍,缩短保存期。一般来说,水果气调包装填充 2%~3% CO_2 为佳。

6.6.3　相对湿度对气调效果的影响

相对湿度是指每平方米空气中水蒸气压和饱和水蒸气压之比,即绝对湿度和饱和湿度之比。在相同体积的空气中,水蒸气的含量不变,温度越高,相对湿度就越小。通常,我们可近似认为果蔬内部的相对湿度值为100%,即果蔬内部的水蒸气压等于该温度的饱和水蒸气压。在气调贮藏条件下,环境中的水蒸气压一般不可能达到饱和水蒸气压,于是果蔬和环境之间就存在着水蒸气压差,果蔬的水分就会通过表层向环境中扩散,导致失水。为了延缓果蔬由于失水而造成的变软和萎蔫,气调贮藏适宜的相对湿度应以既可防止失水又不利于微生物的生长为度。要保持气调库的相对湿度,可以在库内设置加湿器。

6.6.4　空气流速对气调效果的影响

贮藏室内空气的流速也很重要,一般贮藏室内的空气保持一定的流速以使室内温度的均匀和进行空气循环。空气的流速过大,空气和果蔬间的蒸汽压差随之增大,果蔬表面的水分蒸发也随之增大,在空气相对湿度较低的情况下,空气的流速对果蔬的干缩产生严重的影响。只有空气的相对湿度较高而流速较低时,才能使得果蔬的水分损耗降低到最低的程度。

6.6.5　气体比例对气调效果的影响

气调技术中,气体比例是重要的气调工艺参数,是保证果蔬保鲜效果的关键和核心。二氧化碳对各种水果都有一定的保护作用,能抑制细菌和真菌的生长。但气调中使用二氧化碳时必须注意,二氧化碳对水的溶解度较高,当其溶于果实中的水分中后会形成碳酸,因而会改变水果的pH值和风味。二氧化碳浓度的升高有利于延缓果实的成熟、衰老过程,降低其呼吸速率,减少呼吸热的产生,但过高的二氧化碳含量会引起水果中毒。

对于新鲜果蔬,低氧浓度有利于延长果蔬的保存期。但必须保证果蔬气调储藏室内的氧浓度不低于其临界需氧量。对于新鲜的动物性食品,调节气体的氧含量以取得最佳的色泽保持效果为宜。对于不含肌红蛋白(或含肌红蛋白,但热处理加工过的)动物产品,则尽量使氧含量降低。对于以抑制真菌为目的的气调处理,则氧的浓度要降低到1%以下才有效。

O_2 是大部分生物体生长繁殖的重要条件,同时也是油脂类氧化变质的主要诱因。一般而言,气调包装中不填充 O_2,但针对某些食物,一定含量的 O_2 对于维持食物其他方面的性质具有良好的效果。例如,鱼肉海鲜类的食物,往往含有肌红蛋白,呈紫红色, O_2 的作用即是与肌红蛋白结合生成氧合肌红蛋白,使肉质呈现鲜红色。但大量的氧同时也会加快肉中脂肪氧化和微生物的繁殖,因此这类食物的气调包装建议填充 O_2 和 CO_2 的混合气体,借助 CO_2 的抑菌作用实现双重效果。对于另一类新鲜果蔬食物,贮藏中应尽可能降低 O_2 的浓度,以此降低食物的呼吸强度和基质氧化损耗,延缓成熟,但 O_2 浓度过低,一方面会使果蔬发生无氧呼吸,导致缺氧障碍,另一方面会引起厌氧菌的发酵,如肉毒杆菌等。由于不同的果蔬具有不同的 O_2 临界浓度,因此在使用气调包装的时候需要根据果蔬种类特别设定填充的 O_2 量。

表 6-3　一些水果的气调冷藏条件和冷藏时间

品种	温度(℃)	湿度(%)	气体组成(%)		冷藏时间	
			CO_2	O_2	CA 冷藏	普通冷藏
苹果	0	90~95	3	3	6~7 个月	4 个月
梨	0	85~95	3~4	4~5	6~7 个月	3~4 个月
柿子	0	90~95	7~8	2~3	5~6 个月	2 个月
板栗	0	80~90	5~7	2~4	7~8 个月	5~6 个月
马铃薯	3	85~90	2~3	3~5	8 个月	6 个月
山药	3	90~95	2~4	4~7	8 个月	4 个月
胡萝卜	0	80~85	5~8	2~4	10 个月	4~5 个月
绿熟番茄	10~12	90~95	2~3	3~5	5~6 周	3~4 个月
莴苣	0	90~95	2~3	3~5	3~4 周	2~3 个月

表 6-4　一些蔬菜的气调冷藏保鲜的作用

种类	O_2 浓度(%)	CO_2 浓度(%)	温度(℃)	主要作用
绿熟番茄	2~4	0~5	10~13	抑制后熟
	2~4	5~6	12~15	抑制后熟,CO_2 浓度虽高但不至于中毒
	3	0	12.8	减少败坏,贮藏 6 周色味很好
	1~3	0	12.8	贮藏 76~87 d
	2~3	<5		延迟后熟,但不能减少病害
微红半红番茄	2~7	<3	6~8	抑制病烂
	4~8	1~2	12.8	抑制后熟
甜椒	3~6	3~6	7~9	抑制后熟
	2~5	2~8	10~12	抑制后熟,减少腐烂
	5	10	9	可储藏 38 d
	4~8	2~8		延长运输期
黄瓜	2~5	0~5	10~13	配合其他措施,可贮藏 45~60 d
青豌豆	5~10	5~7	0	可贮藏 20 d
矮菜豆	2~3	5~10	7.5	抑制黄化
胡萝卜	1~2		2	可贮藏 6 个月
		2~4		防止发生苦味
洋葱	3~6	10~15	常温	抑制发芽
	3~6	8	常温	抑制发芽
	3~5	10	4.5	抑制发芽和败坏
花椰菜	15~20	3~4	0	保质、保绿、延长贮藏期
	>2	<10	0	O_2 浓度过低或 CO_2 浓度过高导致失香、失味后,组织软烂
	3	2.5	1	
	2~3	0~3	0	

种类	O_2 浓度（%）	CO_2 浓度（%）	温度（℃）	主要作用
蒜薹	2~5	2~5	0	保绿、保鲜，防止老化
	1~2	0~5	0	保绿、保鲜，防止老化
菠菜	0	10	5	抑制黄化，延长贮藏期
芹菜	5~20	0~9	0	保绿、保鲜，可储藏 3 个月
结球莴苣	5.5	5.5		减少败坏及主脉变粉色和褐斑病

6.7　应用场合

6.7.1　鲜肉制品的保鲜

将屠宰后的牛肉或猪肉置于空气中 30 min 左右，就会发现肉的颜色由屠宰时的肉色（紫红色）变为零售最为理想的颜色——鲜红色。这是因为鲜肉中的肌红蛋白和空气中的氧气发生氧合作用生成具有鲜红色的氧合肌红蛋白。如果肉类长时间暴露在空气中肌红蛋白又会转变为正铁肌红蛋白（深褐色）。在价格合理的情况下，消费者在买肉时先通过肉的颜色来判断肉的新鲜程度。肉色太暗或褐变都会使消费者望而却步，不愿购买。因此鲜肉货架寿命的长短，通常由其鲜红色的长短而定。气调贮藏肉可以隔绝氧气，防止氧化，抑制微生物的生长，延长肉的贮存时间。但是在无氧或氧气分压低时，鲜肉表面的肌红蛋白无法与氧气发生反应生成鲜红色氧合肌红蛋白，而转变成还原肌红蛋白，使肉呈淡紫色。虽然肉的质量并没有改变，但易被消费者错认为非新鲜肉。

6.7.2　果蔬气调贮藏

新鲜果蔬用塑料薄膜包装后，果蔬的呼吸活动消耗氧气并产生差不多等量的 CO_2，逐渐构成包装内与大气环境之间气体浓度差，大气中的 O_2 通过塑料薄膜渗入，补充呼吸作用消耗的 O_2；包装内由呼吸作用产生的多余 CO_2 则渗出塑料薄膜扩散到大气中。开始时，包装内外的气体浓度差较小，渗入包装的 O_2 不足以弥补消耗掉的 O_2，渗出的 CO_2 小于产生的 CO_2。

随着贮藏过程中包装内外气体浓度差的增加，使气体渗透速度加快，但包装内 O_2 消耗速度等于 O_2 渗入速度，CO_2 产生的速度等于渗出的速度，包装内的气体达到一个低氧和高二氧化碳（相对于空气）的气体平衡浓度。如果包装内的气体平衡浓度使果蔬仅产生维持生命活动所需要的最低能量的有氧呼吸，此时果蔬置于最佳的气调贮存环境，从而延缓成熟达到保鲜的目的。取得保鲜效果时最适宜的 O_2 和 CO_2 浓度与果蔬品种、特性及塑料薄膜透气性有关。

6.7.3　海产品气调贮藏

新鲜鱼、虾、贝类是所有新鲜食品中最容易腐败的。鱼与肉相比,鱼肉中酶的自溶作用更迅速,反应中酸较少而有利于微生物生长,所以也比肉易于腐败。海水鱼鱼肉脂肪从质量分数(后同)低于 1%(鳕鱼类)至高于 22%(鲱鱼),鱼脂肪较为多油,鱼油由不饱和脂肪酸构成,因而易与空气中的氧反应而产生氧化酸败。

新鲜海产品特别容易腐败变质,而恰当地使用气调包装可大大提高新鲜海产品的货架寿命。新鲜海产品的气调包装混合气体组成有两种:一种由 CO_2 与 N_2 组成;另一种由 O_2、CO_2、N_2 组成。低脂肪海水鱼气调包装的混合气体由 O_2、CO_2、N_2 组成,其原因是 CO_2 对海水鱼中的嗜冷性厌氧菌没有抑制作用,而在有氧条件下可以减少或抑制厌氧菌的繁殖。但在多脂肪海水鱼气调包装时,氧会促使脂肪氧化酸败,混合气体仅由 CO_2 和 N_2 组成。水产品是高水分含量的食品,混合气体中的 CO_2 被鱼肉吸收后会渗出鱼汁并带有酸味,所以 CO_2 浓度不能过高,一般不超过 70%。国外海产品气调包装时在塑料盒底部放一层吸水衬垫,用于吸收渗出的鱼汁,保持销售时的良好外观。新鲜海产品包装后要求在 0~2 ℃较低的温度下贮藏、运输和销售,以降低其变质速度。

6.7.4　快餐和烘烤食品气调贮藏

近年来随着人民生活水平的提高,快餐和烘烤食品已经走进了人们的日常生活,但这类食品目前普遍存在着保鲜问题。快餐和烘烤食品腐败变质的主要因素有:细菌、酵母和霉菌引起的腐败变质;脂肪氧化酸败变质;淀粉分子结构变化的"老化",使食品表皮干燥。采用气调包装可以抑制霉菌、酵母菌的繁殖,从而延长食品的储藏期。

随着气调技术的不断发展和完善,其优越的保鲜功能和特点越来越明显地体现出来。应用气调贮藏技术可调节不同比例的气体组合适应种贮藏物品的要求,延长被包产品的保鲜期,能真正保证食品果蔬的原汁、原味、原貌。特别适合于农副产品产地、农副产品配送中心、食品加工企业、超市生鲜农副产品加工间等场所使用,是今后食品果蔬保鲜技术的一个发展方向。

6.8　结论

20 世纪 60 年代,发达国家开始研发和应用气调保鲜技术装备,20 世纪 70 年代,气调保鲜技术的应用趋于广泛, 20 世纪 80 年代出现气调库。经过近 50 年的发展,现今发达国家已经普及使用气调库贮藏保鲜果蔬,平均贮藏比重达到果蔬产量的 50% 以上,新建果蔬保鲜库几乎都是气调库,原有的果蔬冷藏库也陆续改造成气调库。

20 世纪 80 年代,我国曾引进过示范性气调库,但在当时的背景条件下,没有得到普及和推广。20 世纪 90 年代,国内开始研究气调保鲜技术的应用。目前,气调保鲜技术装备涉及的相关设备国内有能力自我配套,但从事气调保鲜技术并能够承建气调库的企业很少,主要是北京市、天津市和烟台市的少数企业,气调集装箱还只是个别企业试制出,国内市场为空白。

气调保鲜技术装备予人感觉并不复杂,制冷加空气分离再配上自动控制,所以,人们易将气调保鲜看成是冷藏基础上做些气体改良。另一方面,我国自主开发的气调保鲜技术装备,在使用中出现保鲜效果不佳,甚至保鲜失败的案例不少,引起人们对气调保鲜技术的疑问。对比发达国家已普及运用,我国气调保鲜技术的应用及装备使用问题不断,说明在应用过程中还存在相关技术问题。

气调保鲜技术装备是跨学科、多技术的运用与结合,尤其是果蔬品种在生理生化性质上存在或大或小之差异,使得气调保鲜的控制实施过程内涵丰富,开发气调保鲜技术装备伴有持续性的技术研发,需要一定的人力资源条件和技术研究条件。但目前国内,无论是制造业投资还是经营业投资,带有技术研发性质的产品项目较少,而多数产品技术型企业包括制冷技术企业,一般只是在某一技术领域或某一单项技术上具有专长、优势,不具备跨学科、多技术的综合研发能力。技术上,技术综合性、技术研发性已成为当今世界科技产品推陈出新的主要特征,但这仍然是我国科技产品自主创新的一处软肋。

气调保鲜技术可应用的范围极为广阔,不仅是果蔬,鲜花、茶叶、中药材、苗木、种子及粮食等也可以采用气调保鲜、气调贮藏,肉禽、海鲜以及淡水产品等也有着极为诱人的气调贮藏研究前景。另外,气调保鲜技术装备的开发也不会仅仅停留在气调库、气调集装箱这两大类产品上,今后还可能进一步研发出食品超市所用的气调储藏柜以及家庭所用的气调冰箱,届时,果蔬的贮藏、运输、销售及消费等环节始终处于气调保鲜过程中,将形成完整的气调保鲜市场营运链。近两年,国内气调保鲜技术的应用发展也呈现出良好态势。一是市场对气调保鲜技术的关注度愈来愈高,不少果蔬种植主开始争取立项,筹建气调保鲜库,许多果蔬经营主则在果蔬箱装上标注"气调保鲜"以吸引消费者。二是一些拟投资转型和欲进入高新技术领域的实力企业,将气调保鲜技术纳入其视野,向从事气调保鲜技术的企业投资或实施并购。三是地方政府开始重视气调保鲜技术,不少地方财政拨出专项资金尝试开展气调保鲜技术的应用,在从国外引进相关气调保鲜技术设备的基础上组织人力、财力进行自主研发。另外,相关政府部门也在积极研究有关气调保鲜技术扶持和推广的政策。展望前景,随着气调保鲜技术认知度在我国的不断提高,国家相关扶持政策的出台,我国气调保鲜技术的应用将会步入崭新的发展阶段。

参考文献

[1] 蔡霆, 蔡卫华. 气调库技术与发展前景 [J]. 粮油加工与食品机械, 2001(5):5-8.

[2] 吴齐. 中国气调保鲜技术的应用与发展 [J]. 现代农业科技,2009(15):350-352.

[3] 王威. 树上干杏气调防霉保鲜技术研究 [D]. 天津:天津科技大学,2016.

[4] 王丽. 荷兰豆气调保鲜实验及其传热传质研究 [D]. 哈尔滨:哈尔滨商业大学,2017

[5] 海丹. 气调对酱牛肉保鲜效果影响的研究 [D]. 郑州:河南农业大学,2014.

[6]　林锋,陈文辉. 果蔬气调贮藏保鲜的原理与方法 [J]. 福建果树,1999(2):47-49.

[7]　林顿. 猪肉微冻气调包装保鲜技术的研究 [D]. 杭州:浙江大学,2015.

[8]　柳俊超. 三种鲜切蔬菜的气调包装设计 [D]. 石河子:石河子大学,2015.

[9]　吴齐. 气调保鲜技术在我国的应用及前景展望 [J]. 农业展望,2009,5(4):40-43

[10]　杨坤. 气调保鲜包装技术的应用 [J]. 中国包装工业,2015(14):85+87.

[11]　HOLCROFT D M, KADER A A. Controlled atmosphere-induced changes in pH and organic acid metabolism may affect color of stored strawberry fruit[J]. Postharvest Biology & Technology, 1999, 17(1):19-32.

[12]　丁华,王建清,王玉峰,等. 论果蔬保鲜中的气调包装技术 [J]. 湖南工业大学学报,2016,30(2):90-96.

[13]　HANSEN M, PETER MØLLER, HILMERSØRENSEN, et al. Glucosinolates in Broccoli Stored under Controlled Atmosphere[J]. American Society for Horticultural Science, 1995, 69(12):1215-1218.

[14]　付萌,吕静,秦娜,等. 气调贮藏果蔬品质的影响因素分析 [J]. 制冷空调与电力机械,2006(6):56-59.

[15]　黄俊彦,韩春阳,姜浩. 气调保鲜包装技术的应用 [J]. 包装工程,2007(1):44-48.

[16]　马超锋. 气调包装和涂膜工艺对冻藏罗非鱼片品质的影响 [D]. 湛江:广东海洋大学,2017.

[17]　BISHOP D . Controlled atmosphere storage[M]// Cold and chilled storage technology. Springer US, 1997.

[18]　姚尧,张爱琳,钱卉苹,等. 不同气调贮藏条件对早酥梨采后生理品质的影响 [J]. 食品工业科技,2018,39(11):291-296.

[19]　陈阳楼,王院华,甘泉,等. 气调包装用于冷鲜肉保鲜的机理及影响因素 [J]. 包装与食品机械,2009,27(1):9-13.

[20]　时月,王宇滨,李武,等. 气调处理对薄皮甜瓜品质的影响 [J]. 食品科技,2018, 43(3):38-42.

[21]　司琦,胡文忠,姜爱丽,等. 动态气调贮藏对蓝莓采后生理代谢品质的影响 [J]. 包装工程,2017,38(17):13-18.

[22]　SCHOUTEN R E, ZHANG X, VERSCHOOR J A, et al. Development of colour of broccoli heads as affected by controlled atmosphere storage and temperature[J]. Postharvest Biology and Technology, 2009, 51(1):27-35.

[23]　XIN T. Research progress of peach on chilling injury mechanism and controlling measures[J]. Northern Horticulture, 2011.

[24]　雷玉山. 猕猴桃大帐气调贮藏保鲜技术研究及其产业化应用 [D]. 咸阳:西北农林科技大学,2006.

[25]　申春苗. 黄金梨近冰温贮藏与气调贮藏保鲜效应的研究 [D]. 南京:南京农业大学,2009.

[26] 李艳. 番木瓜气调保鲜技术研究 [D]. 无锡：江南大学，2007.

[27] CÉSAR L G, CORRENT A R, LUCCHETTA L, et al. Effect of ethylene, intermittent warming and controlled atmosphere on postharvest quality and the occurrence of woolliness in peach (Prunus persica cv. Chiripá) during cold storage[J]. Postharvest Biology & Technology, 2005, 38(1):25-33.

[28] SALTVEIT M E. Is it possible to find an optimal controlled atmosphere？ [J]. Postharvest Biology & Technology, 2003, 27(1):3-13.

[29] ÇAĞATAYÖZDEN, BAYINDIRLI L . Effects of combinational use of controlled atmosphere, cold storage and edible coating applications on shelf life and quality attributes of green peppers[J]. European Food Research & Technology, 2002, 214(4):320-326.

[30] SCHOTSMANSW, MOLAN A, MACKAY B . Controlled atmosphere storage of rabbit-eye blueberries enhances postharvest quality aspects[J]. Postharvest Biology and Technology, 2007, 44(3):277-285.

[31] SIDDIQUI S, BRACKMANN A, STREIF J, et al. Controlled atmosphere storage of apples: cell wall composition and fruit softening[J]. Journal of Pomology & Horticultural Science, 1996, 71(4):613-620.

[32] BHOWMIK S R, PAN J C . Shelf life of mature green tomatoes stored in controlled atmosphere and high humidity[J]. Journal of Food Science, 1992, 57(4):6.

[33] METLITSKIĬ L V, DHOTE A K, KOTHEKAR V S . Controlled atmosphere storage of fruits[M]. Horticultural Reviews, 1979, 1.

[34] SINGH S P, PAL R K . Controlled atmosphere storage of guava (Psidium guajava L.) fruit[J]. Postharvest Biology and Technology, 2008, 47(3):296-306.

[35] MCDONALD B, HARMAN J E . Controlled-atmosphere storage of kiwifruit. I. Effect on fruit firmness and storage life[J]. Scientia Horticulturae, 1982, 17(2):113-123.

[36] HARMAN J E, MCDONALD B . Controlled atmosphere storage of kiwifruit. Effect on fruit quality and composition[J]. Scientia Horticulturae (Amsterdam), 1989, 37(4):303-315.

[37] SOZZI G O, TRINCHERO G D, FRASCHINA A A . Controlled-atmosphere storage of tomato fruit: low oxygen or elevated carbon dioxide levels alter galactosidase activity and inhibit exogenous ethylene action[J]. Journal of the Science of Food and Agriculture, 1999, 79(8):1065-1070.

[38] JEON B S, LEE C Y . Shelf - life extension of American fresh ginseng by controlled atmosphere storage and modified atmosphere packaging[J]. Journal of Food Science, 1999, 64 (2):4.

[39] HUYSKENS-KEIL S, PRONO-WIDAYAT H, P LÜDDERS, et al. Postharvest quality of pepino (Solanum muricatumAit.) fruit in controlled atmosphere storage[J]. Journal of Food Engineering, 2006, 77(3):628-634.

[40] GALVIS - SÁNCHEZ A C, FONSECA S C, MORAIS A M, et al. Physicochemical and sensory evaluation of 'rocha' pear following controlled atmosphere storage[J]. Journal of Food Science, 2003, 68(1):10.

[41] PEPPELENBOS H W. Controlled atmosphere storage of fruits and vegetables[J]. Postharvest Biology & Technology, 2010, 8(3):1-272.

[42] JAY E, D'ORAZIO R . Progress in the use of controlled atmospheres in actual field situations in the United States[J]. Developments in Agricultural Engineering, 1984, 5:3-13.

[43] A C GALVIS - SÁNCHEZ, FONSECA S C, MORAIS A M M B, et al. Physicochemical and sensory evaluation of 'Rocha' pear following controlled atmosphere storage[J]. Journal of Food Science, 2003, 68(1):10.

[44] 王春生, 梁小娥, 朱亚丽, 等. 中华猕猴桃气调和低乙烯贮藏的研究 [J]. 山西果树, 1992(2):26-28.

[45] 刘学彬, 肖宏儒. 板栗硅窗气调贮藏研究 [J]. 果树学报, 1993(1):42-44.

第7章 玻璃冷冻空化技术

7.1 技术意义

速冻果蔬是指采用专业设备,将符合加工要求的果蔬原料经清洗、切分、漂烫、冷却、沥水等工艺预处理后,放置在低于 -30 ℃的环境中,迅速通过其最大冰晶区域,使被冷冻产品的热中心温度达到 -18 ℃以下的冻结方法。果蔬产品完成速冻后应迅速运至低于 -18 ℃的冷藏库中进行冷藏,为保持品质,运输和销售环节均应处于规定的冷链环境中,避免常温条件下存放。我国是世界水果和蔬菜生产大国,据统计, 2013 年全国水果产量约 1.58 亿 t、蔬菜产量约 7.35 亿 t,可用于速冻加工的果蔬资源非常丰富。目前,国内的速冻食品市场仍以水饺、汤圆等米面制品为主。速冻果蔬近 10 多年来发展较快,主要品种有速冻玉米粒、毛豆、薯类、菠菜、青豆、板栗、西蓝花、菠萝、苹果、草莓等,而速冻蓝莓、黑莓等高端产品市场前景十分看好,目前主要出口国外市场 [1]。

然而,在冷冻过程中,细胞外的水分先结晶,造成细胞外溶液浓度增大,细胞内的水分则不断渗透到细胞外并继续凝固,最后在细胞外空间形成较大的冰晶。细胞受冰晶挤压产生变形或破裂,破坏了食品的组织结构,解冻后汁液流失多,不能保持食品原有的外观和鲜度,质量明显下降。速冻食品在快速的冻结过程中,能以最短的时间通过最大结晶区,在食品组织中形成均匀分布的细小冰晶,对组织结构破坏程度大大降低,解冻后的食品基本能保持原有的色、香、味。但是,在贮存和输运过程中,若温度波动过大,细小的冰晶会由于再结晶而继续长大,直至破坏食品的组织结构。由此可见,冻结食品质量的下降主要是由大的冰晶对细胞的挤压破坏引起的(食品中酶的活性太大也会导致食品质量的下降),要提高冻结食品的质量,必须解决结晶、再结晶等问题 [2]。

20 世纪 80 年代初,美国科学家 L.Slade 和 H.Levine 首先提出了"食品聚合物科学(Food polymer science)"的理论,开始了食品玻璃化保存的研究,至今已有几十年的研究历史。相关的研究人员也做了大量的工作,取得了较多的成果,主要包括速冻蔬菜、速冻水果、速冻面制品和水产品等多种食品的保存 [3]。

食品处于玻璃态,一切受扩散控制的松弛过程都将被抑制,反应速率极其缓慢甚至不会发生,所以玻璃化保存可以最大限度地保持食品的品质,玻璃态食品也常被认为是稳定的 [4]。但经过玻璃化转变后,食品处于橡胶态,此时食品的流动性和机械性都会发生变化,导致食品加工的可行性和稳定性也随之发生变化 [5]。基于以上观点,玻璃冷冻空化技术作为一种食品果蔬冷冻保鲜的新型技术,对于提高冷冻食品的质量,保持果蔬原有的品质具有重大意义。

7.2　技术原理

7.2.1　玻璃态、高弹态和粘流态

无定形涉及一个非平衡、非结晶状态的物质。当饱和条件占优势和一种溶质保持非结晶,此过饱和溶液可被认为是无定形的。一个无定形固体一般被称为玻璃状物,它的特征是具有超过约 10^{12} Pa·s 的黏度。

无定形聚合物在较低温度下,分子热运动能量很低,只有较小的运动单元。如侧基、支链和链节能够运动,而分子链和链段均处于被冻结状态,这时的聚合物所表现出来的力学性质与玻璃相似,故这种状态称为玻璃态。其外观像固体具有一定的形状和体积,但结构又与液体相同,即分子间的排列为近程有序而远程无序,所以它实际上是一种"过冷液体",只是勃度太大,不易觉察出流动而已。随着温度升高到某一温度时,链段运动受到激发,但整个分子链仍处于冻结状态。在受外力作用时,无定形聚合物表现出很大形变,外力解除后,形变可以恢复。这种状态称为高弹态又称为橡胶态。当温度继续升高,整个分子链都可以运动,这时无定型聚合物表现出杆性流动的状态,即粘流态。

玻璃态、高弹态橡胶态和粘流态被称为无定形聚合物的三种力学状态,如图 7-1 所示

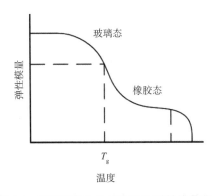

图 7-1　无定形聚合物的温度与弹性模量图

玻璃化转变是非晶态的高聚物(包括晶态高聚物中的非晶部分)从玻璃态到高弹态的转变或者从高弹态到玻璃态的转变。玻璃化转变温度用 T_g 表示。玻璃化转变前后,聚合物的体积性质、热力学性质、力学性质、电学性质等都发生明显变化。根据这些性质随温度的变化,可确定玻璃化转变温度[6]。

7.2.2　玻璃化转变理论

玻璃化转变温度 T_g 虽然是高聚物的应用上和理论上的一个重要参数,它应该只取决于

高聚物的化学结构，但实际上随着高聚物的物理状态如结晶、取向、热处理、环境变化、共混、以及测量方法等不同而改变。不像小分子的相态转变，如沸点和熔点，在一定的条件下是固定的数值。这种现象可以从高聚物分子运动的特点和高聚物结构的复杂性角度来理解。

从分子运动的角度看，在玻璃化转变温度 T_g 以上的温度，允许链上有 20~50 个相邻键内旋转的协同运动；而在 T_g 以下，这种协同运动被冻结，即其弛豫时间要比实验观察的时间尺度大很多，这时高聚物就进入玻璃态。在 T_g 以上的这种链段的协同运动也是较为缓慢的，是实验的时间尺度量级。一般来说，高聚物的玻璃态不是处于平衡态。当把高聚物从高弹态冷却到玻璃态时，尽管冷却的速度非常慢，分子链也不可能很快地排列到最低的平衡态。特别是温度低了，分子运动减少，要达到真正的平衡态需要很长时间，甚至永远也达不到。所以在通常的测试条件下，必然要受到高聚物本身的状态以及升温或降温速率的影响，使得 T_g 不是一个固定的数值。

另一方面，还需要考虑到高聚物结构的复杂性。在一条分子链中，链单元未必完全相同，可能有不同的结构、构型和构象。链单元与链单元之间的范德华力相互作用，还包括偶极、氢键的作用等，另外还存在不同形式的缠结。因此，可以认为高聚物是一个复杂的、具有多种实际结构形式的整体。由此不难理解，一个并非达到平衡态的高聚物试样，由于不同来源、不同环境、不同历史会有不同的内在结构，因而也会有不同的玻璃化转变行为[7]。

高聚物玻璃化转变过程的处理主要有自由体积理论、热力学二级转变理论及动力学理论。自由体积理论只能半定量地描述 T_g 和分子参数之间的关系热力学二级转变理论，虽然能得到定量的关系式，但含有实验上不能独立测量的调节参数。动力学理论虽能较好地解释玻璃化转变中的动力学现象，但无法从分子结构来预测 T_g。因此，目前用来表达 T_g 和分子参数之间的定量关系的仍是不同作者分析实验数据而归纳出的经验公式，或是根据一定理论提出的半经验公式。

1）自由体积理论

自由体积理论最初由 Fox 和 Flory 1950 年提出。该理论认为，液体或固体的体积由两部分组成：一部分是被分子占据的已占体积，另一部分是未被占据的自由体积。

在玻璃态下，由于分子链段被冻结，自由体积也被冻结。高聚物的玻璃态可视为等自由体积状态，因此该理论的核心问题即是自由体积的温度依赖性。此时高聚物随温度的升高发生的膨胀，只是正常的分子膨胀的过程造成的，自由体积保持不变，为一恒定值。玻璃化温度就是自由体积达到某一临界值的温度，在此温度下，已经没有足够的空间进行分子链构象的调整了。当温度达到玻璃化温度以上，分子热运动已具有足够的能量，自由体积也开始解冻而加入整个膨胀过程中去，占有体积和自由体积同时增大，链段获得足够的运动能量和必要的自由空间。

设：V_0 为玻璃态物质在 0 K 时的占有体积，V_g 是在 T_g 时玻璃态物质的总体积，则：

$$V_g = V_f + V_0 + (\frac{dV}{dT})_g T_g \qquad (7-1)$$

式中，V_f 为自由体积。同样，当 $T > T_g$ 时，高弹态物质的总体积 V_l 则为：

$$V_1 = V_g + (\frac{\mathrm{d}V}{\mathrm{d}T})_1 (T - T_g) \tag{7-2}$$

自由体积本身的膨胀定义为高弹态和玻璃态膨胀量之差。$(\frac{\mathrm{d}V}{\mathrm{d}T})_1 - (\frac{\mathrm{d}V}{\mathrm{d}T})_g$，高弹态和玻璃态时的膨胀系数分别为 $\alpha_1 = \frac{1}{V_g}(\frac{\mathrm{d}V}{\mathrm{d}T})_1$ 以及 $\alpha_g = \frac{1}{V_g}(\frac{\mathrm{d}V}{\mathrm{d}T})_g$，两者之差定义为自由体积的膨胀系数，即　$\Delta\alpha = (\alpha_1 - \alpha_g) = \alpha_f$。

玻璃态物质在 $T = 0\,\mathrm{K}$ 时的自由体积定义为高弹态体积和玻璃态体积外推至 $0\,\mathrm{K}$ 时体积之差，即：

$$V_f = V_g(1 - \alpha_g T_g) - V_g(1 - \alpha_1 T_g) \tag{7-3}$$

或

$$V_f / V_g = \Delta\alpha \cdot T_g \tag{7-4}$$

于是，玻璃化转变温度以上某温度 T 时的自由体积分数可由下式表示：

$$f_T = f_g + \alpha_f(T - T_g) \quad (T \geqslant T_g) \tag{7-5}$$

式中 f_g 是玻璃态高聚物的自由体积分数，即：

$$f_1 = f_g \ (T < T_g) \tag{7-6}$$

应该指出，关于自由体积的概念，存在若干不同的定义，容易引起混乱。其中较常遇见的是 WLF 方程定义的。WLF 方程是由 Williams，Landel 和 Ferry 提出的一个半经验方程：

$$\log \frac{\eta(T)}{\eta(T_g)} = -\frac{17.44(T - T_g)}{51.6 + (T - T_g)} \tag{7-7}$$

η 是黏度。WLF 方程由 Doolittle 方程推导。Doolittle 方程把液体的黏度与自由体积联系起来：

$$\eta = A\exp(BV_0 / V_f) \tag{7-8}$$

其中 A，B 是常数。写成对数，在温度为 T 时有：

$$\ln \eta(T) = \ln A + BV_0(T_g) / V_f(T_g) \tag{7-9}$$

两式相减得：

$$\ln \frac{\eta(T)}{\eta(T_g)} = B[\frac{V_0(T)}{V_f(T)} - \frac{V_0(T_g)}{V_f(T_g)}] \tag{7-10}$$

根据自由体积概念，自由体积分数有：

$$f_T = \frac{V_f(T)}{V_0(T) + V_f(T)} \approx \frac{V_f(T)}{V_0(T)} \tag{7-11}$$

则式（10）可写成：

$$\ln \frac{\eta(T)}{\eta(T_g)} = B(\frac{1}{f_T} - \frac{1}{f_g}) \tag{7-12}$$

把式（7-5）代入式（7-12），将自然对数化为常用对数，则得：

$$\log\frac{\eta(T)}{\eta(T_g)} = -\frac{B}{2.303 f_g}\frac{T-T_g}{\dfrac{f_g}{\alpha_f}+(T-T_g)} \qquad (7\text{-}13)$$

上式与 WLF 方程具有相同的形式,将两式比较:

$$\frac{B}{2.303 f_g} = 17.44 ; \quad \frac{f_g}{\alpha_f} = 51.6 \qquad (7\text{-}14)$$

通常 B 接近于 1,则有:

$$f_g = 0.025 = 2.5\% ; \quad \alpha_f = 4.8\times10^{-4}/\text{度} \qquad (7\text{-}15)$$

这结果说明,WLF 自由体积定义认为发生玻璃化转变时,高聚物的自由体积分数都等于 2.5%。

此外,还有空体积分数 f_{Vac},膨胀体积分数 f_{exp} 以及 SB 自由体积分数 f_{SB}。

自由体积理论时一个玻璃化转变处于等自由体积状态的理论,但是随着冷却速度的不同,玻璃化转变温度并不一样,T_g 时的比体积 V_g 也不一样,因此 T_g 时的自由体积实际上并不相等。这是自由体积的不足之处。同时,该理论能够很好地描述黏度和温度之间的关系,但由于各研究者的基本出发点不同,使自由体积出现多种定义,直到目前为止自由体积还缺乏严格的、一致的定义,这也是该理论最为严重的不足之处。

2)热力学理论(等构型熵理论)

热力学研究指出相转变过程中自由能是连续的,而与自由能导数有关的性质发生不连续变化。二级转变可定义为在转变温度时 Gibbs 自由能的二阶偏导数显示不连续的相转变,二机转变时热容、体膨胀系数和压缩系数将发生不连续变化。

实际上玻璃化转变时,高聚物的热容、体膨胀系数和压缩系数恰好都发生不连续变化,因此该理论认为温度对玻璃化转变的影响等同于其对热力学二级转变的影响。其实,上面给出的热力学分析仅适用于相平衡过程,而不能直接应用于玻璃化转变,因为二级转变作为热力学转变,其转变温度仅取决于热力学的平衡条件,与加热速度和测量方法应无关系,可是玻璃化转变没有达到真正的热力学平衡,转变温度强烈地依赖于加热的速度和测量的方法,所以玻璃化转变并不是真的二级转变,而是一个松弛过程。

Gibbs 和 DiMarzio 指出,构象熵变为零时将发生热力学二级转变,对应的温度为二级转变 T_2。在以下构象熵不再改变,恒等于零。具体地说 T_2:在高温下,高分子链可实现的构象数目是很大的,每种构象都同一定的能量相对应。随着温度的降低,高分子链发生构象重排,高能量的构象数目越来越少,构象熵越来越低。温度降至 T_2 时所有分子链都调整到能量最低的那种构象,构象熵为零。

热力学理论的核心问题时关于构象熵的计算,为此 Gibbs 和 DiMarzio 引入两个参数 μ_0 和 ε。参数 μ_0 称为空穴能,指的是体系中因为引入空穴而破坏相邻链段的范德华力引起的能量变化,反映了分子间的相互作用。参数 ε 称为挠曲能,定义为分子内旋转异构状态的能量之差,反映了分子内的近程作用。由此出发,可计算体系处于各种状态的能量。再由格子模型,推导高弹态聚合物的配分函数,从而得到构象熵及其他热力学函数。

Gibbs 和 DiMarzio 的理论（G-D 理论）也学时玻璃化转变的热力学理论中最严密代表。G-D 理论通过对构相熵随温度的变化进行了复杂的数学处理,证明通过 T_2 时,F 和 S 是连续变化的,内能 U 和体积 V 也连续变化,但 C_p 和 α 不连续变化,从而在理论上预言,在 T_2 时存在真正的二级热力学转变。G-D 理论认为虽然事实上不能达到 T_2,但是在正常动力学条件下观察得的实验的玻璃化转变行为和 T_2 处的二级转变非常相似,T_2 和 T_g 是彼此相关的,影响 T_2 和 T_g 的因素应该互相平行,因此理论得到关于 T_2 的结果,应当也适用于 T_g。在这样的框架内,得到的结果很好地说明了玻璃化转变行为与分子量、增塑及共聚的关系。G－D 理论预言的热力学二级转变温度 T_2,可由 WLF 方程求出（ $T_2 = T_g - C_2 = T_g - 52$ ）,就是说将在 T_g 以下约 50 ℃处观察到二级相转变。

3）动力学理论

动力学理论指出,玻璃化转变现象起因于动力学方面的原因,核心问题都是松弛问题的时间依赖性。

最初的动力学理论认为,当高聚物冷却时,体积的收缩有两个部分组成。一是直接的,即链段的热运动降低;另一部分是间接的,即链段的构象重排成能量较低的状态,后者有一个松弛时间。在降温过程中,当构象重排的松弛时间适应不了降温速度时,这种运动就被冻结而出现玻璃化转变。

动力学理论的另一类型是位垒理论。这些理论认为大分子链构象重排时,涉及主链上单链的旋转,键在旋转时存在着位垒。当温度在以上时,分子运动有足够的能量去克服位垒,达到平衡。但当温度降低时,分子热运动的能量不足以克服位垒,于是就发生分子运动的冻结。

Kovacs 提出另一种处理玻璃化转变的方法单有序参数模型,定量的处理玻璃化转变的体积收缩过程。接着 Aklonis 和 Kovacs 又提出多有序参数模型理论。

在平衡态,体积是温度和压力的函数。玻璃态物质在玻璃化转变区,温度与压力确定以后,试样的体积不能立即达到平衡态体积,它同平衡态的体积有偏差,这一偏差的大小同时间有关,这时体积可表示为:

$$V = V(T, P, \xi) \tag{7-16}$$

ξ 称为有序参数,由实际体积和平衡态体积的偏离量决定。这样就建立了体积与松弛过程时间的联系。当松弛到平衡态时,ξ 只同温度和压力有关,体积又还原为温度和压力的唯一函数。

如果试样在温度为 T,压力为 P 时的实际比容为 v,相应的平衡态比容为 v_∞,则体积的相对偏差为:

$$\delta = \frac{v - v_\infty}{v_\infty} \tag{7-17}$$

随着时间的延长,体积偏差减小。δ 减小的速度可简单地由下式表示:

$$-\frac{d\delta}{dt} = \frac{\delta}{\tau(\delta)} \tag{7-18}$$

比例常数的倒数 τ 为推迟时间，δ 减小的速度同推迟时间有关，τ 越大，趋向平衡态的过程就越长。

上面讨论了玻璃化转变的各种理论。热力学理论虽然取得了不少成就，但很难说明玻璃化转变时复杂的时间依赖性。动力学理论虽然能较好地解释玻璃化转变中的动力现象，但无法从分子结构来预测 T_g [6][8][9]。

7.3　影响玻璃化转变的因素

玻璃化转变对应于聚合物链段运动的"冻结"与"解冻"过程，从分子运动的观点来讲，凡是有利于分子运动的因素都将引起玻璃化转变温度的降低，凡是不利于分子运动的因素都将引起玻璃化转变温度的升高。

7.3.1　化学结构对玻璃化转变温度的影响

化学结构是决定玻璃化转变温度的主要因素，因为分子的移动性基本上取决于分子链的构象。有人报道了 900 种以上的聚合物的 T_g 值，这些 T_g 值时分布在 146~673 K 的温度范围，如此宽的温度范围说明化学结构决定着主链的分子运动。

从结构上研究玻璃化转变温度，有人划了几大类通用合成高分子又包括非晶态聚合物和结晶聚合物工程塑料生物高分子。

除木质素外，几乎所有源于植物或动物的天然高分子，在完全干态均不呈现玻璃化转变。由于分子间的键合，使主链的自由旋转严重受阻。天然高分子的氢键形成分子内或分子间桥连接，这些桥一直维系到大分子主链热分解。然后，引入少量氢键断裂剂，使分子间距离增大，氢键断裂。故水对天然高分子的影响很大 [10]。

7.3.1.1　主链结构的影响

主链结构为—C—C—、—C—N—、—Si—O—、—C—O—等等单键的非晶态聚合物，由于分子链可以绕单键内旋转，链的柔性大，所以玻璃化温度 T_g 较低，特别是当主链中含有—Si—O—、—C—O—及—C=C—C—链节时，由于 Si 和 O，C 和 O 间的单键，C 和 C 间的双键的内旋转或活化能比—C—C—链节中的 C 和 C 间的单键的内旋转活化能低，所以 T_g 也低。例如聚二甲基硅氧烷（硅橡胶）的 T_g =-123 ℃，是耐低温性能最好的合成橡胶；1, 4- 聚丁二烯的 T_g =-70 ℃。

当主链中含有苯环、萘环等芳杂环时，使链中可内旋转的单键数目减少，链的柔顺性下降，因而 T_g 升高，例如聚对苯二甲酸乙二酯的 T_g =69 ℃，聚碳酸酯的 T_g =150 ℃ [6]。

7.3.1.2　侧基的影响

以乙烯类聚合物为例，当侧基 X 为极性集团时，由于使内旋转活化能及分子间作用力增加，因此 T_g 升高。例如聚丙烯（ X = CH$_3$ ）的 T_g =-15 ℃，而聚氯乙烯（ X=Cl ）的 T_g =82

℃;聚乙烯醇(X=OH)的 T_g =85 ℃;聚丙烯腈(X=CN)的 T_g =104 ℃。

若 X 为非极性侧基时,其影响主要是空间阻碍效应。侧基体积愈大,对单键内旋转阻碍愈大,链的柔性下降,所以 T_g 升高。

但是如果侧基本身内旋转势垒较小,则侧基不但不使主链柔性下降,反而随侧基体积增加使分子间堆积松散,而导致 T_g 下降 [8]。

7.3.1.3　结晶作用的影响

因为结晶聚合物中含有非结晶部分,因此仍有玻璃化温度,但由于微晶的存在,使非晶部分链段的活动能力受到牵制,一般结晶聚合物的 T_g 要高于非晶态同种聚合物的 T_g,例如聚对苯二甲酸乙二酯的 T_g =69 ℃,而结晶聚对苯二甲酸乙二酯的 T_g =81 ℃(结晶度约为 50%),随结晶度的增加 T_g 也增加 [9]。

7.3.2　分子量和分子量分布对 T_g 的影响

7.3.2.1　带有不同链端基的齐聚物

有大量报告讨论聚合物的物理化学性质与分子量的关系,尤其是各种非晶态聚合物的玻璃化转变温度随链长的变化关系。

Uebbereiter 和 Kaning 等由本体聚合物聚合成了苯乙烯齐聚物并分离为分子量不同的级分,他们用膨胀法测 T_g,并用端基的自增塑效应解释了 T_g 与分子量的关系。Cowie 系统研究了各类齐聚物的 T_g,发现了 T_g 变化不连续的一个特征分子量。

7.3.2.2　具有不同的分子量和分子量分布的聚合物

曾报道分子量从单体到 M_n=1×10^6 不同分子量聚苯乙烯的玻璃化转变温度,随分子量的增大而升高,直到分子量达到 5×10^4,然后保持在一个恒定的数值(360 K 左右)。该恒定值与试样的特性有关,如合成方法、纯度、分子量分布等。

但据报道天然高分子衍生物如纤维素乙酸酯,T_g 主要是与乙酰化程度有关,而不是由分子量决定的,原因是吡喃型葡萄糖的僵硬结构 [10]。

7.3.3　分子间相互作用的影响

7.3.3.1　增塑剂的影响

如果高分子处于稀溶液中,则分子链之间的作用力的影响可以忽略,但溶剂分子与高分子链之间作用力的影响将成为主要的影响。因此,在溶液中高分子链的柔顺性,将强烈地受到溶剂作用的影响,溶剂的好坏(即良溶剂和非良溶剂)将决定其柔顺性。如果溶剂分子与高分子链存在强烈的相互作用溶剂化作用,则会限制分子链的内旋转,使分子链刚性化。如果在高分子材料中加入部分溶剂,如增塑剂,则会因为溶剂分子隔开了大分子间的相互作用,使分子链的活动能力增加,从而使材料的韧性变好,这就是增塑作用[6]。

7.3.3.2 水增塑作用

Karel 指出,水对疏水性食品组分来说是最重要的增塑剂。食品体系中含水量增加,黏度下降,T_g 下降。Atkin 的研究结果表明,水作为增塑剂可使无水的谷物原料如淀粉和谷蛋白等的 T_g 从 200 ℃下降到原料含水 30% 时的 -10 ℃左右。水使食品体系 T_g 下降是由于水与食品大分子间极性集团相互作用,使大分子间的作用力减弱,大分子间的链段运动容易被释放。同时,水分子的存在给大分子提供了更大的自由体积,链段运动空间变大,因此 T_g 下降。

水对无定性物的上述增塑效应可以从两方面解释:一方面水在体系中引入了自由体积,为溶质分子链段提供了所需空间另一方面,水使得聚合链间的氢键破坏,减弱了分子间力,从而使分子链有更大的活动性和更有效的堆砌,使分子和分子链全部冻结所需的温度即 T_g 减低。

水对 T_g 的影响可用 Gordon-Taylor 方程来计算:

$$T_g = \frac{W_1 T_g' + kW_2 T_g''}{W_1 + kW_2} \tag{7-19}$$

其中对于碳水化合物 $k = 0.029\ 3T_g' + 3.61$,W 为质量百分数。

7.3.3.3 临界水含量

对某种溶质来说,其玻璃曲线上总存在着一个特殊的点。该点称为临界点,此处的 T_g 值称为临界玻璃化温度,以 T_g' 表示,此处的 W_g 称为临界水含量,以 W_g' 表示。此点在谷物食品加工和储藏过程中有重要意义。

水分含量低于 20% 的低水分体系玻璃化转变温度是 T_g 水分含量高于 30% 时,冷却速率受到水的影响而不会很高,因此形成的是不完全玻璃化,用 T_g' 表示。对冷冻浓缩的食品体系来说,T_g' 是最大冷冻浓缩液的玻璃化温度。在此温度附近,冷冻液中非冻结的基质包围在冰晶周围,T_g' 的值可由均一的溶质 - 水基质的玻璃曲线和由平衡态冰的 T_m 液相线外推到非平衡态时的交点决定。

Marsh 和 Shard 经研究发现,理论上算得的 50% 小麦淀粉凝胶的 T_g 值比实际测得的 T_g' 值低 5-7 ℃。因为根据自由体积理论计算时没考虑冰的形成以及弓起的冷冻浓缩。理论上算得的 T_g 值与小麦淀粉中水含量为 27% 时测得的 T_g 值相一致。此水含量为小麦淀粉与水均匀体系中水的最大含量。

冷冻食品的临界水含量与食品加工和储藏紧密相关,当 $T > T_g'$,$W_g > W_g'$ 时,对食品冷冻干燥处理是可行的。当 $T < T_g'$,$W_g < W_g'$ 时食品能在较长时间内处于稳定状态,质量变化很小。

对低水含量谷物来说,临界水含量 W_g' 是指食品体系中由于水的增塑作用恰使 T_g 等于外界温度时体系中水的质量分数。此时对应的水活度为临界水活度 A_w',当水活度超过临界

水活度 A'_w 或水含量超过临界水含量 W'_g 时,食品劣变速度加快,储藏稳定性下降。因此临界水分对室温下食品的储藏稳定性具有重要意义[11]。

7.3.4　共聚的影响

共聚物的玻璃化温度介于两种或几种均共聚物的 T_g 之间,并随其中某一组分的含量增加而呈线性或非线性变化。如果由于与第二组分共聚而使 T_g 下降,称之为"内增塑"作用,例如苯乙烯(聚苯乙烯的 T_g =100 ℃)与丁二烯共聚后,由于在主链中引入了柔性较大的丁二烯链,所以 T_g 下降。共聚物的 T_g 通常用 Fox 方程计算:

$$\frac{1}{T_g} = \frac{W_A}{T_{gA}} + \frac{W_B}{T_{gB}} \tag{7-20}$$

式中:T_g ——共聚物的玻璃化转变温度(K);

　　　T_{gA}、T_{gB} ——组分 A 及 B 的均聚物的玻璃化温度(K);

　　　W_A、W_B ——组分 A 及 B 在共聚物中占的质量分数。

因此,利用共聚的方法可以改变聚合物的玻璃化转变温度[12]。

7.3.5　共混的影响

对于二组分共混,有 Gordon-Taylor 方程(适用于二元溶液系统)如下:

$$T_g = \frac{W_1 T'_g + kW_2 T''_g}{W_1 + kW_2} \tag{7-21}$$

其中 W 为质量分数。

Ross 提出对于碳氢化合物:

$$k = 0.029\ 3T'_g(\text{℃}) + 3.61 \tag{7-22}$$

其中 T'_g 为体系中固体成分干燥态时的玻璃化转变温度。

杨木华等[11] 定义:

$$k = \frac{\rho_1 T_{g1}}{\rho_2 T_{g2}} \tag{7-23}$$

而 Couch man 和 Karasz 定义:

$$k = \frac{\Delta C_{p2}}{\Delta C_{p1}} \tag{7-24}$$

Ross 和 Blanshard 等认为 Couch man 方程和 Karasz 方程可推广到多组分系统(n 组分):

$$T_{gm} = \frac{\left(\sum_{i=1}^{n} W_i \Delta C_{pi} T_{gi} \right)}{\sum_{i=1}^{n} W_i \Delta C_{pi}} \tag{7-25}$$

其中 Δc_p 为在 T_g 时的比热容变化。

对于多组分共混,有 Gibbs-DiMarzio 预测共混物的 T_g:

$$T_g = \sum x_i T_{gi} \tag{7-26}$$

其中 x_i 为质量百分比 [13]。

7.3.6 交联作用的影响

三维网络结构使分子运动受到限制,当分子间存在化学交联时,链段活动能力下降,T_g 升高。随交联密度的增加,T_g 升高越多,ΔC_p 降低。例如苯乙烯和乙烯基苯共聚物的 T_g 随后者用量的增加而增加(见表7-1)。交联密度高,很难观测到 T_g,交联密度是利用 Flory 方程计算的。由木质素制备的聚氨醋膜可作为观测 T_g 与交联密度关系的示例 [10]。

表 7-1 乙烯基苯共聚物玻璃化转变温度与交联密度关系

二乙烯基苯质量(%)	T_g(℃)	交联点间平均链节数
0	87.0	线型聚苯乙烯分子
0.6	89.5	172
0.8	92.0	101
1.0	94.5	92
1.5	97.0	58

7.3.7 压力的影响

长期以来,压力对玻璃化转变的影响引起科研人员的密切关注,通常研究压力对热力学参数的影响解释两者的关系。

假定在 T_g 时自由体积是恒定的,则 T_g 与压力间关系可用类似二级转变的 Erenfest 方程表达:

$$\frac{\mathrm{d}T_g}{\mathrm{d}p} = \frac{\Delta\beta_\gamma}{\Delta\partial p} \tag{7-27}$$

$$\frac{\mathrm{d}T_g}{\mathrm{d}p} = \frac{T_g\Delta V_g\Delta\partial p}{\Delta C_p} \tag{7-28}$$

其中是 $\Delta\alpha$、$\Delta\beta$ 是热膨胀系数和压缩系数。

另外,加压制备的玻璃由于密度高于常压制备的,故称为"高密度化玻璃",在常压下测定高密度化玻璃的 C_p,几乎是相同的 [10]。

7.4　装置及设备

在玻璃化转变前后,聚合物的体积性质、热力学性质、力学性质、电学性质等都发生明显的变化,跟踪这些性质随温度的变化,可确定玻璃化转变温度。通常情况下,玻璃化转变温度的测定方法有很多,包括膨胀计法、热分析法、核磁共振法、反相色谱法和热机机械性能法等。而测量粉体的玻璃化转变的测定方法则大大受限,而且通常的实验装置成本都太高。本小节综合分析各种实验方法的优缺点及其适用条件的基础上,总结了几套实验装置方案。

热差分析仪(DTA),差式扫描热仪(Differential scanning calorimetry, DSC),低温显微DSC系统等热分析仪,如图7-2所示。差式扫描热量仪是低温生物学和食品研究中十分重要的工具。DSC可以获得生物体在升、降温过程形态变化的物理化学方面的数据。生物体的实时形态和物理化学数据分析对于低温生物学是非常重要的,因为事先玻璃化保存的前提条件之一是准确测量材料的玻璃化转变温度。

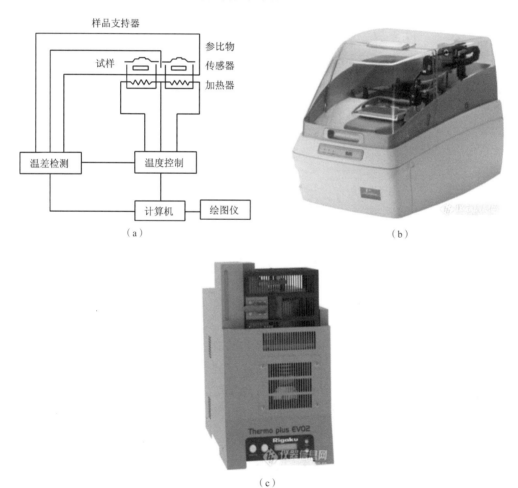

图 7-2　差热分析法所需设备

(a)功率补偿型 DSC 工作原理图　(b)差式扫描热仪 DSC 8500　(c)差式扫描热仪 DSC 8271

核磁共振仪,如图 7-3 所示。核磁共振仪可以精密、准确、深入物质内部而不破坏被测实验品,可以确定生物分子溶液的三维结构。而玻璃化后的实验品还要进行其他测量,所以测量过程中要不破坏实验品而得到测量数据,而核磁共振可用于对有机化合物结构的鉴定、化学动力学方面的研究,比如分子内旋转、化学交换,因为它们都影响核外化学环境的状况,从而谱图上都有反应。它还可以探测玻璃化对实验品内部造成的损伤和实验品的缺陷,以及判断聚合物共混物的弛豫时间,判定聚合物之间的相容性,了解实验品的结构稳定性及性能优异性。

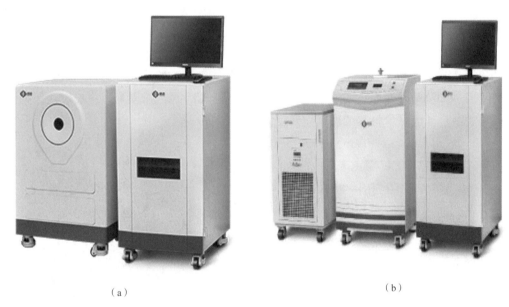

（a）　　　　　　　　　　　　　　　　（b）

图 7-3　核磁共振仪

（a）QMR21-070H　（b）NMRC12-010V

气相色谱仪或液相色谱仪,如图 7-4、7-5 所示。无论是气相色谱仪还是液相色谱仪,两者都是利用物质的沸点、极性及吸附性质的差异或者利用混合物在液－固或不互溶的两种液体之间分配比的差异,实现混合物的分离。然后利用仪器进行分析和鉴定,设备可以满足人们对于玻璃化过程中实验品体积随温度变化的情况,更为充分了解玻璃化过程对实验品造成的影响。

膨胀计原理图如图 7-6 所示。随着温度的升高,玻璃态物质的体积－温度曲线出现转折,在玻璃化转变温度处膨胀系数出现突变。这一突变可以用一个简单的装置——膨胀计来进行测量,膨胀计的使用简单方面还能精准测量突变的状况。

大连理工大学的李卓在《非晶高聚物粉体玻璃化转变特性及分散稳定性》中利用膨胀计设计了一套研究果蔬玻璃化过程中体积膨胀的实验装置,如图 7-7 所示。

主体设备分为真空抽气部分（河南予华仪器厂, SHZ-C 型循环水式多用真空泵, 0~0.1 MPa）、恒升温速率加热装置（保温水浴箱;奥特温度仪表厂, XMT-102 型温度调节仪配热电阻, 0~300 ℃量程;上海人民企业有限公司,型接触调压器, 0~250 V 量程）、膨胀计（10 mL 磨口实验瓶;色谱分析用石英毛细管,直径为 0.53 mm）、恒降温装置（溢流箱）。

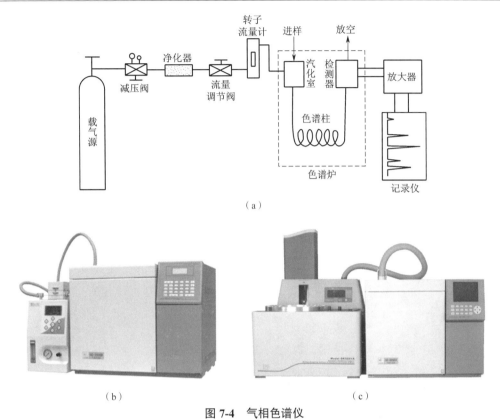

（a）

图 7-4　气相色谱仪

（a）气相色谱仪流程图　（b）全自动顶空气相色谱仪　（c）热解析气相色谱仪

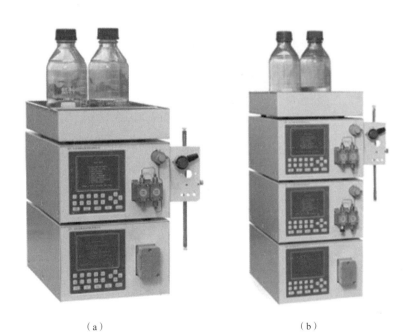

（a）　　　　　　　　　　　　（b）

图 7-5　液相色谱仪

（a）IC-3000 高效液相色谱仪　（b）IC-3000 高效液相色谱仪

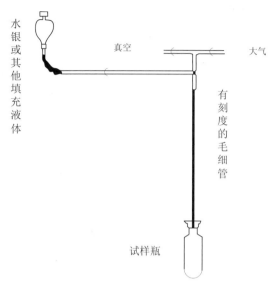

图 7-6　膨胀计原理图

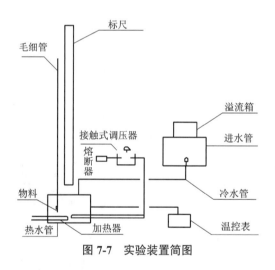

图 7-7　实验装置简图

而在玻璃化研究过程中,温度的控制最为关键,最常见的一种温控系统如图 7-8 所示。

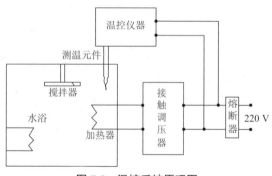

图 7-8　温控系统原理图

在研究过程中我们需要对实验结果进行观察分析,华泽钊设计了一套录制观察晶体生长过程的实验设备,如图 7-9 所示。图 7-9 为整个实验系统的构成:氨气瓶中的高压氨气首先经减压阀减压,然后流经浸入液氨中的换热器得到冷却,冷却后的低温氨气再经过橡皮管吹过低温样品台中放置样品的载玻片,使样品降温冻结。通过调节氨气的流量可获得不同的低温速率,同时由倒置式生物显微镜和 CCD 摄像头得到样品实时动态的结晶图案,输入计算机显示并存储。而利用贴在上层载玻片表面上的热电偶可以得到相应的温度参数。

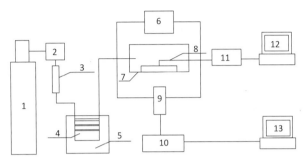

图 7-9　低温显微系统示意图

1—高压氨气瓶;2—减压阀;3—流量计;4—换热器;5—液氨;6—聚光镜;7—低温样品台;8—热电偶;9—物镜;10—CCD;
11—A/D 转化卡;12—温度显示与采集计算机;13—图像显示与采集计算机

7.5　应用场合及食品种类

7.5.1　玻璃化在食品加工中的应用

近年来玻璃态保藏技术成为食品保藏的热点技术之一,在畜禽制品 [14]、果汁 [15]、面制品 [16]、果蔬 [17-18] 等多种食品保藏中进行研究运用。食品处于玻璃态,一切受扩散控制的松弛过程都将被抑制,反应速率极其缓慢甚至不会发生,所以玻璃化保存可以最大限度地保持食品的品质,玻璃态食品也常被认为是稳定的 [19]。而速冻果蔬采用玻璃态保藏(玻璃化冷冻)技术能够最大限度保持果蔬品质,是较为理想的果蔬保存方法,近年来开展相关技术研究的学者较多。陈琴等 [20] 对杨梅模拟玻璃态保藏,结果显示, -40 ℃冻结保藏更有利于保持杨梅的质地品质,与 -18 ℃冷藏相比,果实解冻后汁液流失率低,可溶性固形物含量高,果汁 pH 值和可滴定酸含量无显著差异。刘宝林等 [21] 认为贮藏于玻璃态(-75 ℃)的草莓质量明显优于一般冷藏(-18 ℃)条件下的草莓质量,但仅在降温过程实现玻璃化并不能保证草莓品质,而必须将其贮藏于玻璃态下方可。韩艳秋等 [22] 应用速冻草莓进行草莓酒的酿制技术研究,为传统速冻草莓只用于鲜食配餐又开辟了一条新的利用途径。同时,徐海峰等 [23] 认为将玻璃化转变温度与水分含量和水分活度等重要的临界参数和现有技术手段结合来考虑,才有可能实现真正的玻璃化保存。

由于玻璃化技术在食品,特别冷冻冷藏食品加工中研究时间不长,其应用还不是太广泛,下面简单以冰激凌、部分鱼类、速冻面等为例介绍。

　　冰激凌在凝冻、冻结、贮存以及运输过程中,原有的细小冰晶都会有不同程度的生长,使冰激凌变得质地粗糙,失去原有的细腻口感。当冰激凌在玻璃态保存时,其中的结晶,再结晶过程将变得极其缓慢,可以有效延长它的保存期。冰激凌的玻璃化转变温度为 $-43\sim-30\ ℃$,而现在的低温保存设备的温度大多在 $-18\ ℃$,建设新的冷库投资又太高,所以当前研究的热点是加入一定的添加剂来提高冰激凌的玻璃化转变温度。添加低 DE 值或高分子量的物质可以有效提高冰激凌的玻璃化转变温度。现在常用的有 CMC、卡拉胶、黄原胶、麦芽糊精、预糊化淀粉、瓜尔豆胶等,另外特定的乳化别也可以提高冰激凌的玻璃化转变温度。

　　水产品中存在一些特殊的营养成分与生理活性物质,导致水产品容易发生化学变化,鲜度难以保持。玻璃化技术用于水产品保存后,可以有效地延长水产品的保持期,但是由于水产品组分的复杂性,各组分之间相互作用使玻璃化过程变得十分复杂。研究表明:鲸鱼含水量为 15% 时, T_g 为 $-120\ ℃$ 随含水量增加 T_g 下降,但是吸水膨胀时,最高含水量只能达到 70%,这就意味着 T_g 有一个下限,此时鱼肉的 T_g 与水分关系的研究却显示了与变通高分子化合物不同的情况,即随着水分增加, T_g 上升,所以,水产品的玻璃化研究是一个十分复杂的过程,还有很多工作要做。

7.5.2　玻璃化在食品储藏中的应用

　　食品物性学是近几十年来迅速发展起来的一门边缘学科,它以食品力学、热学、电学和光学等性质和微观结构为研究对象,探索食品材料及其在加工过程的变化特征、物理参数和规律,在食品质量评定、品质控制和工程设计中发挥越来越重要的作用。对食品加工和储藏过程中食品聚合物(生物大分子物质)玻璃化转变(glass transition)的研究和应用热潮更丰富了食品物性学这一学科。首次提及食品和生物体系中的玻璃态及玻璃化转变温度的文献出现于 20 世纪 60 年代 [24],这被看作"食品聚合物科学"的前导。20 世纪 80 年代,在 Levine 和 Slade 的倡导下 [25],越来越多的食品科学家和工艺学家们认识到其在食品科学领域的重要性,并证实, Ferry 小组提出的以合成的无定形聚合物的性质为基础的重要原理可应用于玻璃态食品。Levine 和 Slade 将这种研究方法定义为"食品聚合物科学方法" [26],其基本思想为:食品材料的分子与人工合成聚合物的分子间有着最基本、最为普遍的相似性。这为研究动力学控制的食品聚合物提供了一个全新的理论和经验框架。基于聚合物科学建立的结构和性质关系理论,通过对玻璃态及玻璃化转变的研究,可以把食品的结构特性与其功能性质联系起来,用于解释预测食品加工、储藏中的质量、安全性和稳定性问题。

　　玻璃态、橡胶态概念主要用于解释低水分食品和生物物质的稳定性,玻璃态或橡胶态食品体系反应速率和体系状态的关系已被广泛研究。 T_g 前后试样体系性质差别很大,这种差异与结晶度和黏度有关,玻璃化转变时聚合物链段运动的骤变造成玻璃态和橡胶态性质的差异。从玻璃态转变为橡胶态时,黏度从 10^{12} 降至 $10^3\ \mathrm{Pa \cdot s}$,黏度的降低使聚合物链段和反应物的流动性增大。同时自由体积也发生变化,这是由于热膨胀系数的急剧增大,自由体积的增大使扩散限制的反应速率加快。由于扩散需要一定的自由体积,扩散分子的大小也是影响扩散速率的另一重要因素,当体系中形成一个足够分子容纳的空穴时,扩散才能发生,因此大分子比小分子需要更大的自由体积,这使得大分子在有限的自由体积内的扩散受到限制,因此,受扩散限制的物理和化学反应速率在处于 Tg 附近的过冷液体或玻璃态时相当低,并且被分子流动性或粘度限制。

7.5.3 物理变化

7.5.3.1 脆性

脆性是低水分食品的重要质地,当温度升高或水分含量高于临界值时将丧失脆性。饼干、爆米花和薯条的临界值是 6%~8%[27],低密度的多孔状结构和脆性有关,破裂时发出清脆响声。由于水的增塑作用使 T_g 降至储存环境温度,极易发生在玻璃化转变,引起刚性模量的下降,而脆性的损失归因于刚性模量的下降,因此脆性的损失是玻璃化转变的直接结果。

7.5.3.2 结块团聚

食品粉末的结块团聚在干燥或储存时是一个有害的现象,富糖粉末尤易发生同时,加以控制的粉末团聚将改进其吸湿性达到速溶效果。吸收水分增塑颗粒表面是造成结块团聚的主要原因,当表面黏度达到临界值(10^6~10^8Pa·s)时,相邻颗粒之间形成液桥而团聚。Aguilera[28] 证实鱼肉蛋白水解粉末的结块动力学可用 JLK 方程描述。

7.5.3.3 塌陷

冷冻干燥食品塌陷造成结构破坏、孔径减小和食品物料体积的减小,从而造成不规则的外形、质构及挥发成分的损失。冷冻干燥时,如果温度升高或水分含量增加("M"-时),黏度降低至不足以支持本身固体结构时塌陷发生 $T > T_g$,同时,黏度降低,物质流动性增加,在毛细作用下物质浓缩而团聚,塌陷温度约为 T_g +12℃ 。

7.5.3.4 结晶

结晶是和食品质量相关的一个重要过程,结晶与否以及晶体的大小与形状是产品质量的重要指标,例如糖果或冰激凌的质感,粉末的扩散性和溶解性,而且结晶可以促进玻璃体中成分的释放,例如水,它可以提高无定形区域的水分含量,从而降低至低于室温,这是糖结晶的主要原因 [29]。

上述物理过程均可用食品聚合物科学的概念成功地解释及预测,这些物理变化可在大于 T_g 时观察到,并被流动速率(黏度)或分子远程扩散控制。根据 Gordon-Taylor 方程,可通过改变产品的配方来改变,使产品在加工储藏温度范围内保持优良品质。例如,添加一些能提高冰激凌 T_g' - Q 的稳定剂(高分子量物质),可使其在 -18 ℃冰箱储存 6~12 个月 [30]。

7.5.4　化学、生化反应

非酶褐变、氧化或酶促反应这类化学或生化反应也能造成冷冻或低水分食品的变化。许多研究致力于将 T_g 作为预测化学或酶反应速率的参考温度。

7.5.4.1　非酶褐变

Karmas[31] 研究了温度对非酶褐变反应速率的影响,结果表明, $T < T_g$ 时,反应速率很低;当 $T > T_g$ 时,反应速率随温差($T - T_g$)的增大而增加,同时,他们强调反应速率也被结构变化、水分含量等因素控制。Roos 和 Himberg 的研究发现,麦芽糖糊精、赖氨酸、木糖的非酶变在玻璃化转变及玻璃态时仍未停止。经进一步研究证实,麦芽糖糊精和聚乙烯吡咯烷酮(PVP)食品模型非酶褐变速率不受玻璃化转变影响,这可能是因为处于玻璃态的试样仍能为氧扩散提供足够的自由体积。

7.5.4.2　氧化反应

玻璃态中水和氧相对高速的流动性造成微胶囊化食品或干燥食品的货架期缩短,氧渗透入冷冻干燥试样的速率控制着微胶囊化油的氧化动力学 [32],很明显,渗透速率受试样结构的影响。玻璃化转变对小分子(气体和水)渗透的直接影响很小,大量研究表明,玻璃化转变造成的结构改变间接的影响渗透。试样的结晶也促进微胶囊化油的释放,从而促进氧化,塌陷而释放的油较快氧化而保留在胶囊中的部分仍保持稳定。但现在还没有证据表明玻璃化转变对氧化反应的直接控制。

7.5.4.3　酶的稳定性

乳糖酶在不同的玻璃态基质中(海藻糖、麦芽糊精和聚吡咯烷酮)加热到 70 ℃时的稳定性的研究表明 [33],麦芽糊精和聚吡咯烷酮对酶的保护作用归因于它们的玻璃化转变,海藻糖对酶的稳定性更有效,但不受 T_g 影响。

7.5.4.4　酶促反应

通常认为,干性食品的酶促反应是受扩散控制的,这是因为组分、酶及酶的片段的移动性受到限制。温度对反应速率的影响取决于反应物的扩散常数和酶的活力。脂肪氧化酶和碱性磷酸酶 [34] 在高度浓缩的蔗糖溶液里是受扩散限制的酶促反应。大豆脂肪氧化酶结构的变化是酶活力和专一性改变的主要原因。总之,分子间和分子内的流动性控制酶和反应物的结合,但酶的活力受其他因素影响。因此,提出一种统一的理论模型预测浓缩物质的反应速率是不可行的。

总之,处于玻璃态时各种反应速率一般很低,而在橡胶态时反应速率升高,但不能认为玻璃态体系是绝对稳定的,扩散分子的大小、体系的空隙率和在介稳状态时的塌陷、结晶都可能造成其他更复杂的结果。因此, T_g 附近水和其他小分子物质松弛和分子扩散的关系还没有确立,玻璃化转变对化学和生化反应的影响可能是通过物理性质的改变而实现的,可以通过调节 T_g 控制物理性质的变化,进而建立起 T_g 和化学反应速率的关系。

比如：速冻食品，目前速冻食品是当今世界发展较快的食品种类之一，一些发达国家的速冻食品产量增长迅速，美国人均年消费量已达到 60 t，居世界首位。日本 20 年来速冻产品产量增加了 53 倍。我国自 20 世纪 90 年代以来，速冻食品工业也得到了迅速发展，平均增长率为 20%~30%。现在拥有速冻食品加工企业多达几千家，生产速冻食品的品种达到 100 多个，包括速冻蔬菜、水果、调理品和点心等。虽然我国速冻行业发展迅速，但由于生产过程和贮存条件的问题，造成生产的速冻食品总体质量不高。

虽然我国速冻面制品行业发展迅速，但由于生产过程和贮存条件的落后造成生产的速冻面制品总体质量不高。主要问题如下：速冻面制品表皮发干发硬、掉渣、萎缩、开裂[35]；内部出现结晶、凝结成团、甚至冷却变性等[36]；带馅类速冻面制品（如饺子、汤圆等）还会发生色泽变化、汁液流失等问题[37]。针对这些问题，许多学者和技术人员从不同的方面进行了研究，结果表明冻结速度和贮藏温度波动等对速冻面制品中的水分、淀粉和蛋白质有很大影响。由于温度波动，速冻面制品内部出现结晶和再结晶，速冻过程中形成的细小冰晶逐渐长大，破坏了内部结构，从而导致面制品变质[37-38]。现在常用的提高速冻面制品质量的方法，包括控制面粉中水分含量以及添加特定的添加剂来提高速冻面制品的贮藏稳定性等，但均没有从根本上解决问题。20 世纪 80 年代初，玻璃化技术开始应用于食品业的某些领域，并取得了可喜的效果，下面针对速冻面制品在加工和贮存过程中存在的问题，研究人员利用玻璃化技术来提高速面制品的质量。

面粉的化学成分随着小麦品种的不同变化很大，一般蛋白质 7%~8%，碳水化合物 69%~76%，其他还有脂肪、矿物质、维生素等。玻璃化理论主要考虑食品中基质的状态，判断基质处于玻璃态还是橡胶态。而食品体系的组分、平均分子量以及添加剂等的含量对食品基质的状态都有较大影响[39-40]。因此，适当调整食品中各成分含量和它们存在的状态，以及添加不同的添加剂可以提高食品的玻璃化转变温度。研究表明，速冻面团玻璃化保存时一般要求比正常面团少 2%~4% 的水分[41]，将面团调制得硬一些，有益于实现面制品的玻璃化保存，但是还要使面团充分吸水，以保证面筋网络结构的形成。并且，在速冻面制品中加入 4%~5% 的海藻糖可以使酵母在冻存期免间接冻伤，保护酵母的活性。同时，加入一些多糖稳定剂还可以提高面制品玻璃化转变温度，我们可以根据面制品的品质及储藏稳定性的要求选用适当的糖类加到食品中，以达到提高食品玻璃化转变温度的目的。常见的几种糖类的玻璃化转变温度由高到低依次为：乳糖 > 麦芽糖 > 蔗糖 > 葡萄糖[42]，加入多糖稳定剂以后，可以降低水分的扩散速率，使食品黏度上升，显著减慢蔗糖冰晶体的生长速度，从而提高食品的玻璃化转变温度[43]。另外，糖分（如海藻糖等）添加到食品中以后，还可以改变食品中水分子的结构，使食品中自由水的份额减少，从而有效限制了水对玻璃态的增塑作用，提高了食品的玻璃化转变温度[44-45]。此外，选用湿面筋含量大于 29% 的中筋偏强面粉为原料，基本上可以避免速冻水饺冷藏过程中的开裂问题[46]。但是，在实际生产过程中，食品成分的改变受到风味、卫生标准及成本等多种因素的影响，因此往往通过添加部分改良剂来提高面制品的玻璃化转变温度。现在常用的提高面制品玻璃化转变温度的改良剂主要包括以下几：增稠剂、乳化剂和磷酸盐。另外，一些氧化剂和还原剂如抗坏血酸（Vc）半胱氨酸等均可以提高面制品的品质[47]，也可以延长这些面制品的保存时间，但是能否提高食品的玻璃化转变温度还需要做进一步的研究。

食品的低温玻璃化保存是近十年来发展起来的一门新科学,它为食品工业的发展开辟了一条新路。但是果蔬和速冻食品的玻璃化保存研究刚刚起步,食品玻璃化转变的机理以及如何选择能提高食品玻璃化转变温度的复合型添加剂都是需要研究的课题。所以,20世纪80年代初食品的玻璃化贮藏理论被提出来后,马上受到许多科学家和工程师的关注,越来越多的人在进行这方面的研究工作,它可以看作食品贮藏业的又一次飞跃。

7.6　结论

玻璃化保存是一种新思路、新方法,深入探究玻璃化转变与食品储藏加工中所发生的一系列品质变化机理关系,综合发展玻璃化冷冻学具有重要的工艺价值,是今后的一个工作方向;玻璃化为预测食品储藏稳定性提供了一个基本的准则,如何从技术发展的观点来看,找出简单、快捷、便宜且能够准确测量食品玻璃化转变温度的方法是至今都未能解决的难题。在未来需要科学家们结合食品物性学、生物化学、冷冻冷藏技术及食品营养学等多个学科实现真正的玻璃化保存。目前已经得出以下结论。

（1）影像玻璃化转变的因素主要有:分子量和分子量分布、分子间相互作用的影响、共聚、共混、交联作用和压力。

（2）玻璃化转变温度的测定方法有很多,包括膨胀计法、热分析法、核磁共振法、反相色谱法和热机机械性能法等。

（3）玻璃化技术主要应用在食品的冷冻冷藏和运输过程中,食品玻璃化过程中主要发生物理和化学变化。其中,物理变化主要表现在:脆性、结块团聚、塌陷和结晶性;化学变化主要表现在:非酶褐变、氧化反应、酶的稳定性和酶促反应。

参考文献

[1]　康三江,张海燕,张芳,等. 速冻果蔬生产加工关键工艺技术研究进展 [J]. 中国酿造,2015,34（4）:1-4.

[2]　刘宝林,华泽钊,任禾盛. 冻结食品的玻璃化保存 [J]. 制冷学报,1996（1）:26-31.

[3]　徐海峰,刘宝林,高志新,等. 食品玻璃化保存的研究进展 [J]. 低温与超导,2010,38（10）:9-13.

[4]　陈琴,邵兴锋,王伟波,等. 杨梅玻璃态保藏技术的研究 [J]. 食品科学,2010,31（12）:251-254.

[5]　何曼君. 高分子物理 [M]. 上海:复旦大学出版社,1990.

[6]　ROUDAUT G, SIMATOS D, CHAMPION D, et al. Molecular mobility around the glass transition temperature: a mini review.[J] Innovative Food Science & Emerging Technologies 2004（5）: 127-134.

[7]　梁伯润. 高分子物理学 [M]. 北京:中国纺织出版社,1900.

[8] 刘凤岐,汤心颐. 高分子物理学 [M]. 北京:高等教育出版社,1995

[9] 刘振海. 聚合物量热测定 [M]. 北京:化学工业出版社,2002.

[10] 詹世平,左秀锦,陈理. 粉体产品的结块及预防 [J]. 中国粉体技术,2002,8（4）:42-46.

[11] 刘木华,曹崇文,杨德勇. 水稻颗粒玻璃化转变的试验研究 [J]. 农业机械学报,2001（2）:52-54.

[12] 丁师杰. 共聚物玻璃化转变温度与组成关系的理论研究进展 [J]. 南京晓庄学院学报,2000（4）:35-40.

[13] 朱诚身. 聚合物结构分析 [M]. 北京:科学出版社,2005.

[14] DELGADO A E,SUN D W. Desorption isotherms and glass transition temperature for chicken meat[J]. Journal of Food Engineering,2002,55（1）:1-8.

[15] RIZZOLO A,NANI R C,VISCARDI D,et al. Modification of glass transition temperature through carbohydrates addition and anthocyanin and soluble phenol stability of frozen blueberry juices[J]. Journal of Food Engineering,2003,56（2）:229-231.

[16] 苏鹏,王欣,刘宝林,等. 玻璃化技术在速冻面制品中的应用 [J]. 食品工业,2006（5）:8-11.

[17] 周国燕,叶秀东,华泽钊. 草莓玻璃化转变温度的 DSC 测量 [J]. 食品工业科技,2007（6）:67-69.

[18] 张素文,张愍,孙金才. 水分含量对西兰花玻璃化转变温度的影响 [J]. 食品与生物技术学报,2008,27（3）:28-32.

[19] ROUDAUT G,SIMATOS D,CHAMPION D,et al. Molecular mobility around the glass transition temperature:a mini review[J]. Innovative Food Science & Emerging Technologies,2004,5（2）:127-134.

[20] 陈琴,邵兴锋,王伟波,等. 杨梅玻璃态保藏技术的研究 [J]. 食品科学,2010,31（12）:251-254.

[21] 刘宝林,缪松. 草莓冻结玻璃化保存的实验研究 [J]. 上海理工大学学报,1999（2）:180-183.

[22] 韩艳秋,赵春燕,王疏. 速冻草莓酿酒工艺条件的研究 [J]. 中国酿造,2007,26（1）:67-69.

[23] 徐海峰,刘宝林,高志新,等. 食品玻璃化保存的研究进展 [J]. 低温与超导,2010,38（10）:9-13.

[24] WHITE G W,CAKEBREAD S H. The glassy state in certain sugar - containing food pro ducts [J]. International Journal of Food Science & Technology,2010,1（1）:73-82.

[25] LEVINE H,SLADE L. A polymer physico-chemical approach to the study of commercial starch hydrolysis products（SHPs）[J]. Carbohydrate Polymers,1986,6（3）:213-244.

[26] SLADE L,LEVINE H. Non-equilibrium behavior of small carbohydrate-water systems[J]. Pure & Applied Chemistry,1988,60（12）:1841-1864.

[27] KATZ E E,LABUZA T P. Effect of water activity on the sensory crispness and mechanical deformation of snack food products[J]. Journal of Food Science,2010,46（2）:403-409.

[28] AGUILERA J M, LEVI G, KAREL M. Effect of water content on the glass transition and caking of fish protein hydrolyzates[J]. Biotechnology Progress, 1993, 9(6):651–654.

[29] ROOS Y, KAREL M. Crystallization of amorphous lactose[J]. Journal of Food Science, 2010, 57(3):775-777.

[30] KAHN M L, LYNCH R J. Freezer stable whipped ice cream and milk shake food products: US, US 4421778 A[P]. 1983.

[31] KARMAS R, PILAR B M, KAREL M. Effect of glass transition on rates of nonenzymatic browning in food systems[J]. Journal of Agricultural & Food Chemistry, 1992, 40(5): 873-879.

[32] ANDERSEN A B, RISBO J, ANDERSEN M L, et al. Oxygen permeation through an oil-encapsulating glassy food matrix studied by ESR line broadening using a nitroxyl spin probe[J]. Food Chemistry, 2000, 70(4):499-508.

[33] MAZZOBRE M F, BUERA M D P, CHIRIFE J. Protective role of trehalose on thermal stability of lactase in relation to its glass and crystal forming properties and effect of delaying crystallization [J]. LWT - Food Science and Technology, 1997, 30(3):324-329.

[34] SIMOPOULOS T T, JENCKS W P. Alkaline phosphatase is an almost perfect enzyme[J]. Biochemistry, 1994, 33(34):10375-10380.

[35] 娄爱华, 马美湖, 肖海秋. 速冻面制品的质量问题及其对策 [J]. 冷饮与速冻食品工业, 2005, 11(2):40-44.

[36] 林珊莉, 张水华. 玻璃化转变对食品加工和品质的影响 [J]. 轻工科技, 2001(2):19-21.

[37] 王泓鹏, 曾庆孝. 食品玻璃化转变及其在食品加工储藏中的应用 [J]. 食品工业科技, 2004(11):149-151

[38] 华泽钊, 李云飞, 刘宝林. 食品冷冻冷藏原理与设备 [M]. 北京, 机械工业出版社, 1999.

[39] ROOS Y. Melting and glass transitions of low molecular weight carbohydrates[J]. Carbohydrate Research, 1993, 238(1):39-48.

[40] KHALLOUFI S, ELMASLOUHI Y, RATTI C. Mathematical model for prediction of glass transition temperature of fruit powders[J]. Journal of Food Science, 2010, 65(5):842-848.

[41] 殷小梅, 许时婴. 冷冻食品体系中的玻璃化转变 [J]. 食品工业, 1998(3):44-46.

[42] 李春胜, 王金涛. 论玻璃化转变温度与食品成分的关系 [J]. 粮油食品科技, 2006, 27 (5):32-34.

[43] PATIST A, ZOERB H. Preservation mechanisms of trehalose in food and biosystems[J]. Colloids & Surfaces B Biointerfaces, 2005, 40(2):107-113.

[44] 刘钟栋. 冷冻面制品中的玻璃体转化现象及乳化剂的控制作用 [J]. 粮食与饲料工业, 1998(7):39-40.

[45] ROOS Y. Melting and glass transitions of low molecular weight carbohydrates[J]. Carbohydrate Research, 1993, 238(1):39-48.

[46]　关裕亮,周志荣,褚庆华,等. 出口速冻水饺质量控制与提高的研究 [J]. 现代商检科技,
　　　1998(6):1-5.

[47]　李文钊,陆彤. 冷冻面团的研究与发展前景 [J]. 天津科技大学学报,1999(2):83-85.

致　谢

本书得到中国制冷学会的项目"冷冻冷藏技术领域中物理场的研究及应用"（编号：KT201804）的支持，对此表示感谢！

本书得到2020年天津市自然科学学术著作出版资助项目的支持，对此表示感谢！

在书稿的整理过程中，得到研究生们的大力支持，包括许茹楠、龙超、刘昊东、李天颖、顾思忠、李阳、贾一鸣、孟侯、柴琳、张蕊、黄新磊、王胜威、郑佳、李斌、张晨思、王骁扬、王若男、苗增香等同学，在此一并感谢！